全覆盖系列

电子元器件

识别·检测·选用·代换·维修

全覆盖

韩雪涛 主编　吴瑛　韩广兴 副主编

电子工业出版社
Publishing House of Electronics Industry
北京·BEIJING

内容简介

本书采用全彩+图解+微视频的表现方式,全面系统地讲解电子元器件的识别、检测、选用、代换、维修等一系列知识技能。通过本书的学习,读者可以了解并掌握电子元器件的种类、功能应用及识别、检测技能和选用、代换方法。本书将微视频教学与图文讲解相结合,在知识技能的关键点旁会找到相应的二维码。读者通过手机扫描二维码,即可开启微视频互动学习模式,配合图文讲解,轻松完成学习。

本书适合相关领域的初学者、专业技术人员、爱好者及相关专业的师生阅读。

 使用手机扫描书中的"二维码",开启全新的微视频学习模式

未经许可,不得以任何方式复制或抄袭本书之部分或全部内容。
版权所有,侵权必究。

图书在版编目(CIP)数据

电子元器件识别·检测·选用·代换·维修全覆盖 / 韩雪涛主编. -- 北京:电子工业出版社,2022.8
(全覆盖系列)
ISBN 978-7-121-43934-6
Ⅰ.①电… Ⅱ.①韩… Ⅲ.①电子元件-基本知识 ②电子器件-基本知识 Ⅳ.①TN6
中国版本图书馆CIP数据核字(2022)第119313号

责任编辑:富 军
印　　刷:中国电影出版社印刷厂
装　　订:中国电影出版社印刷厂
出版发行:电子工业出版社
　　　　　北京市海淀区万寿路173信箱　邮编 100036
开　　本:787×1 092　1/16　印张:23.75　字数:608千字
版　　次:2022年8月第1版
印　　次:2022年8月第1次印刷
定　　价:128.00元

凡所购买电子工业出版社图书有缺损问题,请向购买书店调换。若书店售缺,请与本社发行部联系,联系及邮购电话:(010)88254888,88258888。
质量投诉请发邮件至zlts@phei.com.cn,盗版侵权举报请发邮件至dbqq@phei.com.cn。
本书咨询联系方式:(010)88254456。

前 言

电工电子领域的从业者、初学者、爱好者都必须要掌握电子元器件的基础知识和实用技能。随着科技的进步和电气化程度的提高，电工电子岗位的社会需求度越来越高，电子元器件的相关技能培训就显得尤为重要。

本书的编写初衷就是全面系统地讲解电子元器件的识别、检测、选用、代换、维修等一系列基础知识和实用技能。希望从业者、初学者、爱好者都能够看得懂、学得会、学得快。

全新的架构

本书以国家职业资格标准为指导，结合岗位就业需求和专业培训特点，建立全新的知识架构，使基础知识和实用技能相互衔接且自成体系，最大限度地满足学校教学、岗位培训和自学等需求。

丰富的内容

本书在编写之初进行了大量的市场调研，对电子元器件所涉及的相关知识和实用技能进行了汇总、整理和筛选，结合岗位需求，最大限度地丰富内容，将电子元器件的基础知识和实用技能通过数百张精彩的图解、大量真实的实操案例展现出来。丰富的知识内容和实用的工作数据方便读者随用随查，真正实现理论学习和实际工作之间的无缝对接。

精彩的展现

目前，技术的高速发展和快节奏的生活使得培训成本大大增加，如何在短时间内掌握基础知识和实用技能是每一位读者最为关注的。本书在编写上充分发挥多媒体的教学特点，采用全彩+图解+微视频的展现方式，摒弃繁琐冗长、晦涩难懂的语言表达，用生动的示意图、原理图、二维结构图、三维效果图、实操案例来诠释，最大限度地调动读者的学习兴趣，让知识的传达更直接，让技能的学习更直观。

创新的体验

本书开创了数字媒体与传统纸质载体交互的全新教学模式，在知识技能的关键点旁都配有二维码。读者通过手机扫描二维码，即可浏览对应知识技能的数字媒体教学资源。数字媒体教学资源与书中的图文资源相互衔接，相互补充，充分调动读者的主观能动性，使读者获得最佳的学习效果。

为方便读者学习，书中电路图中所用的电路图形符号与厂家实物标注（各厂家标注不完全一致）一致，不进行统一处理。另外，我们也一直在学习和探索专业知识和实用技能，由于水平有限，编写时间仓促，书中难免会出现一些疏漏，欢迎读者指正，并期待与您进行技术交流。

联系电话：022-83715667/13114807267　　E-mail:chinadse@126.com

地　址：天津市南开区榕苑路4号天发科技园8-1-401　邮编：300384

编　者

目录

第1章 焊接工具使用方法　1

1.1 常用焊接工具及焊料【2】
 1.1.1 电烙铁【2】
 1.1.2 热风焊机【4】
 1.1.3 吸锡器【5】
 1.1.4 焊料【5】
 1.1.5 焊接辅助工具【6】

1.2 学用焊接工具【10】
 1.2.1 电烙铁操作规范【10】
 1.2.2 热风焊机操作规范【11】

第2章 指针万用表使用方法　13

2.1 指针万用表结构【14】
 2.1.1 指针万用表键钮分布【14】
 2.1.2 指针万用表的表盘【14】
 2.1.3 指针万用表的功能/量程旋钮【17】
 2.1.4 指针万用表的测量插孔和表笔插孔【18】

2.2 指针万用表使用规范【19】
 2.2.1 指针万用表的表笔连接【19】
 2.2.2 指针万用表的表头校正【20】
 2.2.3 指针万用表的量程选择【20】
 2.2.4 指针万用表的欧姆调零【24】
 2.2.5 指针万用表电阻测量值的读取【25】
 2.2.6 指针万用表直流电压测量值的读取【26】

第3章 数字万用表使用方法　27

3.1 数字万用表结构【28】
 3.1.1 数字万用表键钮分布【28】
 3.1.2 数字万用表的液晶显示屏【28】
 3.1.3 数字万用表的功能按钮【29】
 3.1.4 数字万用表的功能旋钮【30】
 3.1.5 数字万用表的附加测试器【31】

3.1.6 数字万用表的表笔插孔【31】

3.2 数字万用表使用规范【32】

3.2.1 数字万用表的表笔连接【32】

3.2.2 数字万用表的模式设定【33】

3.2.3 数字万用表附加测试器的使用【34】

3.2.4 数字万用表的量程选择【35】

3.2.5 数字万用表测量结果的读取【37】

第4章 模拟示波器使用方法　38

4.1 模拟示波器结构【39】

4.1.1 模拟示波器外形结构【39】

4.1.2 模拟示波器键控面板【39】

4.1.3 模拟示波器的探头和测试线【45】

4.2 模拟示波器使用规范【46】

4.2.1 模拟示波器电源线和测试线连接【46】

4.2.2 模拟示波器的开机和校正【47】

第5章 数字示波器使用方法　48

5.1 数字示波器结构【49】

5.1.1 数字示波器外形结构【49】

5.1.2 数字示波器键控面板【50】

5.1.3 数字示波器探头连接区域【54】

5.2 数字示波器使用规范【54】

5.2.1 数字示波器测试线的连接【54】

5.2.2 数字示波器电源线的连接【55】

5.2.3 数字示波器的开机操作【55】

5.2.4 数字示波器的校正【56】

第6章 电阻器识别、检测、选用、代换　58

6.1 电阻器的识别【59】

6.1.1 电阻器种类【59】

6.1.2 电阻器参数标识【65】

6.2 电阻器的检测【73】

6.2.1 检测色环电阻器【73】

6.2.2 检测热敏电阻器【74】

6.2.3 检测湿敏电阻器【75】

6.2.4 检测光敏电阻器【76】

6.2.5 检测压敏电阻器【77】

6.2.6 检测气敏电阻器【78】

6.2.7 检测可调电阻器【79】

6.3 电阻器的功能、选用、代换【82】

6.3.1 电阻器的功能【82】

6.3.2 普通电阻器的选用、代换【84】

6.3.3 熔断电阻器的选用、代换【85】

6.3.4 水泥电阻器的选用、代换【85】

6.3.5 光敏电阻器的选用、代换【86】

6.3.6 湿敏电阻器的选用、代换【86】

6.3.7 热敏电阻器的选用、代换【87】

6.3.8 压敏电阻器的选用、代换【87】

6.3.9 气敏电阻器的选用、代换【88】

6.3.10 可调电阻器的选用、代换【88】

第7章 电容器识别、检测、选用、代换　　89

7.1 电容器的识别【90】

7.1.1 电容器种类【90】

7.1.2 电容器参数标识【99】

7.2 电容器的检测【103】

7.2.1 检测普通电容器【103】

7.2.2 检测电解电容器【105】

7.3 电容器的功能、选用、代换【109】

7.3.1 电容器的功能【109】

7.3.2 普通电容器的选用、代换【111】

7.3.3 可变电容器的选用、代换【111】

第8章 电感器识别、检测、选用、代换　　112

8.1 电感器的识别【113】

8.1.1 电感器种类【113】

8.1.2 电感器参数标识【117】

8.2 电感器的检测【121】

8.2.1 检测色环电感器【121】

8.2.2 检测色码电感器【122】

8.2.3 检测贴片电感器【123】

8.2.4 检测微调电感器【124】

8.2.5　检测电感线圈【125】

　8.3　电感器的功能、选用、代换【127】

　　　8.3.1　电感器的功能【127】

　　　8.3.2　普通电感器的选用、代换【129】

　　　8.3.3　可变电感器的选用、代换【130】

第9章　二极管识别、检测、选用、代换　　131

　9.1　二极管的识别【132】

　　　9.1.1　二极管种类【132】

　　　9.1.2　二极管参数标识【138】

　9.2　二极管的检测【140】

　　　9.2.1　判别二极管引脚极性【140】

　　　9.2.2　判别二极管材料类型【142】

　　　9.2.3　检测整流二极管【143】

　　　9.2.4　检测发光二极管【145】

　　　9.2.5　检测稳压二极管【148】

　　　9.2.6　检测光敏二极管【148】

　　　9.2.7　检测检波二极管【150】

　　　9.2.8　检测双向触发二极管【150】

　9.3　二极管的功能、选用、代换【152】

　　　9.3.1　二极管的功能【152】

　　　9.3.2　整流二极管的选用、代换【158】

　　　9.3.3　稳压二极管的选用、代换【158】

　　　9.3.4　检波二极管的选用、代换【159】

　　　9.3.5　发光二极管的选用、代换【159】

　　　9.3.6　变容二极管的选用、代换【160】

　　　9.3.7　开关二极管的选用、代换【160】

第10章　三极管识别、检测、选用、代换　　161

　10.1　三极管的识别【162】

　　　10.1.1　三极管种类【162】

　　　10.1.2　三极管参数标识【166】

　　　10.1.3　三极管引脚极性【167】

　10.2　三极管的检测【170】

　　　10.2.1　采用阻值测量法判别三极管类型【170】

　　　10.2.2　采用二极管测量法判别三极管类型【171】

　　　10.2.3　采用阻值测量法判别NPN型三极管引脚极性【172】

10.2.4 采用阻值测量法判别PNP型三极管引脚极性【173】

10.2.5 采用二极管测量法判别NPN型三极管引脚极性【174】

10.2.6 采用二极管测量法判别PNP型三极管引脚极性【174】

10.2.7 检测NPN型三极管放大倍数【175】

10.2.8 检测PNP型三极管放大倍数【178】

10.2.9 检测三极管特性曲线【179】

10.2.10 检测光敏三极管【182】

10.2.11 检测交流小信号放大器中三极管性能【184】

10.2.12 检测三极管驱动电路中三极管性能【185】

10.2.13 检测直流电压放大器中三极管性能【187】

10.2.14 检测光控照明电路中三极管性能【188】

10.3 三极管的功能、选用、代换【189】

10.3.1 三极管的功能【189】

10.3.2 前级放大电路中三极管的选用、代换【193】

10.3.3 音频放大电路中三极管的选用、代换【194】

第11章 场效应晶体管识别、检测、选用、代换　196

11.1 场效应晶体管的识别【197】

11.1.1 场效应晶体管种类【197】

11.1.2 场效应晶体管参数标识【200】

11.1.3 场效应晶体管引脚极性【202】

11.2 场效应晶体管的检测【203】

11.2.1 阻值测量法检测场效应晶体管【203】

11.2.2 二极管测量法检测场效应晶体管【205】

11.2.3 通过测试电路检测场效应晶体管【208】

11.3 场效应晶体管的功能、选用、代换【210】

11.3.1 场效应晶体管的功能【210】

11.3.2 场效应晶体管的选用【212】

11.3.3 场效应晶体管的代换【213】

第12章 晶闸管识别、检测、选用、代换　216

12.1 晶闸管的识别【217】

12.1.1 晶闸管种类【217】

12.1.2 晶闸管参数标识【222】

12.1.3 晶闸管引脚极性【223】

12.2 晶闸管的检测【225】

12.2.1 判别单向晶闸管引脚极性【225】

IX

12.2.2　检测单向晶闸管触发能力【226】
12.2.3　检测双向晶闸管触发能力【228】
12.2.4　检测双向晶闸管导通特性【230】

12.3　晶闸管的功能、选用、代换【231】
12.3.1　晶闸管的功能【231】
12.3.2　晶闸管的选用【232】
12.3.3　晶闸管的代换【233】

第13章　集成电路识别、检测、选用、代换　234

13.1　集成电路的识别【235】
13.1.1　集成电路种类【235】
13.1.2　集成电路型号标识【238】
13.1.3　集成电路引脚分布规律【241】

13.2　集成电路的检测【243】
13.2.1　检测三端稳压器【243】
13.2.2　检测运算放大器【247】
13.2.3　检测音频功率放大器【249】
13.2.4　检测微处理器【254】

13.3　集成电路的功能、选用、代换【257】
13.3.1　集成电路的功能【257】
13.3.2　集成电路的选用【261】
13.3.3　集成电路的代换【261】

第14章　变压器识别、检测、选用、代换　264

14.1　变压器的识别【265】
14.1.1　变压器种类【265】
14.1.2　变压器参数标识【268】

14.2　变压器的检测【270】
14.2.1　开路检测变压器【270】
14.2.2　在路检测变压器【273】
14.2.3　检测变压器绕组电感量【275】

14.3　变压器的功能、选用、代换【277】
14.3.1　变压器的功能【277】
14.3.2　常用变压器的选用、代换【279】

第15章　电动机识别、检测、选用、代换　280

15.1　电动机的识别【281】

15.1.1 电动机种类【281】
15.1.2 电动机参数标识【284】
15.2 电动机的检测【285】
15.2.1 检测小型直流电动机【285】
15.2.2 检测单相交流电动机【286】
15.2.3 检测三相交流电动机【287】
15.2.4 检测电动机绝缘电阻【289】
15.3 电动机的功能、选用、代换【291】
15.3.1 电动机的功能【291】
15.3.2 电动机的选用及代换原则【291】
15.3.3 电动机整体代换【292】
15.3.4 电动机零部件代换【292】

第16章 电气部件检测案例　　295

16.1 数码显示器检测案例【296】
16.1.1 数码显示器结构【296】
16.1.2 检测数码显示器【297】
16.2 扬声器检测案例【299】
16.2.1 扬声器结构【299】
16.2.2 检测扬声器【300】
16.3 蜂鸣器检测案例【301】
16.3.1 蜂鸣器结构【301】
16.3.2 检测蜂鸣器【302】
16.4 光电耦合器检测案例【303】
16.4.1 光电耦合器结构【303】
16.4.2 检测光电耦合器【304】
16.5 霍尔元件检测案例【305】
16.5.1 霍尔元件结构【305】
16.5.2 检测霍尔元件【307】
16.6 控制按钮检测案例【308】
16.6.1 控制按钮结构【308】
16.6.2 检测控制按钮【309】
16.7 断路器检测案例【311】
16.7.1 断路器结构【311】
16.7.2 检测断路器【312】
16.8 继电器检测案例【313】
16.8.1 继电器结构【313】

16.8.2 检测电磁继电器【315】

16.8.3 检测中间继电器【316】

16.8.4 检测热继电器【317】

16.9 接触器检测案例【319】

16.9.1 接触器结构【319】

16.9.2 检测接触器【320】

第17章 功能电路中元器件检测案例 321

17.1 电源电路中元器件检测案例【322】

17.1.1 电源电路中的元器件【322】

17.1.2 电源电路中熔断器的检测案例【325】

17.1.3 电源电路中过压保护器的检测案例【326】

17.1.4 电源电路中桥式整流堆的检测案例【326】

17.1.5 电源电路中降压变压器的检测案例【327】

17.1.6 电源电路中稳压二极管的检测案例【328】

17.2 遥控电路中元器件检测案例【329】

17.2.1 遥控电路中的元器件【329】

17.2.2 遥控电路中遥控器的检测案例【330】

17.2.3 遥控电路中遥控接收器的检测案例【331】

17.2.4 遥控电路中发光二极管的检测案例【331】

17.3 音频电路中元器件检测案例【332】

17.3.1 音频电路中的元器件【332】

17.3.2 音频电路中音频信号处理芯片的检测案例【333】

17.3.3 音频电路中音频功率放大器的检测案例【334】

17.4 控制电路中元器件检测案例【336】

17.4.1 控制电路中的元器件【336】

17.4.2 控制电路中微处理器的检测案例【337】

17.4.3 控制电路中反相器的检测案例【340】

17.4.4 控制电路中电压比较器的检测案例【340】

17.4.5 控制电路中三端稳压器的检测案例【341】

第18章 电子产品中元器件检测、维修案例 342

18.1 电风扇中元器件检测、维修案例【343】

18.1.1 检测电风扇中启动电容器【343】

18.1.2 检测电风扇中驱动电动机【345】

18.1.3 检测电风扇中摆头电动机【346】

18.2 电饭煲中元器件检测、维修案例【347】

18.2.1　检测电饭煲中继电器【347】
　　18.2.2　检测电饭煲中双向晶闸管【349】
　　18.2.3　检测电饭煲中操作按键【350】
　　18.2.4　检测电饭煲中整流二极管【352】
18.3　电磁炉中元器件检测、维修案例【353】
　　18.3.1　检测电磁炉中门控管【353】
　　18.3.2　检测电磁炉中微处理器【354】
　　18.3.3　检测电磁炉中蜂鸣器【356】
　　18.3.4　检测电磁炉中温度传感器【357】
18.4　微波炉中元器件检测、维修案例【358】
　　18.4.1　检测微波炉中磁控管【358】
　　18.4.2　检测微波炉中高压变压器【359】
　　18.4.3　检测微波炉中高压电容器【361】
　　18.4.4　检测微波炉中高压二极管【362】
　　18.4.5　检测微波炉中温度保护器【362】
　　18.4.6　检测微波炉中门开关组件【363】

第1章

焊接工具使用方法

学习内容：

★ 了解电烙铁、热风焊机、吸锡器等焊接工具的种类和结构，以及焊料的种类等。

★ 练习电烙铁的规范操作。

★ 练习热风焊机的规范操作。

1.1 常用焊接工具及焊料

1.1.1 电烙铁

电烙铁是手工焊接、补焊、代换元器件的最常用工具之一，根据不同的加热方式，可分为直热式、恒温式和吸锡焊式等。

 直热式电烙铁

直热式电烙铁是应用最广泛的，适合初学者和专业人员使用，根据结构的不同，可分为内热式电烙铁和外热式电烙铁。图1-1为直热式电烙铁的实物外形。

内热式电烙铁升温快，重量轻，适合初学者使用；外热式电烙铁寿命长，温度平衡，适合长时间通电工作。

图1-1 直热式电烙铁的实物外形

为了适合不同焊接物接触面的需要，电烙铁的烙铁头也具有不同的形状，可根据实际焊接情况更换。图1-2为不同形状的烙铁头。

图1-2 不同形状的烙铁头

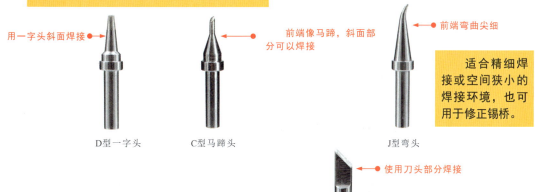

适合焊接面积大或粗端子的焊接环境。

用一字头斜面焊接

前端像马蹄，斜面部分可以焊接

前端弯曲尖细

适合精细焊接或空间狭小的焊接环境，也可用于修正锡桥。

D型一字头　　C型马蹄头　　J型弯头

使用刀头部分焊接

多用途，竖立式或拉焊式焊接均可，可焊接接地部分元器件或连接器等，也可用于修正锡桥。

K型刀头

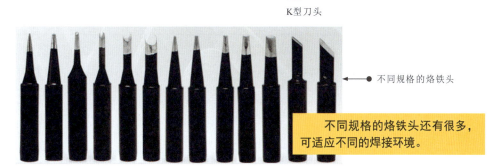

不同规格的烙铁头

不同规格的烙铁头还有很多，可适应不同的焊接环境。

图1-2　不同形状的烙铁头（续）

2 恒温式电烙铁

　　恒温式电烙铁的烙铁头温度是可以控制的，可使烙铁头的温度保持在某一恒定温度，具有升温速度快、焊接质量高等特点，如图1-3所示。根据控温方式的不同，恒温式电烙铁可分为电控式和磁控式两种。

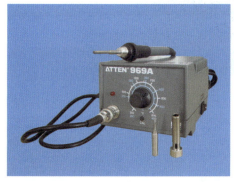

电控式恒温式电烙铁

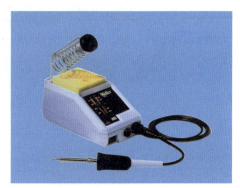

磁控式恒温式电烙铁

图1-3　恒温式电烙铁的实物外形

吸锡焊式电烙铁

吸锡焊式电烙铁主要用于拆焊元器件，烙铁头内部是中空的，而且多一个吸锡装置。图1-4为吸锡焊式电烙铁的实物外形。

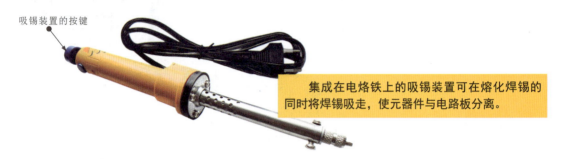

集成在电烙铁上的吸锡装置可在熔化焊锡的同时将焊锡吸走，使元器件与电路板分离。

图1-4　吸锡焊式电烙铁的实物外形

1.1.2　热风焊机

热风焊机是专门用来拆焊贴片元器件的设备。图1-5为热风焊机的实物外形。

热风焊机主要由机身、提手、热风焊枪、导风管、电源开关、温度调节旋钮和风量调节旋钮等部分构成。

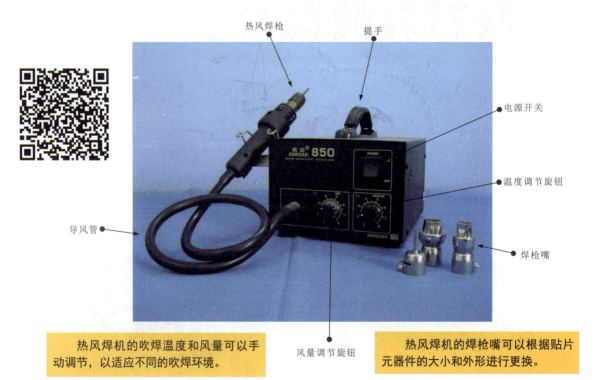

热风焊机的吹焊温度和风量可以手动调节，以适应不同的吹焊环境。

热风焊机的焊枪嘴可以根据贴片元器件的大小和外形进行更换。

图1-5　热风焊机的实物外形

1.1.3 吸锡器

吸锡器主要用来收集电子元器件引脚熔化的焊锡,如图1-6所示,根据工作原理不同,可分为手动式和电动式两种。

> 手动式吸锡器的吸嘴由耐高温塑料制成,吸锡操作需用电烙铁熔锡后通过手动完成。

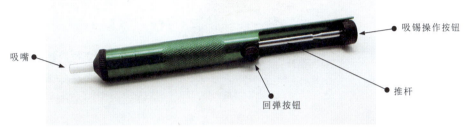

> 电动式吸锡器集熔锡、吸锡操作于一体,内部采用电磁阀真空泵,可快速方便地吸锡。

图1-6 常见的吸锡器

1.1.4 焊料

 焊锡丝

如图1-7所示,焊锡丝简称锡丝,是由锡合金和助剂两部分组成的,在焊接电子元器件时与电烙铁配合使用。

> 焊接时,依靠电烙铁的持续热量,将焊锡丝作为填充物熔在焊接表面和缝隙中,起到焊接固定的作用。

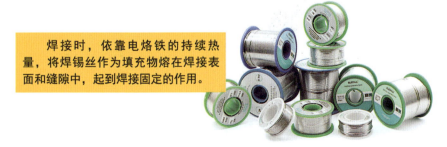

图1-7 焊锡丝

松香

如图1-8所示,松香是树脂类助焊剂的代表,能在焊接过程中清除氧化物和杂质,并且在焊接后形成膜层,保护焊点不被氧化。

松香可以清除焊接部位的氧化物,提高焊接性能,具有无腐蚀、绝缘性能好、稳定、耐湿等特点。

图1-8 松香

 助焊膏

如图1-9所示,助焊膏简称焊膏,是一种新型的焊接材料,广泛应用于表面贴装元器件的焊接。

助焊膏主要是由焊锡粉、助焊剂以及其他表面活性剂混合而成的膏状混合物。

图1-9 助焊膏

1.1.5 焊接辅助工具

 烙铁架

烙铁架主要用于在焊接过程中放置电烙铁,防止操作人员因放置位置不当,引发烫伤或引起火灾。图1-10为烙铁架的实物外形。

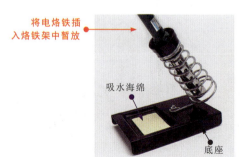

图1-10 烙铁架的实物外形

焊台夹具

图1-11为焊台夹具。焊台夹具由底座和固定臂两部分构成。根据固定臂的数量，焊台夹具以四臂和六臂最为常见。

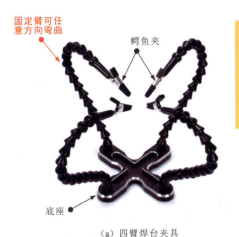

（a）四臂焊台夹具　　　　　　　　　　（b）六臂焊台夹具

图1-11　焊台夹具

 多功能辅助焊台

图1-12为多功能辅助焊台。多功能辅助焊台集成放大镜、鳄鱼夹、烙铁架等焊接辅助设备，多用于微小元器件的电路板焊接操作。

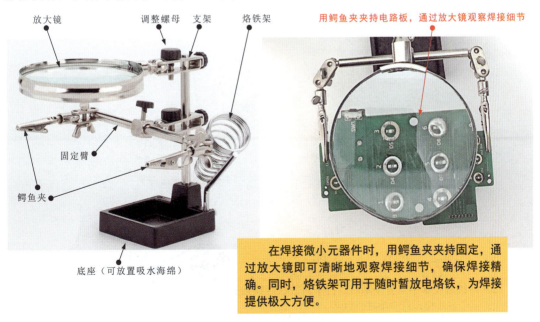

图1-12　多功能辅助焊台

镊子

镊子主要用来夹持固定电子元器件，确保焊接质量。如图1-13所示，镊子的规格多种多样，可根据使用要求选择相应的镊子。

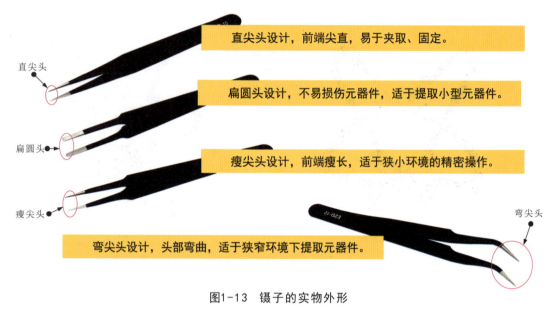

直尖头设计，前端尖直，易于夹取、固定。

扁圆头设计，不易损伤元器件，适于提取小型元器件。

瘦尖头设计，前端瘦长，适于狭小环境的精密操作。

弯尖头设计，头部弯曲，适于狭窄环境下提取元器件。

图1-13 镊子的实物外形

清洁海绵

图1-14为清洁海绵的实物外形。焊接用的清洁海绵属耐高温吸水海绵，主要用于擦拭烙铁头上的残锡和氧化物杂质。

吸水海绵应在水中充分浸泡后，拧干再放在烙铁架的底座上，用于在焊接过程中擦拭烙铁头。

图1-14 清洁海绵的实物外形

清洁球

清洁球也称烙铁头清洁球或烙铁洁嘴器，主要用于清洁烙铁头在焊接时夹带的残渣。图1-15为烙铁头清洁球的实物外形。

与吸水海绵相比，清洁球不需加水，避免烙铁头急速降温，可有效防止烙铁头的氧化，延长使用寿命。

图1-15　烙铁头清洁球的实物外形

 ## 吸锡线

如图1-16所示，吸锡线主要在拆除贴片元器件时，用于吸走元器件引脚处的焊锡。

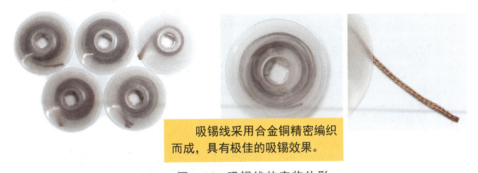

吸锡线采用合金铜精密编织而成，具有极佳的吸锡效果。

图1-16　吸锡线的实物外形

 ## 除锡针

如图1-17所示，除锡针主要用于清除电路板及焊接孔洞处的残锡或异物。

刀用于切割电路板上的敷铜连线；叉用于固定调整元器件引脚或连接线；勾用于勾出引脚或连线；压头用于压紧定位元器件；锥子用于清洁或扩大孔眼；刷子用于清扫残渣或异物。

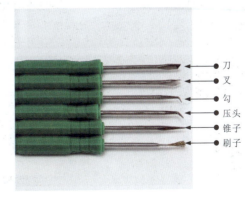

图1-17　除锡针的实物外形

1.2 学用焊接工具

1.2.1 电烙铁操作规范

使用电烙铁进行焊接操作时要严格遵循操作规范，否则不仅会影响焊接质量，而且会缩短电烙铁的使用寿命，严重时还容易引发烫伤及火灾事故。

图1-18为电烙铁的操作规范。

❶ 将电烙铁妥善放置在烙铁架上。

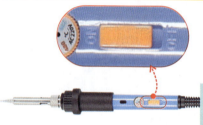

❷ 接通电源，电烙铁开始预热。

如果电烙铁有开关按钮或温度可调，则需要先将温度设定到焊接温度后，再将开关按钮置于ON状态。

❸ 预热完成，将烙铁头蘸上松香后，上锡。

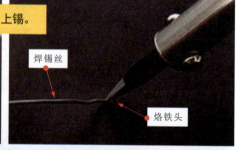

焊锡丝

烙铁头

❹ 在焊接位置用烙铁头熔化焊锡丝完成焊接操作。

图1-18 电烙铁的操作规范

5 焊接完成，将烙铁头上的杂质擦抹在沾湿拧干的清洁海绵上，并将电烙铁重新放回烙铁架上，切断电源，直至电烙铁彻底冷却。

焊接结束后，不要将烙铁头上多余的焊锡去除。这些多余的焊锡会保护烙铁头，防止氧化。

图1-18 电烙铁的操作规范（续）

1.2.2 热风焊机操作规范

图1-19为热风焊机的操作规范。热风焊机主要用于贴片元器件的焊接，使用时要严格遵循操作规范。

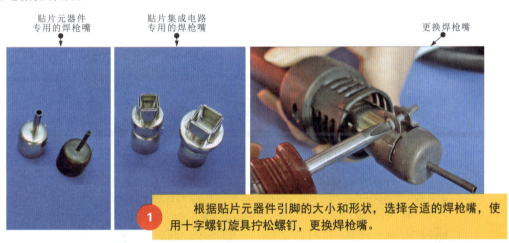

1 根据贴片元器件引脚的大小和形状，选择合适的焊枪嘴，使用十字螺钉旋具拧松螺钉，更换焊枪嘴。

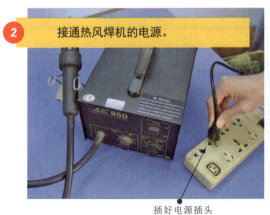

2 接通热风焊机的电源。

插好电源插头

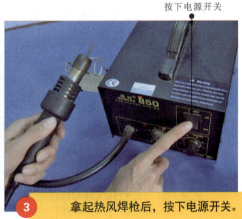

按下电源开关

3 拿起热风焊枪后，按下电源开关。

图1-19 热风焊机的操作规范

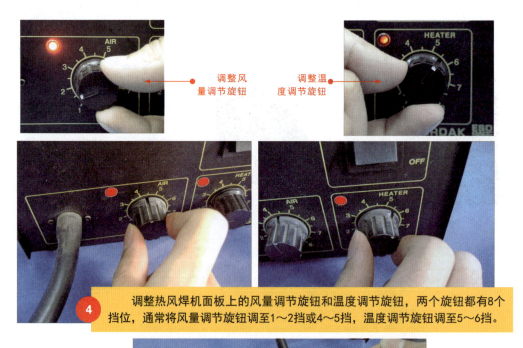

调整风量调节旋钮 ← → 调整温度调节旋钮

④ 调整热风焊机面板上的风量调节旋钮和温度调节旋钮，两个旋钮都有8个挡位，通常将风量调节旋钮调至1～2挡或4～5挡，温度调节旋钮调至5～6挡。

调节风量和温度后，只要等待几秒，热风焊枪就可以达到设定温度。在等待的过程中，不要用手靠近焊枪嘴感觉温度高低，以防烫伤。

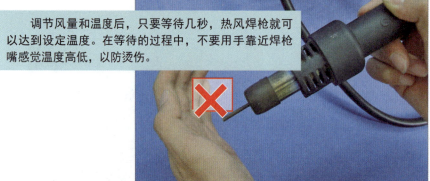

⑤ 待热风焊枪预热完成后，将焊枪嘴垂直悬空放置在元器件引脚上，并来回移动进行均匀加热，直到引脚焊锡熔化。

图1-19　热风焊机的操作规范（续）

第 2 章
指针万用表使用方法

学习内容：

★ 了解指针万用表键钮分布、表盘刻度线和功能/量程旋钮的含义、测量插孔和表笔插孔的功能。

★ 练习指针万用表表笔连接和表头校正规范。

★ 掌握指针万用表量程选择和欧姆调零要求。

★ 学会指针万用表测量值的读取方法。

2.1 指针万用表结构

2.1.1 指针万用表键钮分布

指针万用表是电子元器件检测、代换及电子产品调试维修时的必备仪表。

指针万用表的最大特点是由表头指针指示测量的数值，能够直观地显示电流、电压等参数的变化过程和变化方向。操作者通过表头指针的指示位置，结合量程即可得到测量结果。图2-1为指针万用表的实物外形。

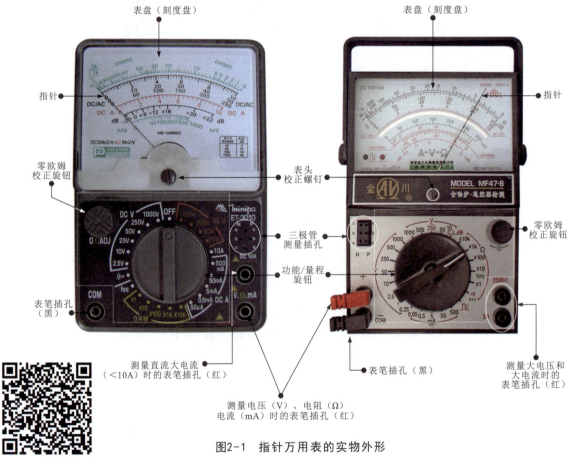

图2-1 指针万用表的实物外形

> 指针万用表从外观上大致可以分为表盘（刻度盘）、功能/量程旋钮、零欧姆校正旋钮及表笔插孔等几部分。其中，表盘（刻度盘）用来显示刻度；功能/量程旋钮用来调整挡位量程；零欧姆校正旋钮用来进行欧姆调零；表笔插孔用来连接表笔。

2.1.2 指针万用表的表盘

表盘（刻度盘）位于指针万用表的最上方，由多条弧线构成，用于显示测量结果。由于指针万用表的功能很多，因此表盘上通常有许多刻度线和刻度值。

图2-2为指针万用表的表盘。

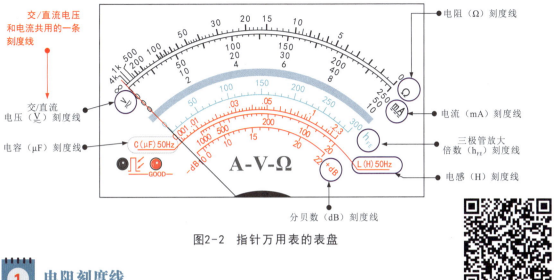

图2-2 指针万用表的表盘

1 电阻刻度线

图2-3为电阻刻度线。

电阻刻度线位于表盘的最上边，右侧标识"Ω"，呈指数分布，从右到左，由疏到密，最右侧为0，最左侧为无穷大。

图2-3 电阻刻度线

2 交/直流电压刻度线

图2-4为交/直流电压刻度线。

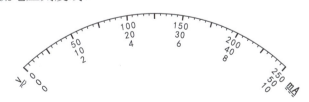

交/直流电压刻度线的左侧标识"$\underline{V}$"，表示在测量交流电压和直流电压时所要读取的刻度，左侧为0，下方有三排刻度值与量程刻度对应。

图2-4 交/直流电压刻度线

3 电流刻度线

电流刻度线与交/直流电压刻度线共用一条，右侧标识"mA"，表示在测量电流时所要读取的刻度，左侧为0。

 三极管放大倍数刻度线

图2-5为三极管放大倍数刻度线。三极管放大倍数刻度线是表盘上的第三条线，右侧标识"h_{FE}"，左侧为0。

三极管放大倍数刻度线用于显示三极管放大倍数。

图2-5　三极管放大倍数刻度线

 电容刻度线

图2-6为电容刻度线。

电容刻度线左侧标识"C（μF）50Hz"，检测电容时，需要使用50Hz的交流信号。

图2-6　电容刻度线

 电感刻度线

图2-7为电感刻度线。

电感刻度线右侧标识"L（H）50Hz"，检测电感时，需要使用50Hz的交流信号。

图2-7　电感刻度线

 分贝数刻度线

图2-8为分贝数刻度线。

分贝数刻度线两侧都标识"dB"，两端的10和22表示量程范围，主要用来测量放大器的增益或衰减值。

图2-8　分贝数刻度线

2.1.3 指针万用表的功能/量程旋钮

图2-9为指针万用表的功能/量程旋钮。功能/量程旋钮位于指针万用表的主体位置（面板），周围标有测量功能和测量范围。

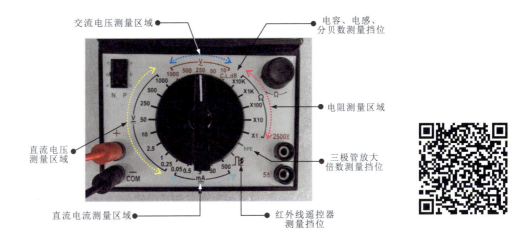

在功能/量程旋钮的周围为量程刻度盘。

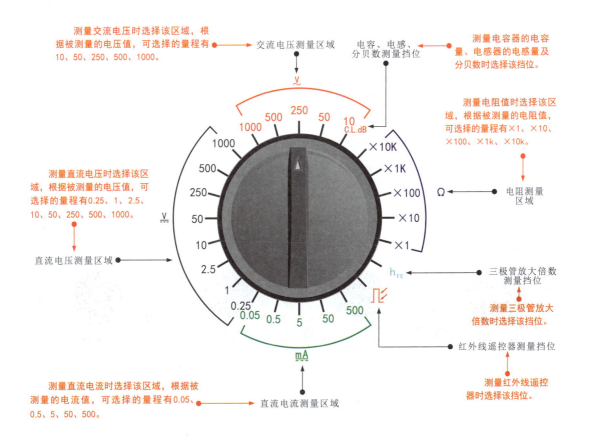

图2-9 指针万用表的功能/量程旋钮

2.1.4 指针万用表的测量插孔和表笔插孔

通常,在指针万用表的操控面板上设有三极管测量插孔和表笔插孔。图2-10为指针万用表的测量插孔和表笔插孔。

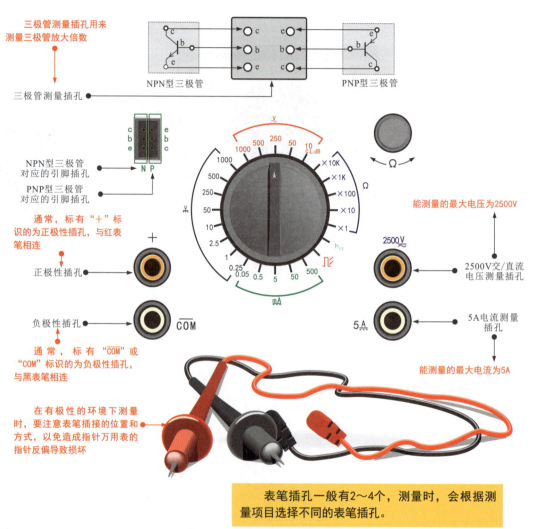

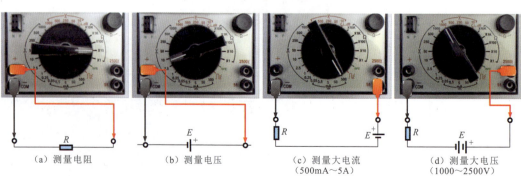

图2-10 指针万用表的测量插孔和表笔插孔

2.2 指针万用表使用规范

2.2.1 指针万用表的表笔连接

图2-11为指针万用表的表笔连接。指针万用表有两支表笔：红表笔和黑表笔。在使用指针万用表测量前，先将两支表笔对应插入相应的表笔插孔。

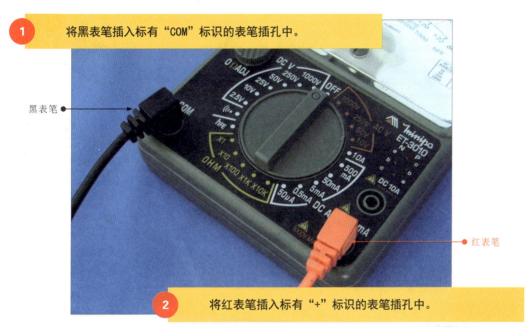

① 将黑表笔插入标有"COM"标识的表笔插孔中。

② 将红表笔插入标有"+"标识的表笔插孔中。

图2-11 指针万用表的表笔连接

如图2-12所示，在使用指针万用表测量高电压或大电流时，需将红表笔插入高电压或大电流的测量插孔。

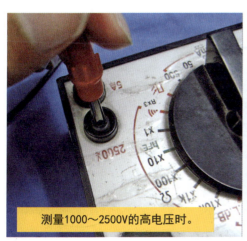

测量1000～2500V的高电压时。

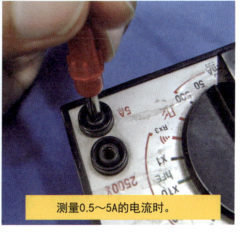

测量0.5～5A的电流时。

图2-12 指针万用表的高电压或大电流测量插孔

2.2.2 指针万用表的表头校正

图2-13为指针万用表的表头校正操作,指针应指在0位。

> 使用螺钉旋具旋转表头校正螺钉可使指针指在0位。

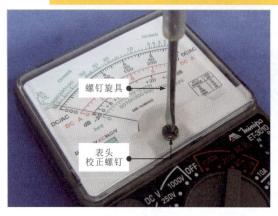
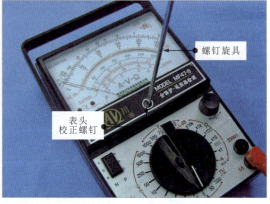

图2-13 指针万用表的表头校正操作

> 将指针万用表置于水平位置,表笔开路,观察指针是否指在0位,如指针偏正或偏负,都应微调表头校正螺钉,使指针准确地指在0位,校正后,能保持很长时间不用校正,只有在指针万用表受到较大冲击、振动后才需要重新校正。指针万用表在使用过程中超过量程时会出现"打表"的情况,可引起表针错位,需要注意。

2.2.3 指针万用表的量程选择

在使用指针万用表进行测量时,应根据被测数值选择合适的量程才能获得精确的测量结果,如果量程选择得不合适,会引起较大的误差。以测量5号电池的电压为例。

图2-14为选择500V量程测量5号电池的电压。

> 满刻度为500V,每一小格相当于10V,指针微微摆动,很难准确读出数值。

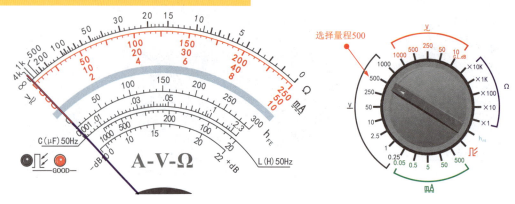

图2-14 选择500V量程测量5号电池的电压

图2-15为选择250V量程测量5号电池的电压。

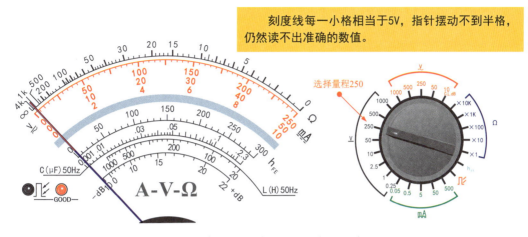

图2-15　选择250V量程测量5号电池的电压

图2-16为选择50V量程测量5号电池的电压。

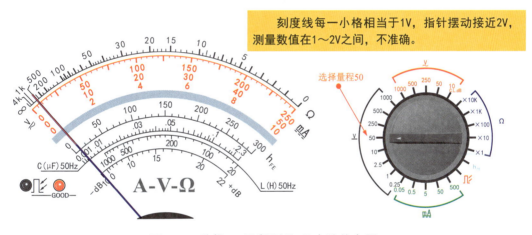

图2-16　选择50V量程测量5号电池的电压

图2-17为选择10V量程测量5号电池的电压。

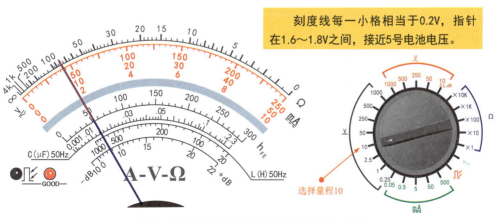

图2-17　选择10V量程测量5号电池的电压

图2-18为选择2.5V量程测量5号电池的电压。

刻度线每一小格相当于0.05V,指针在1.65～1.7V的中间位置,最精确。

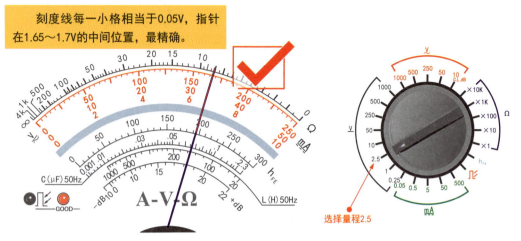

图2-18　选择2.5V量程测量5号电池的电压

如果选择0.25V量程测量5号电池的电压,如图2-19所示,已超过测量范围,会出现打表现象。这种情况应立刻拿开表笔,停止测量。

图2-19　选择0.25V量程测量5号电池的电压

1 用指针万用表测量电阻时的量程选择

图2-20为用指针万用表测量电阻时的量程选择。

① 测量小于200Ω的电阻时,应选×1挡。
② 测量200～400Ω的电阻时,应选×10挡。
③ 测量400Ω～5kΩ的电阻时,应选×100挡。
④ 测量5～50kΩ的电阻时,应选×1k挡。
⑤ 测量大于50kΩ的电阻时,应选×10k挡。
⑥ 测量二极管或三极管,通常选×1k挡,也可选×10k挡。

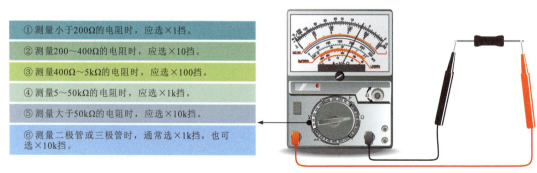

图2-20　用指针万用表测量电阻时的量程选择

用指针万用表测量直流电压时的量程选择

图2-21为用指针万用表测量直流电压时的量程选择。

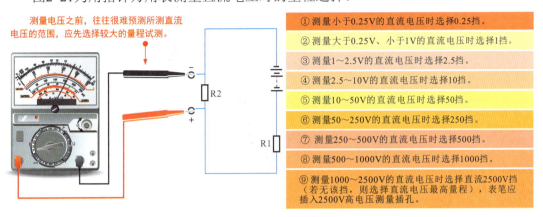

测量电压之前，往往很难预测所测直流电压的范围，应先选择较大的量程试测。

① 测量小于0.25V的直流电压时选择0.25挡。
② 测量大于0.25V、小于1V的直流电压时选择1挡。
③ 测量1～2.5V的直流电压时选择2.5挡。
④ 测量2.5～10V的直流电压时选择10挡。
⑤ 测量10～50V的直流电压时选择50挡。
⑥ 测量50～250V的直流电压时选择250挡。
⑦ 测量250～500V的直流电压时选择500挡。
⑧ 测量500～1000V的直流电压时选择1000挡。
⑨ 测量1000～2500V的直流电压时选择直流2500V挡（若无该挡，则选择直流电压最高量程），表笔应插入2500V高电压测量插孔。

图2-21　用指针万用表测量直流电压时的量程选择

 用指针万用表测量直流电流时的量程选择

图2-22为用指针万用表测量直流电流时的量程选择。

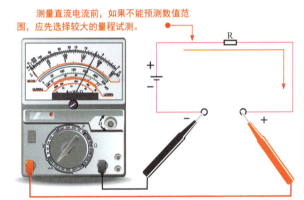

测量直流电流前，如果不能预测数值范围，应先选择较大的量程试测。

① 测量小于0.25mA的直流电流时选择0.25挡。
② 测量0.25～0.5mA的直流电流时选择0.5挡。
③ 测量0.5～5mA的直流电流时选择5挡。
④ 测量5～50mA的直流电流时选择50挡。
⑤ 测量50～500mA的直流电流时选择500挡。
⑥ 测量超过500mA、小于5A的电流时选择5A直流挡（若无该挡，则选择直流电流最高量程），表笔插入大电流测量插孔。

图2-22　用指针万用表测量直流电流时的量程选择

 用指针万用表测量交流电压时的量程选择

图2-23为用指针万用表测量交流电压时的量程选择。

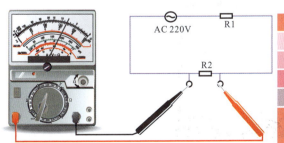

① 测量10V以下的交流电压时选择10挡。
② 测量10～50V交流电压时选择50挡。
③ 测量50～250V交流电压时选择250挡。
④ 测量250～500V交流电压时选择500挡。
⑤ 测量500～1000V交流电压时选择1000挡。
⑥ 测量1000～2500V的交流电压时选择交流2500V挡（若无该挡，则选择交流电压最高量程），表笔应插入2500V高电压测量插孔。

图2-23　用指针万用表测量交流电压时的量程选择

2.2.4 指针万用表的欧姆调零

指针万用表的欧姆调零也叫零欧姆校正。图2-24为指针万用表的欧姆调零操作。

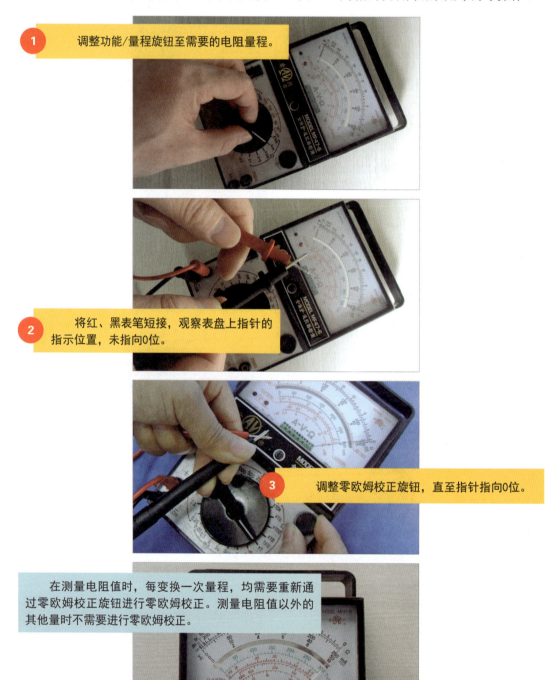

1 调整功能/量程旋钮至需要的电阻量程。

2 将红、黑表笔短接,观察表盘上指针的指示位置,未指向0位。

3 调整零欧姆校正旋钮,直至指针指向0位。

在测量电阻值时,每变换一次量程,均需要重新通过零欧姆校正旋钮进行零欧姆校正。测量电阻值以外的其他量时不需要进行零欧姆校正。

图2-24 指针万用表的欧姆调零操作

2.2.5 指针万用表电阻测量值的读取

电阻测量值的读取比较特殊，需要将指针指示的刻度与量程相乘才能得到最后的结果。图2-25为指针万用表电阻测量值的读取案例。

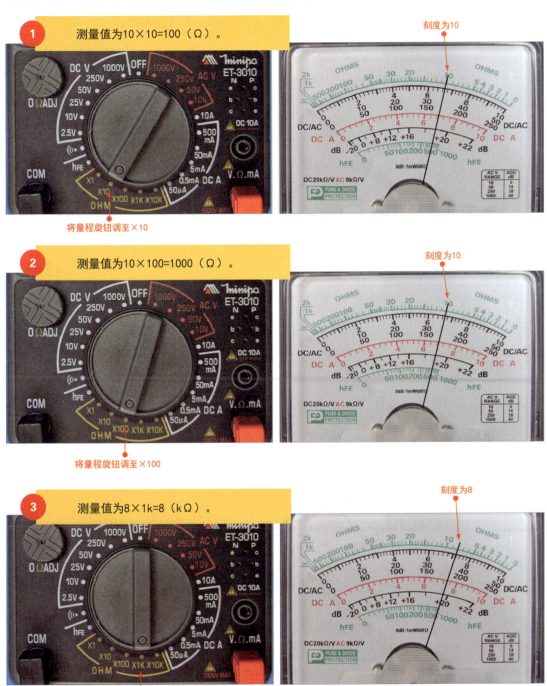

图2-25 指针万用表电阻测量值的读取案例

2.2.6 指针万用表直流电压测量值的读取

电压测量值的读取比较简单,根据选择的量程,找到对应的刻度线后,直接读取指针指示的刻度数值(或换算)即为测量结果。

图2-26为指针万用表直流电压测量值的读取案例。

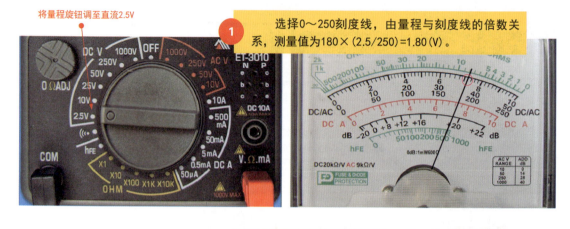

① 将量程旋钮调至直流2.5V
选择0～250刻度线,由量程与刻度线的倍数关系,测量值为180×(2.5/250)=1.80(V)。

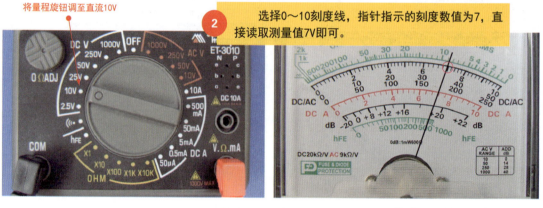

② 将量程旋钮调至直流10V
选择0～10刻度线,指针指示的刻度数值为7,直接读取测量值7V即可。

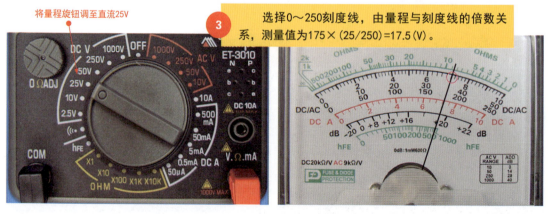

③ 将量程旋钮调至直流25V
选择0～250刻度线,由量程与刻度线的倍数关系,测量值为175×(25/250)=17.5(V)。

图2-26 指针万用表直流电压测量值的读取案例

同样,用指针万用表测量交流电压、直流电流、交流电流时的测量值读取方法与直流电压测量值的读取方法类似。

第3章

数字万用表使用方法

学习内容：

★ 了解数字万用表键钮分布，液晶显示屏、功能按钮、功能旋钮的含义，附加测试器和表笔插孔的功能。

★ 掌握数字万用表表笔连接和模式设定规范。

★ 掌握数字万用表量程附加测试器的使用方法。

★ 学会数字万用表量程选择和测量结果的读取方法。

3.1 数字万用表结构

3.1.1 数字万用表键钮分布

数字万用表是最常用的仪表之一,采用数字处理技术直接显示所测数值,测量时,将功能旋钮调至不同测量项目的量程,即可通过液晶显示屏直接显示电压、电流、电阻等测量数值,最大特点是显示清晰、直观,读取准确,既保证了数值的客观性,又符合人们的识读习惯。

图3-1为数字万用表的外形结构。

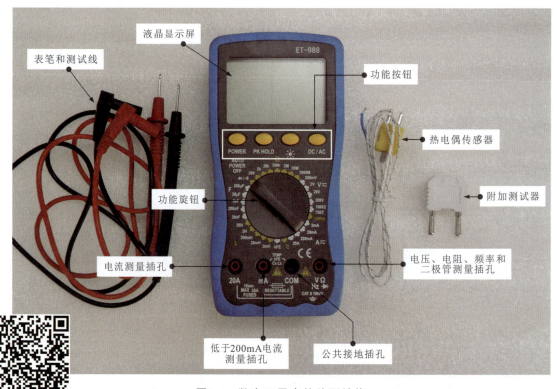

图3-1 数字万用表的外形结构

数字万用表主要是由液晶显示屏、功能旋钮、功能按钮(电源按钮、峰值保持按钮、背光灯按钮、交/直流切换按钮)、表笔插孔(电流测量插孔、低于200mA电流测量插孔、公共接地插孔及电压、电阻、频率和二极管测量插孔)、表笔、附加测试器、热电偶传感器等构成的。

3.1.2 数字万用表的液晶显示屏

数字万用表的液晶显示屏是用来显示当前的测量状态和测量结果的。由于数字万用表的功能很多,因此在液晶显示屏上会有许多标识,根据不同的测量功能可显示不同的测量状态。

图3-2为数字万用表的液晶显示屏。

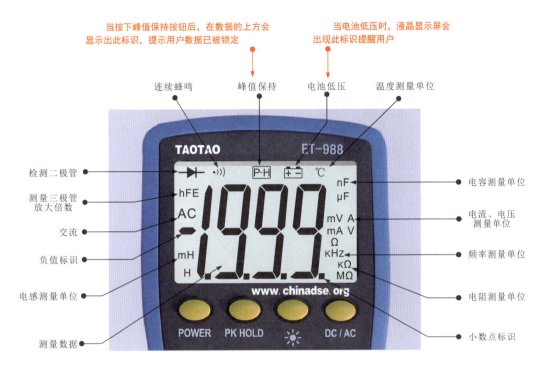

图3-2　数字万用表的液晶显示屏

3.1.3　数字万用表的功能按钮

数字万用表的功能按钮位于液晶显示屏与功能旋钮之间，如图3-3所示，主要包括电源按钮、峰值保持按钮、背光灯按钮及交/直流切换按钮。

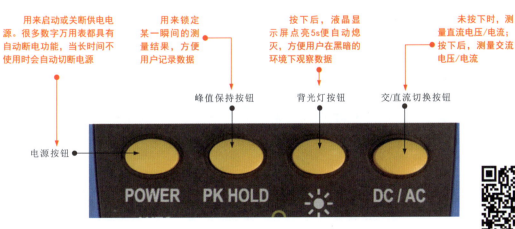

图3-3　数字万用表的功能按钮

3.1.4 数字万用表的功能旋钮

功能旋钮位于数字万用表的主体位置，通过旋转可选择不同测量项目的测量量程。图3-4为数字万用表的功能旋钮。

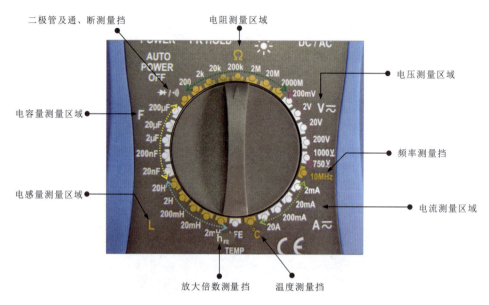

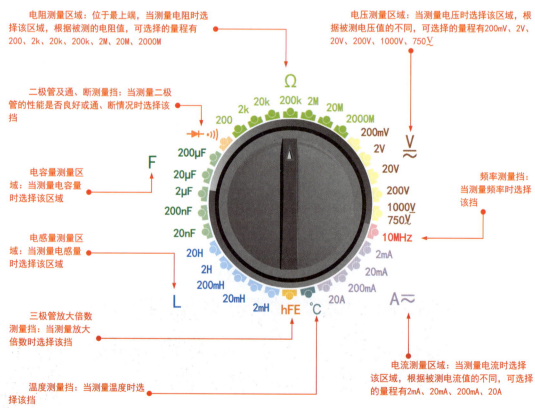

图3-4 数字万用表的功能旋钮

3.1.5 数字万用表的附加测试器

附加测试器是数字万用表的附加配件,主要用来测量电容的电容量、电感的电感量、三极管的放大倍数等。图3-5为数字万用表的附加测试器。

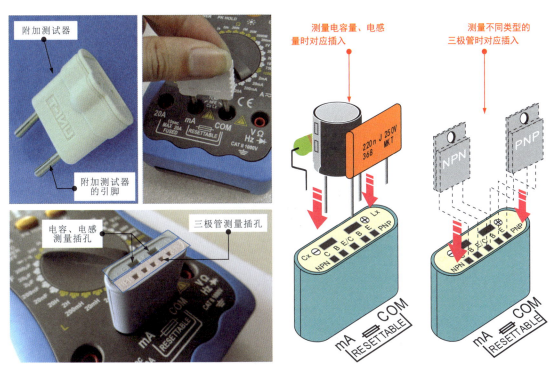

图3-5 数字万用表的附加测试器

3.1.6 数字万用表的表笔插孔

图3-6为数字万用表的表笔插孔。

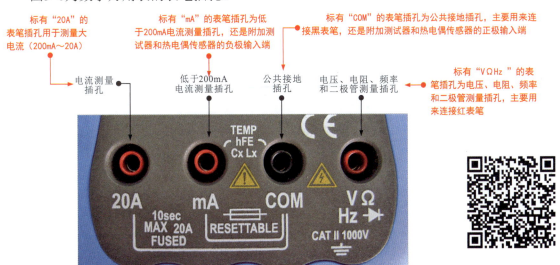

图3-6 数字万用表的表笔插孔

3.2 数字万用表使用规范

3.2.1 数字万用表的表笔连接

数字万用表与指针万用表相同,也有两支表笔,即红表笔和黑表笔。在使用数字万用表测量前,应先将两支表笔对应插入相应的表笔插孔中。其中,黑表笔作为公共端插到"COM"插孔中,红表笔可根据功能不同,插入其余的三个红色插孔中。

图3-7为数字万用表的表笔连接示意图。

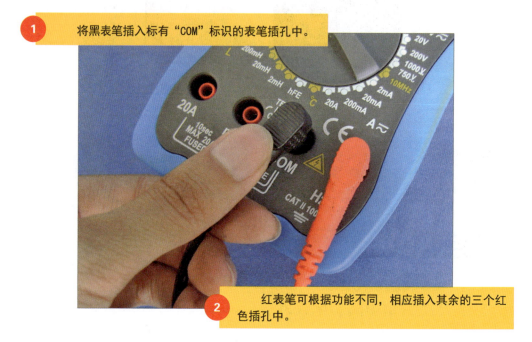

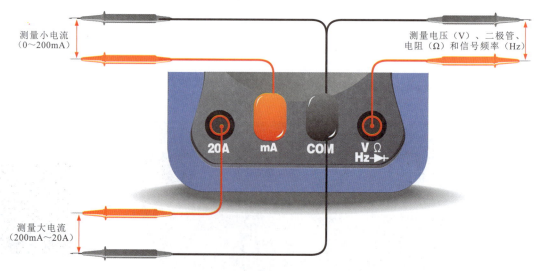

图3-7 数字万用表的表笔连接示意图

3.2.2 数字万用表的模式设定

数字万用表设有电源按钮,使用时,需要先按下电源按钮,开启数字万用表。电源按钮通常位于液晶显示屏的下方,带有POWER标识,如图3-8所示。

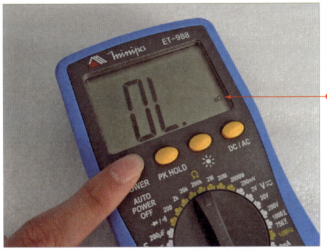

图3-8 按下数字万用表的电源按钮

数字万用表的电压测量区域具有交流和直流两种测量状态。若需要测量交流电压,则需要进行模式设定,如图3-9所示。

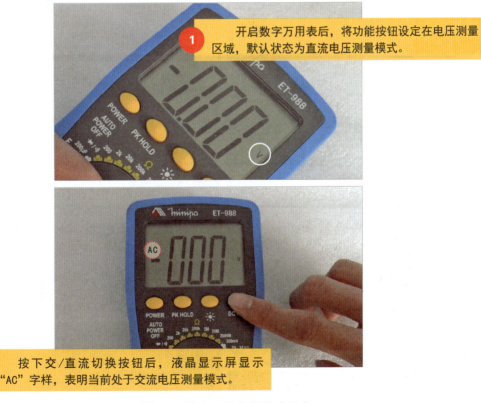

图3-9 数字万用表的模式设定

3.2.3 数字万用表附加测试器的使用

数字万用表的附加测试器可用来测量电容量、电感量、温度及三极管的放大倍数。图3-10为附加测试器的使用。

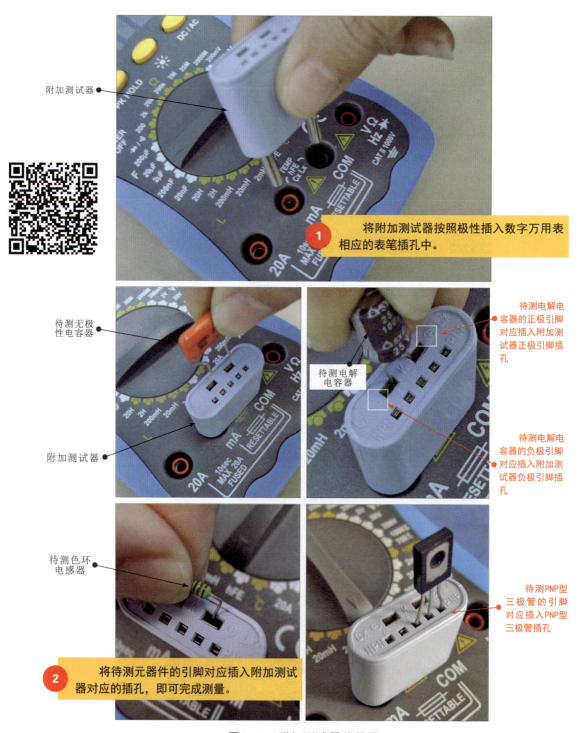

图3-10　附加测试器的使用

3.2.4 数字万用表的量程选择

在使用数字万用表测量时,应根据测量数值选择合适的量程(越接近测量数值越准确),若选择不当,会影响测量数值的精度(分辨率)。量程不同,测量数值的精度也不同。下面以4位数显示的数字万用表为例介绍量程与分辨率的关系。

图3-11为数字万用表直流200mV量程及其分辨率的对应关系。

量程选择直流200mV,分辨率为0.1mV,显示000.0mV,测量范围为000.1~199.9mV。

图3-11 数字万用表直流200mV量程及其分辨率的对应关系

图3-12为数字万用表直流2V量程及其分辨率的对应关系。

量程选择直流2V,分辨率为0.001V,显示0.000V,测量范围为0.001~1.999V。

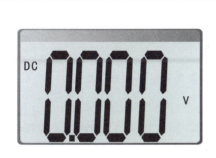 

图3-12 数字万用表直流2V量程及其分辨率的对应关系

图3-13为数字万用表直流20V量程及其分辨率的对应关系。

量程选择直流20V,分辨率为0.01V,显示00.00V,测量范围为0.01~19.99V。

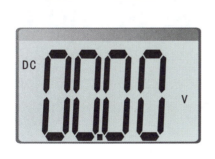 

图3-13 数字万用表直流20V量程及其分辨率的对应关系

图3-14为数字万用表直流200V量程及其分辨率的对应关系。

> 量程选择直流200V，分辨率为0.1V，显示000.0V，测量范围为0.1～199.9V。

图3-14　数字万用表直流200V量程及其分辨率的对应关系

图3-15为数字万用表直流1000V量程及其分辨率的对应关系。

> 量程选择直流1000V，分辨率为1V，显示0000V，测量范围为1～999V。

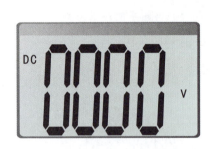

图3-15　数字万用表直流1000V量程及其分辨率的对应关系

以测量电压标称值为1.5V的5号电池为例。新5号电池电压应大于1.6V。所使用数字万用表的直流电压量程一共有5个，即200mV/2V/20V/200V/1000V。量程越接近且大于待测数值，测量结果越准确，如图3-16所示。

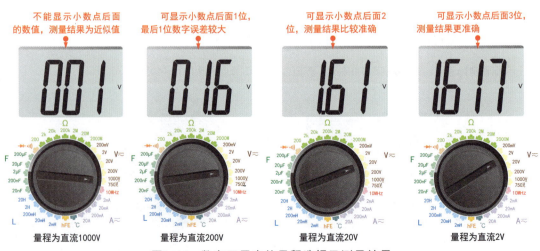

图3-16　数字万用表的量程选择及测量结果

3.2.5 数字万用表测量结果的读取

数字万用表测量结果的读取比较简单。测量时,测量结果会直接显示在液晶显示屏上,直接读取数值和单位即可,当小数点在数值的第一位之前时,表示"0."。

图3-17为数字万用表电阻测量结果的读取案例。

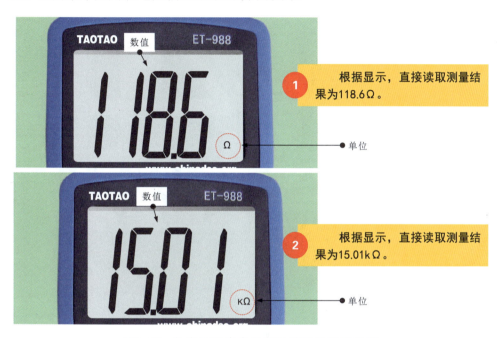

图3-17　数字万用表电阻测量结果的读取案例

图3-18为数字万用表电压测量结果的读取案例。

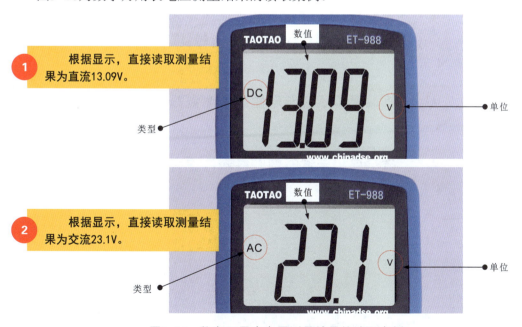

图3-18　数字万用表电压测量结果的读取案例

第 4 章

模拟示波器使用方法

学习内容：

★ 了解模拟示波器的外形结构、键控面板各键钮的功能、探头和测试线的特点等。

★ 练习模拟示波器电源线和测试线连接操作规范。

★ 练习模拟示波器的开机和校正方法。

4.1 模拟示波器结构

4.1.1 模拟示波器外形结构

模拟示波器是一种采用模拟电路的示波器，显示波形的部件为CRT显像管（示波管），是比较常用的能够进行实时观测波形的示波器。

图4-1为模拟示波器的外形结构。由图可知，模拟示波器主要由显示部分、键控面板、测试线及探头、外壳等构成。

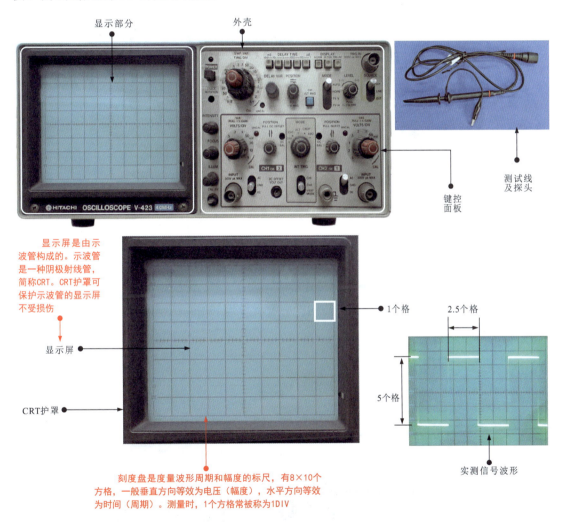

图4-1 模拟示波器的外形结构

4.1.2 模拟示波器键控面板

图4-2为模拟示波器的键控面板。键控面板的每个旋钮、按钮、开关、连接端等都有相应的标识符号来表示功能。

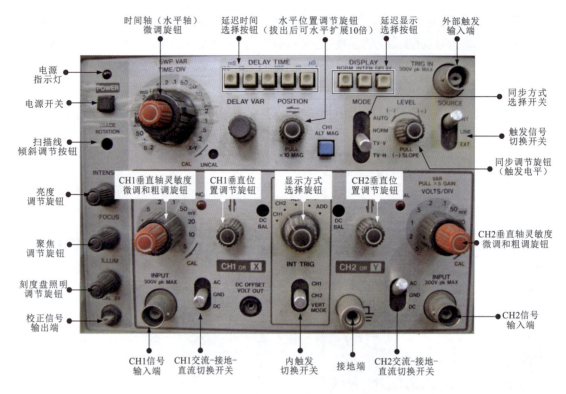

图4-2 模拟示波器的键控面板

电源开关和电源指示灯

电源开关用来接通和断开电源。电源指示灯用于指示当前模拟示波器的工作状态，接通电源时，点亮。

2 信号输入端

模拟示波器有两个信号输入端。CH1信号输入端用来连接CH1测试线。CH2信号输入端用来连接CH2测试线。图4-3为由两个信号输入端同时输入信号波形。

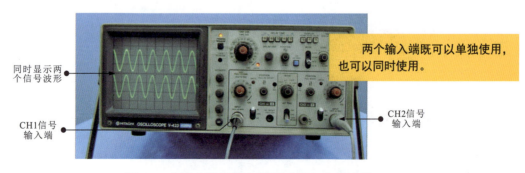

图4-3 由两个信号输入端同时输入信号波形

时间轴（水平轴）微调旋钮

如图4-4所示，时间轴（水平轴）微调旋钮用来调节波形的时间轴（水平轴）。

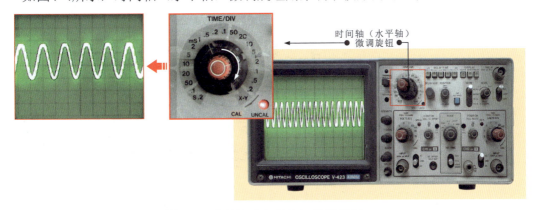

图4-4　时间轴（水平轴）微调旋钮

 ### 水平位置调节旋钮

如图4-5所示，水平位置调节旋钮用来调节扫描线的水平位置。

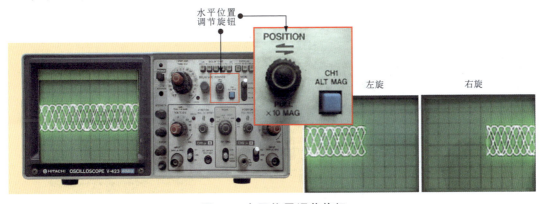

图4-5　水平位置调节旋钮

 ### 亮度调节旋钮

如图4-6所示，亮度调节旋钮用来调节扫描线的亮度。

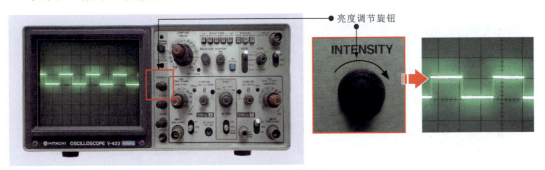

图4-6　亮度调节旋钮

聚焦调节旋钮

如图4-7所示，聚焦调节旋钮用来调节波形的聚焦状态，使其更加清晰。

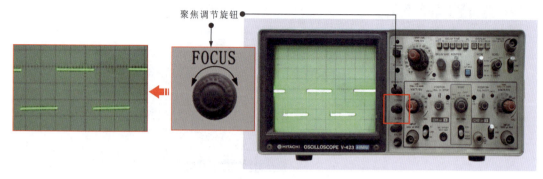

图4-7 聚焦调节旋钮

 交流-接地-直流切换开关

如图4-8所示，CH1信号输入端和CH2信号输入端的旁边分别设有交流-接地-直流切换开关，可根据信号输入端输入的信号选择不同的挡位。

AC为观测交流信号，DC为观测直流信号，GND为观测接地

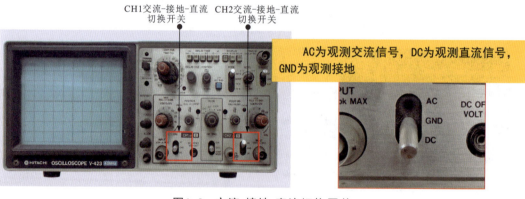

图4-8 交流-接地-直流切换开关

 显示方式选择旋钮

如图4-9所示，示波器有CH1、CH2、ALT、CHOP和ADD等5个挡位。

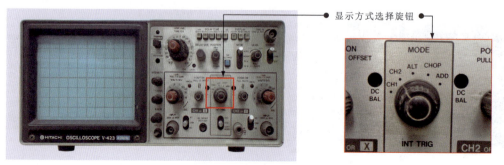

图4-9 显示方式选择旋钮

- ◆ CH1：只显示由CH1信号输入端输入的信号波形。
- ◆ CH2：只显示由CH2信号输入端输入的信号波形。
- ◆ ALT：两个输入信号波形交替显示。
- ◆ CHOP：快速切换显示方式。
- ◆ ADD：CH1和CH2两个输入信号进行加法或减法处理后并显示。

 垂直位置调节旋钮

如图4-10所示，由于有两个信号输入端，因此设有两个垂直位置调节旋钮，用于调节波形的垂直位置。

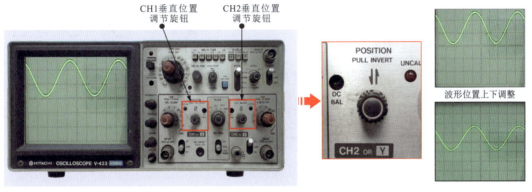

图4-10　垂直位置调节旋钮

 垂直轴灵敏度微调和粗调旋钮

如图4-11所示，垂直轴灵敏度微调和粗调旋钮用于调整波形垂直灵敏度。

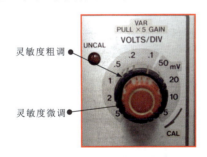

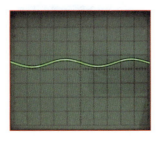

同心调节旋钮设计，外圆环形旋钮是灵敏度粗调旋钮，内圆旋钮是灵敏度微调旋钮，用来调节信号波形的垂直灵敏度。

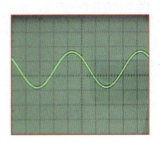

图4-11　垂直轴灵敏度微调和粗调旋钮

同步调节旋钮和同步方式选择开关

图4-12为同步调节旋钮和同步方式选择开关。

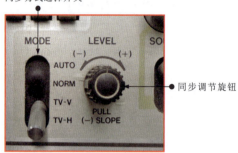
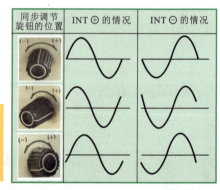

同步调节旋钮：用来微调同步信号的频率或相位，使其与被测信号的频率或相位一致。
同步方式选择开关：用来显示电视信号中的行信号波形或场信号波形。

图4-12 同步调节旋钮和同步方式选择开关

12 外部触发输入端和触发信号切换开关

图4-13为外部触发输入端和触发信号切换开关。

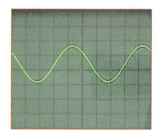

触发信号切换开关用来使被测信号波形静止在显示屏上，INT为内同步源，LINE为线路输入信号，EXT为将外部输入信号作为同步基准。

图4-13 外部触发输入端和触发信号切换开关

延迟时间选择按钮和延迟显示选择按钮

图4-14为延迟时间选择按钮和延迟显示选择按钮。

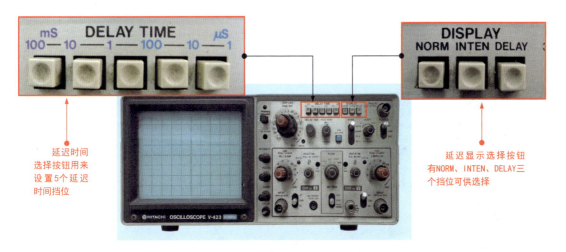

图4-14　延迟时间选择按钮和延迟显示选择按钮

4.1.3　模拟示波器的探头和测试线

图4-15为模拟示波器的探头和测试线。探头主要是由探头头部（探针、探头护套及挂钩）、手柄、接地夹等组成的。探头护套主要起保护作用，在探头护套的前端是挂钩，拧下探头护套即可看到探针，检测时，使用挂钩或探针与被测引脚连接即可。

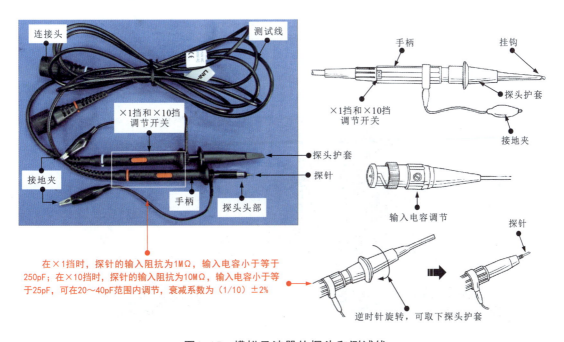

图4-15　模拟示波器的探头和测试线

4.2 模拟示波器使用规范

4.2.1 模拟示波器电源线和测试线连接

模拟示波器的连接线主要有电源线和测试线。电源线用来为模拟示波器供电，测试线用来检测信号。图4-16为模拟示波器电源线和测试线的连接方法。

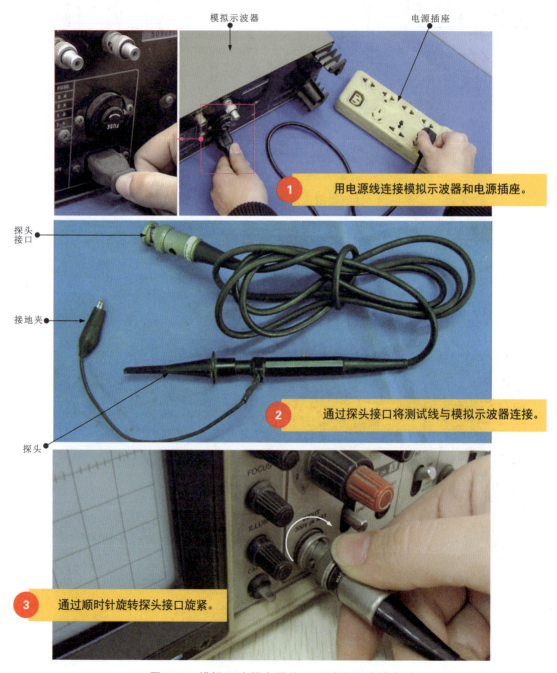

图4-16　模拟示波器电源线和测试线的连接方法

4.2.2 模拟示波器的开机和校正

如果是第一次使用或较长时间没有使用模拟示波器,则在开机后,需要对模拟示波器进行校正。

图4-17为模拟示波器的开机和校正。

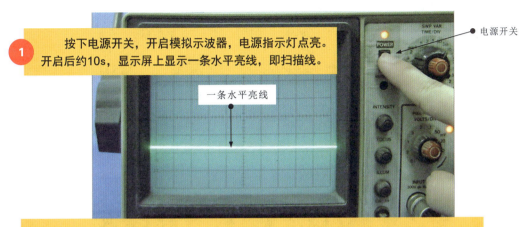

1. 按下电源开关,开启模拟示波器,电源指示灯点亮。开启后约10s,显示屏上显示一条水平亮线,即扫描线。

2. 模拟示波器正常开启后,为了使其处于最佳的测试状态,需要对探头进行校正。校正时,将探针搭在校正信号输出端(1000Hz、0.5V的方波信号)。

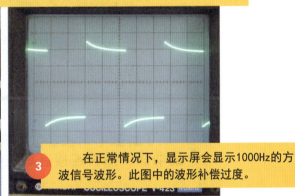

3. 在正常情况下,显示屏会显示1000Hz的方波信号波形。此图中的波形补偿过度。

4. 使用一字槽螺钉旋具调节探头校正端的螺钉。

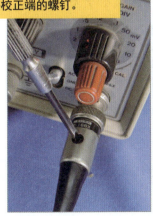
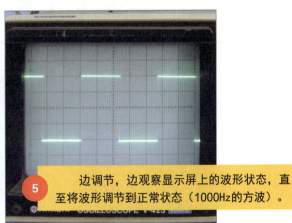

5. 边调节,边观察显示屏上的波形状态,直至将波形调节到正常状态(1000Hz的方波)。

图4-17 模拟示波器的开机和校正

第5章

数字示波器使用方法

学习内容：

★ 了解数字示波器的外形结构、键控面板各键钮的功能、探头连接区域的特点等。

★ 练习数字示波器测试线连接和开机操作规范。

★ 练习数字示波器的校正方法。

5.1 数字示波器结构

5.1.1 数字示波器外形结构

数字示波器一般都具有存储记忆功能，能存储记忆在测量过程中任意时间的瞬时信号波形。图5-1为数字示波器的外形结构，主要由显示屏、键控面板及探头连接区域构成。

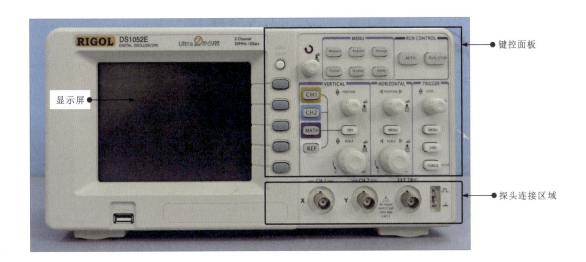

数字示波器的显示屏用来显示测量结果、当前的工作状态及在测量前或测量过程中的参数设置、模式选择等。

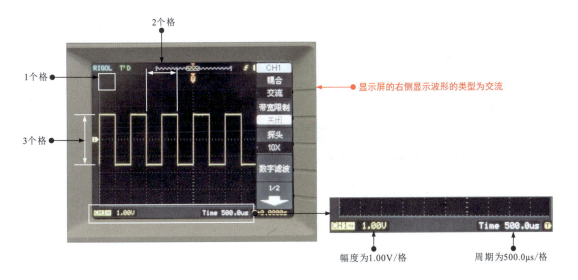

图5-1 数字示波器的外形结构

5.1.2 数字示波器键控面板

图5-2为数字示波器的键控面板。数字示波器的键控面板设有多种按键和旋钮。

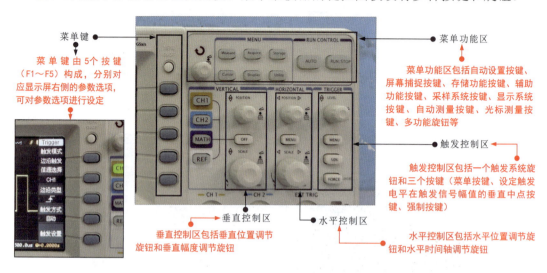

图5-2 数字示波器的键控面板

 菜单键

图5-3为数字示波器的菜单键。

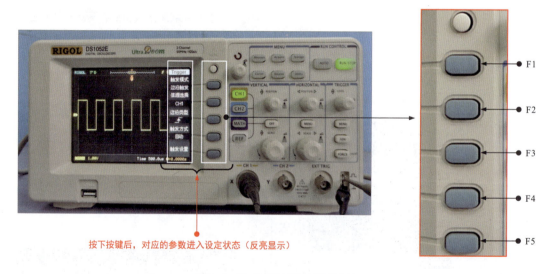

图5-3 数字示波器的菜单键

为方便介绍，将按键由上自下编号为F1~F5。

F1：用来选择输入信号的耦合方式，有三种耦合方式，即交流耦合（将直流信号阻隔）、接地耦合（将输入信号接地）及直流耦合（交流信号和直流信号都通过，被测交流信号包含直流信号）。

F2：控制带宽抑制，可进行带宽抑制开与关的选择，关断带宽抑制时，通道带宽为全带宽；开通带宽抑制时，高于20MHz的噪声和高频信号将被衰减。
F3：控制垂直偏转系数，可对幅度（伏/格）进行粗调和细调。
F4：控制探头倍率，有1×、10×、100×、1000× 等四种选择。
F5：控制波形反相设置，可将波形反转（180°）。

2 垂直控制区

图5-4为数字示波器的垂直控制区。

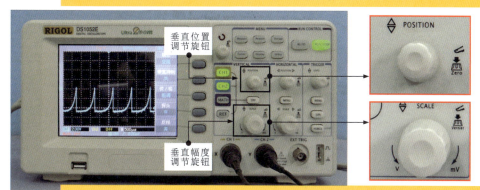

图5-4　数字示波器的垂直控制区

3 水平控制区

图5-5为数字示波器的水平控制区。

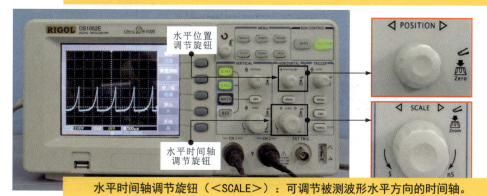

图5-5　数字示波器的水平控制区

4 触发控制区

触发控制区如图5-6所示。

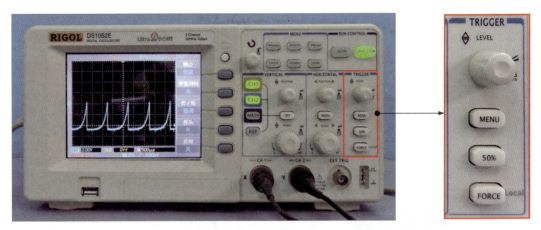

图5-6 触发控制区

触发系统旋钮（LEVEL）：用来改变触发电平，触发电平随旋钮的转动上下移动。
MENU（菜单）：用来改变触发设置。
50%：用来设定触发电平在触发信号幅值的垂直中点。
FORCE（强制）：强制产生触发信号，主要应用在触发方式中的正常模式和单次模式。

 5 菜单功能区

菜单功能区如图5-7所示。

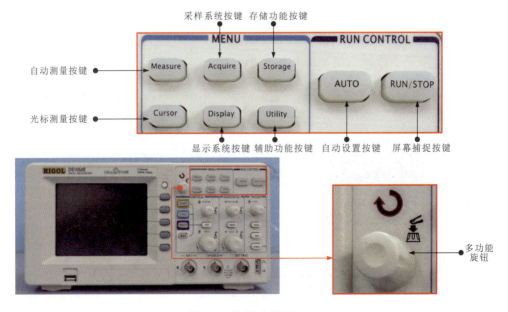

图5-7 菜单功能区

自动设置按键（AUTO）：可自动设置垂直偏转系数、扫描时基及触发方式。
屏幕捕捉按键（RUN/STOP）：绿灯亮表示运行，红灯亮表示暂停。
存储功能按键（Storage）：可将波形或设置状态保存到内部存储区或U盘中，并能通过RefA（或RefB）调出所保存的信息或设置的状态。
辅助功能按键（Utility）：用来对自校正、波形录制、语言、出厂设置、界面风格、网格亮度、系统信息等选项进行相应的设置。
采样系统按键（Acquire）：可弹出采样设置菜单，通过菜单键调节获取方式（普通采样方式、峰值检测方式、平均采样方式）、平均次数（设置平均次数）、采样方式（实时采样、等效采样）等选项。
显示系统按键（Display）：用来弹出设置菜单，通过菜单键调节显示方式，如显示类型、格式（YT、XY）、持续（关闭、无限）、对比度、波形亮度等信息。
自动测量按键（Measure）：可进入参数测量显示菜单，有5个可同时显示测量值的区域，分别对应菜单键F1~F5。
光标测量按键（Cursor）：用来显示测量光标或光标菜单，可配合多功能旋钮使用。
多功能旋钮：用来调节设置参数。

其他键钮

如图5-8所示，其他键钮主要包括关闭按键、REF按键、USB接口、电源开关等。

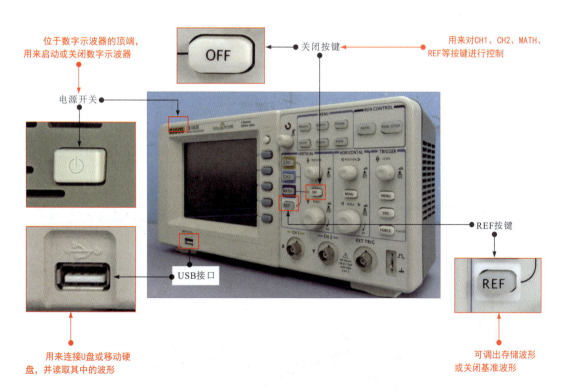

图5-8　其他键钮

5.1.3 数字示波器探头连接区域

如图5-9所示,数字示波器探头连接区域包括CH1按键和CH1(X)信号输入端、CH2按键和CH2(Y)信号输入端。

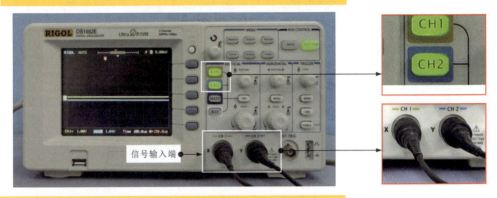

图5-9 探头连接区域

5.2 数字示波器使用规范

5.2.1 数字示波器测试线的连接

图5-10为数字示波器测试线的连接方法。

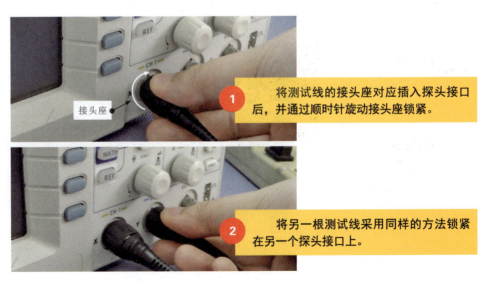

图5-10 数字示波器测试线的连接方法

5.2.2 数字示波器电源线的连接

数字示波器正常工作时需要电源供电，因此在开机前要将数字示波器的电源线与电源连接。图5-11为数字示波器电源线的连接操作。

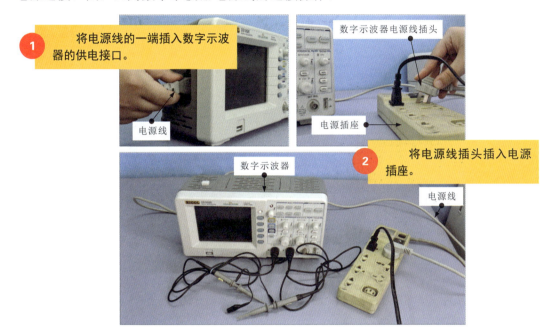

图5-11 数字示波器电源线的连接操作

5.2.3 数字示波器的开机操作

将数字示波器的测试线和电源线连接好后，按下电源开关，数字示波器开机，此时可以观察到数字示波器的开机界面，如图5-12所示。

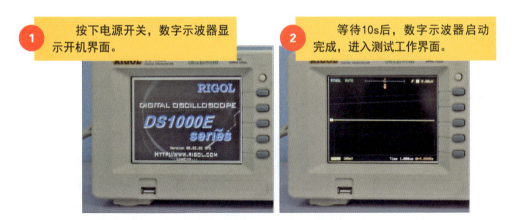

图5-12 数字示波器开机和测试工作界面

为确保数字示波器能够安全使用，在开机前要确保供电电压符合数字示波器的要求，使用专用的电源线供电，接地要可靠，电源接通后，请勿接触外露的接头，并且确保数字示波器使用环境的干燥、整洁。

5.2.4 数字示波器的校正

 数字示波器的自校正

若数字示波器为第一次使用或长时间没有使用，则开机启动后应进行自校正。图5-13为数字示波器进入自校正的操作方法。

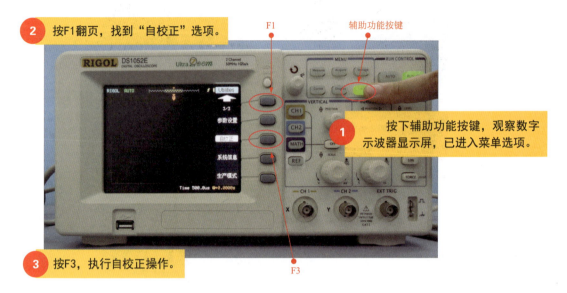

图5-13　数字示波器进入自校正的操作方法

 数字示波器测量前的设置

数字示波器完成自校正后，开始进行测量前的设置，如通道设置等，如图5-14所示。

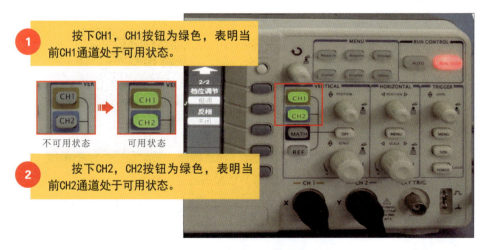

图5-14　数字示波器通道设置

探头校正

数字示波器在自校正完成后，不能直接测量，需要进行探头校正，以使整机处于最佳测量状态，如图5-15所示。数字示波器本身有基准信号输出端，可将探头连接在基准信号输出端进行校正。

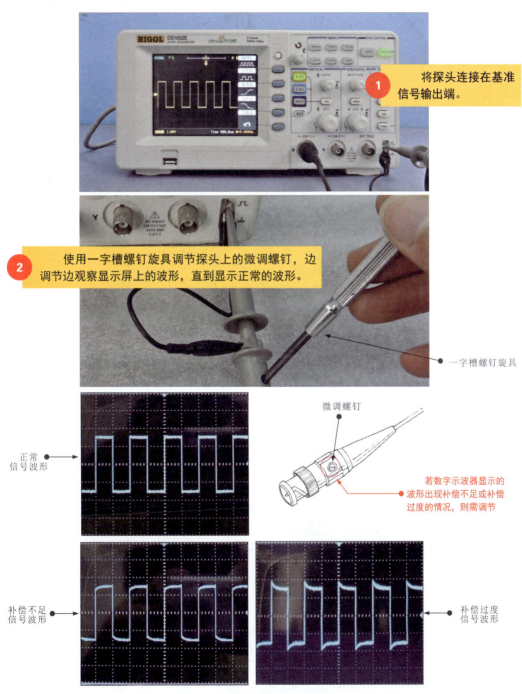

图5-15　数字示波器探头校正

第6章

电阻器识别、检测、选用、代换

学习内容：

★ 了解电阻器的种类和参数标识的含义。

★ 练习色环电阻器、热敏电阻器、湿敏电阻器、光敏电阻器、压敏电阻器、气敏电阻器及可调电阻器的检测操作。

★ 熟知电阻器的功能。

★ 掌握普通电阻器、熔断电阻器、水泥电阻器等的选用、代换。

6.1 电阻器的识别

6.1.1 电阻器种类

电阻器简称电阻,是利用物质对所通过的电流产生阻碍作用这一特性制成的电子元器件,是电子产品中最基本、最常用的电子元器件之一。

 碳膜电阻器

图6-1为碳膜电阻器的实物外形。碳膜电阻器是将真空高温条件下分解的结晶碳蒸镀在陶瓷骨架上制成的,电压稳定性好、造价低,在电子产品中应用非常广泛。

图6-1 碳膜电阻器的实物外形

 金属膜电阻器

图6-2为金属膜电阻器的实物外形。这种电阻器是在真空高温条件下将金属或合金蒸镀在陶瓷骨架上制成的。

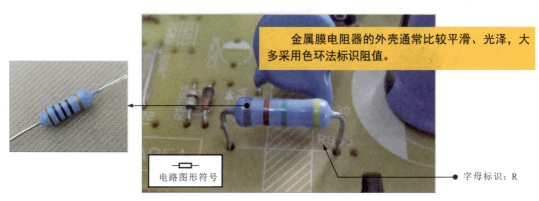

图6-2 金属膜电阻器的实物外形

金属膜电阻器具有较高的耐高温性能、温度系数小、热稳定性好、噪声小等优点。与碳膜电阻器相比，金属膜电阻器的体积小，但价格较高。

 金属氧化膜电阻器

图6-3为金属氧化膜电阻器的实物外形。金属氧化膜电阻器是将锡和锑的金属盐溶液经过高温喷雾沉积在陶瓷骨架上制成的，与金属膜电阻器相比，抗氧化、耐酸、抗高温等特性更好。

金属氧化膜电阻器的外壳通常比较粗糙、无光泽。

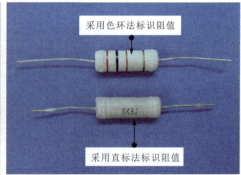

图6-3　金属氧化膜电阻器的实物外形

 合成碳膜电阻器

图6-4为合成碳膜电阻器的实物外形。合成碳膜电阻器是将碳、填料及有机黏合剂调配成悬浮液，并将其喷涂在绝缘骨架上加热聚合制成的。

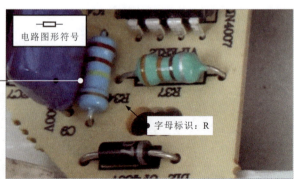

合成碳膜电阻器是一种高压、高阻值电阻器，通常用玻璃封装。

图6-4　合成碳膜电阻器的实物外形

玻璃釉电阻器

图6-5为玻璃釉电阻器的实物外形。玻璃釉电阻器是将银、铑、钌等金属氧化物和玻璃釉黏合剂调配成浆料,并将其喷涂在绝缘骨架上,经高温聚合制成的。

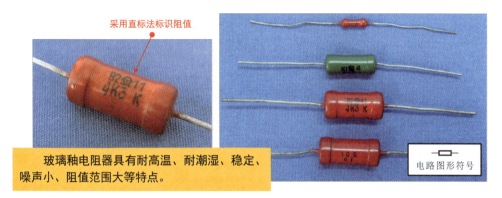

玻璃釉电阻器具有耐高温、耐潮湿、稳定、噪声小、阻值范围大等特点。

图6-5 玻璃釉电阻器的实物外形

 水泥电阻器

图6-6为水泥电阻器的实物外形。水泥电阻器是采用陶瓷、矿质材料封装的电阻器。

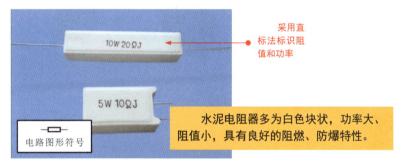

水泥电阻器多为白色块状,功率大、阻值小,具有良好的阻燃、防爆特性。

图6-6 水泥电阻器的实物外形

 排电阻器

图6-7为排电阻器的实物外形。排电阻器简称排阻,也称集成电阻器、电阻器阵列。

排电阻器是将多个分立电阻器按照一定规律排列集成的组合型电阻器。

图6-7 排电阻器的实物外形

热敏电阻器

图6-8为热敏电阻器的实物外形。热敏电阻器大多是由单晶、多晶半导体材料制成的。

热敏电阻器的阻值随温度的变化而变化，有正温度系数热敏电阻器和负温度系数热敏电阻器。

图6-8　热敏电阻器的实物外形

正温度系数热敏电阻器（PTC）的阻值随温度的升高而增大，随温度的降低而减小；负温度系数热敏电阻器（NTC）的阻值随温度的升高而减小，随温度的降低而增大。

如图6-9所示，不同类型的热敏电阻器会在表面用不用的字母标识。

MF：负温度系数热敏电阻器　　MZ：正温度系数热敏电阻器

图6-9　正温度系数热敏电阻器和负温度系数热敏电阻器的实物外形

 气敏电阻器

图6-10为气敏电阻器的实物外形。气敏电阻器也是应用广泛的一类敏感电阻器。

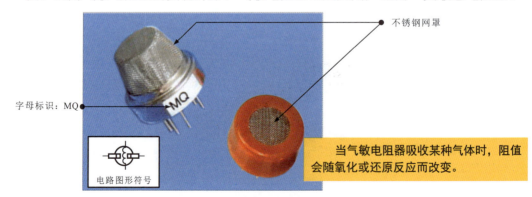

不锈钢网罩

字母标识：MQ

当气敏电阻器吸收某种气体时，阻值会随氧化或还原反应而改变。

图6-10　气敏电阻器的实物外形

第6章　电阻器识别、检测、选用、代换

如图6-11所示，气敏电阻器内部的烧结体是将某种金属氧化物粉料，按一定比例添加铂催化剂、激活剂及其他添加剂后烧结而成的。

气敏电阻器可以把某种气体的成分、浓度等转换成阻值，常作为气体感测元器件制成各种气体的检测仪器、报警器，如酒精测试仪、煤气报警器、火灾报警器等。

图6-11　气敏电阻器的内部结构

 光敏电阻器

如图6-12所示，光敏电阻器是一种由具有光导特性的半导体材料制成的电阻器。

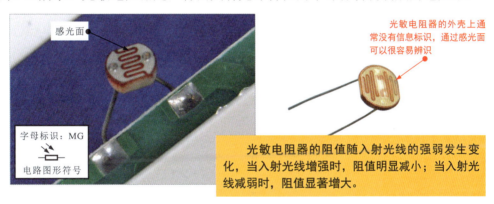

光敏电阻器的外壳上通常没有信息标识，通过感光面可以很容易辨识

光敏电阻器的阻值随入射光线的强弱发生变化，当入射光线增强时，阻值明显减小；当入射光线减弱时，阻值显著增大。

图6-12　光敏电阻器的实物外形

 湿敏电阻器

图6-13为湿敏电阻器的实物外形。湿敏电阻器的阻值会随周围环境湿度的变化而变化，常用作传感器检测环境湿度。

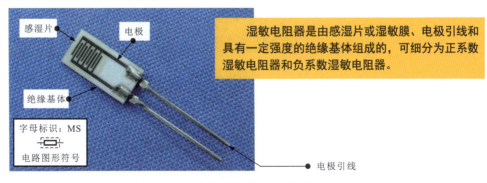

湿敏电阻器是由感湿片或湿敏膜、电极引线和具有一定强度的绝缘基体组成的，可细分为正系数湿敏电阻器和负系数湿敏电阻器。

图6-13　湿敏电阻器的实物外形

正系数湿敏电阻器是当湿度升高时，阻值明显增大；当湿度降低时，阻值显著减小。负系数湿敏电阻器是当湿度降低时，阻值明显增大；当湿度升高时，阻值显著减小。

 压敏电阻器

如图6-14所示，压敏电阻器是利用半导体材料的非线性特性原理制成的电阻器。

压敏电阻器的特点是当外加电压达到某一临界值时，阻值会急剧变小，常用作过压保护器件。

图6-14 压敏电阻器的实物外形

 可调电阻器

可调电阻器是一种阻值可任意改变的电阻器。图6-15为可调电阻器的实物外形，外壳上带有调节旋钮，通过手动可以调节阻值。

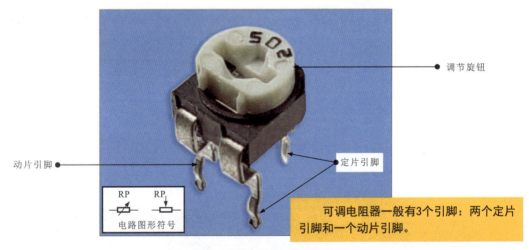

可调电阻器一般有3个引脚：两个定片引脚和一个动片引脚。

图6-15 可调电阻器的实物外形

可调电阻器的阻值是可以调节的，通常包括最大阻值、最小阻值和可变阻值。最大阻值和最小阻值都是将调节旋钮旋转到极端时的阻值。

最大阻值与可调电阻器的标称阻值十分相近。最小阻值一般为0Ω，个别可调电阻器的最小阻值不是0Ω。可变阻值是随意调节调节旋钮后的阻值，在最小阻值与最大阻值之间。

需要经常调节的可调电阻器又称电位器，适用于阻值需要经常调节且要求阻值稳定可靠的场合，如作为电视机的音量调节部件、收音机的音量调节部件、影音播放设备操作面板上的调节部件等。图6-16为操作电路板上的电位器。

图6-16 操作电路板上的电位器

6.1.2 电阻器参数标识

 色环电阻器参数标识

色环电阻器采用不同颜色的色环或色点标识电阻器的阻值，可细分为四环标识法和五环标识法。图6-17为四环标识法。

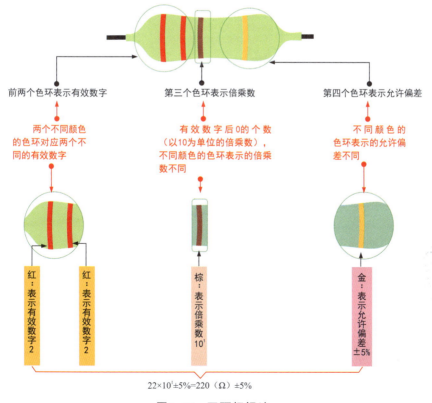

图6-17 四环标识法

图6-18为四环标识法的识读案例。

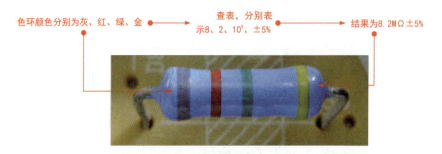

图6-18 四环标识法的识读案例

图6-19为五环标识法。

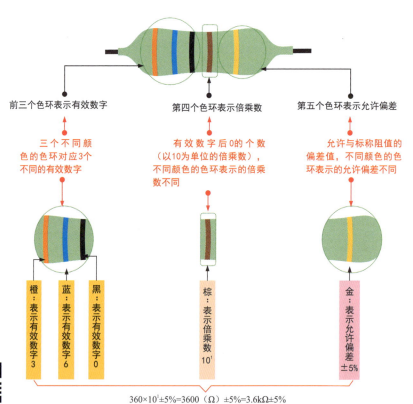

图6-19 五环标识法

识读色环时，首先要找到识读起始端。如图6-20所示，色环电阻器一般可从三个方面找到识读起始端，即通过允许偏差色环识读、通过色环位置识读、通过色环间距识读。

3 有效数字色环之间的间距较窄，有效数字色环与倍乘数色环、倍乘数色环与允许偏差色环之间的间距较宽。

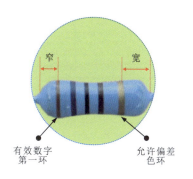
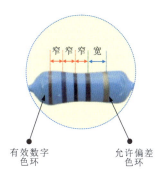

2 有效数字第一环与引脚较近，允许偏差色环与引脚较远。

1 允许偏差色环一般为金色和银色，有效数字色环没有金色和银色。

图6-20 找到识读起始端

2 电阻器参数直标法

除色环标识法外，很多电阻器，如玻璃釉电阻器、水泥电阻器、贴片电阻器等多采用直标法标识，即将参数标识在电阻器表面。

图6-21为直标法标识。

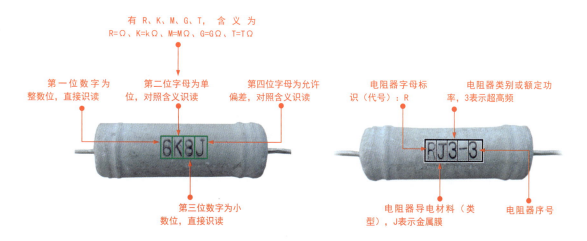

6K8J：6表示整数位为6；K表示单位为kΩ；8表示小数位为8；J表示允许偏差为±5%，识读结果为6.8kΩ±5%。

RJ3-3：R表示电阻器；J表示金属膜；3表示超高频；-3表示序号，识读结果为超高频金属膜电阻器。

图6-21 直标法标识

色环含义见表6-1。

表6-1 色环含义

色环	有效数字	倍乘数	允许偏差	色环	有效数字	倍乘数	允许偏差
银色	—	10^{-2}	±10%	绿色	5	10^5	±0.5%
金色	—	10^{-1}	±5%	蓝色	6	10^6	±0.25%
黑色	0	10^0	—	紫色	7	10^7	±0.1%
棕色	1	10^1	±1%	灰色	8	10^8	—
红色	2	10^2	±2%	白色	9	10^9	±20%
橙色	3	10^3	—	无色	—	—	—
黄色	4	10^4	—				

不同字母表示的允许偏差见表6-2。

表6-2 不同字母表示的允许偏差

字母	允许偏差	字母	允许偏差	字母	允许偏差	字母	允许偏差
Y	±0.001%	P	±0.02%	D	±0.5%	K	±10%
X	±0.002%	W	±0.05%	F	±1%	M	±20%
E	±0.005%	B	±0.1%	G	±2%	N	±30%
L	±0.01%	C	±0.25%	J	±5%		

电阻器类型的字母含义见表6-3。

表6-3 电阻器类型的字母含义

字母	含义	字母	含义	字母	含义
R	普通电阻器	MZ	正温度系数热敏电阻器	MG	光敏电阻器
MY	压敏电阻器	MF	负温度系数热敏电阻器	MS	湿敏电阻器
ML	力敏电阻器	MQ	气敏电阻器	MC	磁敏电阻器

电阻器类别的数字或字母含义见表6-4。

表6-4 电阻器类别的数字或字母含义

数字	含义	数字	含义	字母	含义	字母	含义
1	普通	5	高温	G	高功率	C	防潮
2	普通或阻燃	6	精密	L	测量	Y	被釉
3	超高频	7	高压	T	可调	B	不燃性
4	高阻	8	特殊（如熔断型等）	X	小型		

电阻器导电材料的字母含义见表6-5。

表6-5 电阻器导电材料的字母含义

字母	含义	字母	含义	字母	含义	字母	含义
H	合成碳膜	N	无机实心	T	碳膜	Y	氧化膜
I	玻璃釉膜	G	沉积膜	X	线绕	F	复合膜
J	金属膜	S	有机实心				

3 贴片电阻器参数标识

贴片电阻器参数标识通常采用数字直标、数字+字母+数字直标、数字+数字+字母直标等方法。图6-22为数字直标贴片电阻器的参数识读。

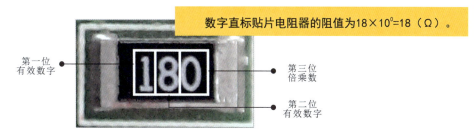

数字直标贴片电阻器的阻值为$18×10^0=18$（Ω）。

第一位有效数字　第三位倍乘数　第二位有效数字

图6-22 数字直标贴片电阻器的参数识读

图6-23为数字+字母+数字直标贴片电阻器的参数识读。

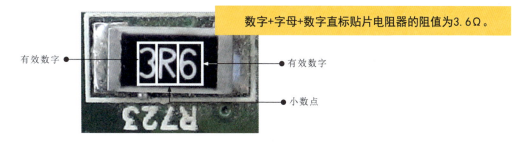

数字+字母+数字直标贴片电阻器的阻值为3.6Ω。

有效数字　有效数字　小数点

图6-23 数字+字母+数字直标贴片电阻器的参数识读

图6-24为数字+数字+字母直标贴片电阻器的参数识读。

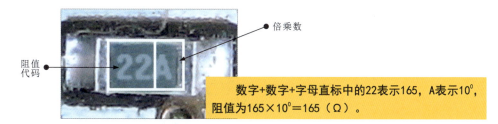

倍乘数　阻值代码

数字+数字+字母直标中的22表示165，A表示10^0，阻值为$165×10^0=165$（Ω）。

图6-24 数字+数字+字母直标贴片电阻器的参数识读

数字+数字+字母直标中代码表示的有效值见表6-6。

表6-6　数字+数字+字母直标中代码表示的有效值

代码	有效值	代码	有效值	代码	有效值	代码	有效值	代码	有效值	代码	有效值
01_	100	17_	147	33_	215	49_	316	65_	464	81_	681
02_	102	18_	150	34_	221	50_	324	66_	475	82_	698
03_	105	19_	154	35_	226	51_	332	67_	487	83_	715
04_	107	20_	158	36_	232	52_	340	68_	499	84_	732
05_	110	21_	162	37_	237	53_	348	69_	511	85_	750
06_	113	22_	165	38_	243	54_	357	70_	523	86_	768
07_	115	23_	169	39_	249	55_	365	71_	536	87_	787
08_	118	24_	174	40_	255	56_	374	72_	549	88_	806
09_	121	25_	178	41_	261	57_	383	73_	562	89_	825
10_	124	26_	182	42_	267	58_	392	74_	576	90_	845
11_	127	27_	187	43_	274	59_	402	75_	590	91_	866
12_	130	28_	191	44_	280	60_	412	76_	604	92_	887
13_	133	29_	196	45_	287	61_	422	77_	619	93_	909
14_	137	30_	200	46_	294	62_	432	78_	634	94_	931
15_	140	31_	205	47_	301	63_	442	79_	649	95_	953
16_	143	32_	210	48_	309	64_	453	80_	665	96_	976

数字+数字+字母直标中字母表示的倍乘数见表6-7。

表6-7　数字+数字+字母直标中字母表示的倍乘数

字母	A	B	C	D	E	F	G	H	X	Y	Z
倍乘数	10^0	10^1	10^2	10^3	10^4	10^5	10^6	10^7	10^{-1}	10^{-2}	10^{-3}

 湿敏电阻器参数标识

图6-25为湿敏电阻器参数标识。

图6-25　湿敏电阻器参数标识

湿敏电阻器参数标识含义见表6-8。

表6-8　湿敏电阻器参数标识含义

主称符号		用途或特征		序号
字母	含义	字母	含义	
MS	湿敏电阻器	无	通用型	序号：用数字或数字+字母表示，以区别外形尺寸和性能参数
		K	控制湿度	
		C	测量湿度	

热敏电阻器参数标识

图6-26为热敏电阻器参数标识。

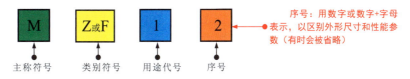

图6-26 热敏电阻器参数标识

热敏电阻器参数标识含义见表6-9。

表6-9 热敏电阻器参数标识含义

主称符号含义	类别符号含义		用途代号含义							
	Z	F	正温度系数热敏电阻器							
	正温度系数热敏电阻器	负温度系数热敏电阻器	1	2	3	4	5	6	7	0
M或MS 热敏电阻器			普通型	限流用	延迟用	测温用	控温用	消磁用	恒温型	特殊型
			负温度系数热敏电阻器							
			1	2	3	4	5	6	7	8
			普通型	稳压型	微波测量型	旁热式	测温用	控温用	抑制浪涌型	线性型

 压敏电阻器参数标识

图6-27为压敏电阻器参数标识。

图6-27 压敏电阻器参数标识

压敏电阻器参数标识含义见表6-10。

表6-10 压敏电阻器参数标识含义

主称符号		用途或特征				序号
字母	含义	字母	含义	字母	含义	
MY	压敏电阻器	无	普通型	M	防静电	用数字表示,有的在序号的后面还标有标称电压、通流容量或电阻体直径、标称电压、电压误差等
		D	通用型	N	高能	
		B	补偿	P	高频	
		C	消磁	S	元件保护	
		E	消噪	T	特殊	
		G	过压保护	W	稳压	
		H	灭弧	Y	环形	
		K	高可靠	Z	组合型	
		L	防雷			

7 气敏电阻器参数标识

图6-28为气敏电阻器参数标识。

图6-28 气敏电阻器参数标识

气敏电阻器参数标识含义见表6-11。

表6-11 气敏电阻器参数标识含义

主称符号		用途或特征		序号
字母	含义	字母	含义	
MQ	气敏电阻器	J	酒精检测	用数字或数字+字母表示，以区别外形尺寸和性能参数
		K	可燃气体检测	
		Y	烟雾检测	
		N	N型	
		P	P型	

 8 可调电阻器参数标识

图6-29为可调电阻器参数标识。

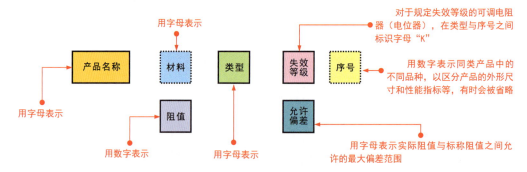

图6-29 可调电阻器参数标识

可调电阻器产品名称和类型的字母含义见表6-12。

表6-12 可调电阻器产品名称和类型的字母含义

字母	WX	WH	WN	WD	WS	WI	WJ	WY	WF
含义	线绕型可调电阻器	合成碳膜可调电阻器	无机实心可调电阻器	导电塑料可调电阻器	有机实心可调电阻器	玻璃釉膜可调电阻器	金属膜可调电阻器	氧化膜可调电阻器	复合膜可调电阻器
字母	G	H	B	W	Y	J	D	M	X	Z	P	T
含义	高压类	组合类	片式类	螺杆驱动预调类	旋转预调类	单圈旋转精密类	多圈旋转精密类	直滑式精密类	旋转式低功率	直滑式低功率	旋转式功率类	特殊类

6.2 电阻器的检测

6.2.1 检测色环电阻器

图6-30为色环电阻器的检测案例。

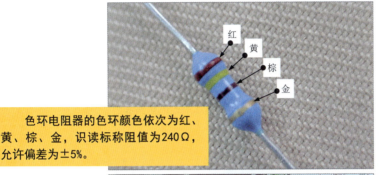

① 色环电阻器的色环颜色依次为红、黄、棕、金,识读标称阻值为240Ω,允许偏差为±5%。

② 将万用表的量程旋钮调至×10欧姆挡,短接表笔进行零欧姆校正。

③ 将万用表的红、黑表笔分别搭在色环电阻器的两引脚端。

④ 结合量程(×10),观察指针指示的位置,检测结果为24×10=240(Ω),与标称阻值一致,色环电阻器正常。

图6-30 色环电阻器的检测案例

6.2.2 检测热敏电阻器

图6-31为热敏电阻器的检测案例。

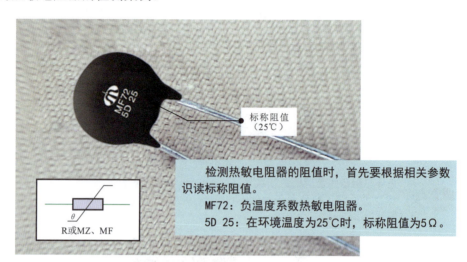

检测热敏电阻器的阻值时，首先要根据相关参数识读标称阻值。
MF72：负温度系数热敏电阻器。
5D 25：在环境温度为25℃时，标称阻值为5Ω。

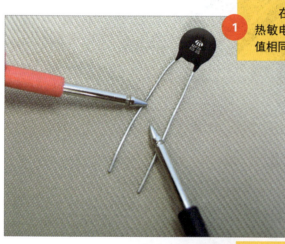

① 在室温环境下，将万用表的红、黑表笔分别搭在热敏电阻器的两引脚端，检测结果为5Ω，与标称阻值相同。

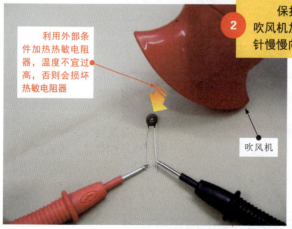

利用外部条件加热热敏电阻器，温度不宜过高，否则会损坏热敏电阻器

② 保持万用表的红、黑表笔不动，量程不变，使用吹风机加热热敏电阻器，在正常情况下，万用表的指针慢慢向右摆动，阻值明显降低，约为2Ω。

若温度发生变化，热敏电阻器的阻值无变化或变化不明显，则多为热敏电阻器感应温度变化的灵敏度低或性能异常。

图6-31 热敏电阻器的检测案例

6.2.3 检测湿敏电阻器

图6-32为湿敏电阻器的检测案例。

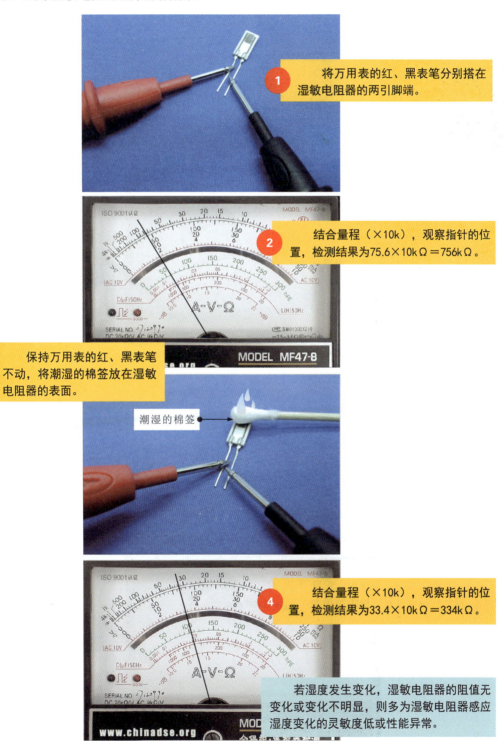

图6-32 湿敏电阻器的检测案例

6.2.4 检测光敏电阻器

图6-33为光敏电阻器的检测案例。

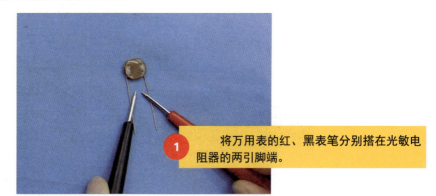

1. 将万用表的红、黑表笔分别搭在光敏电阻器的两引脚端。

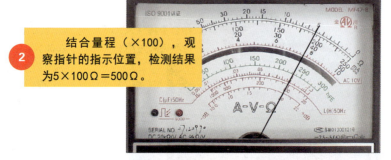

2. 结合量程（×100），观察指针的指示位置，检测结果为5×100Ω＝500Ω。

3. 保持万用表的红、黑表笔不动，使用不透光的物体遮挡光敏电阻器。

4. 结合量程（×1k），观察指针的指示位置，检测结果为14×1kΩ＝14kΩ。

在正常情况下，光敏电阻器应有一个固定阻值，当光照强度变化时，阻值应随之变化，否则可判断为性能异常。

图6-33 光敏电阻器的检测案例

6.2.5 检测压敏电阻器

压敏电阻器一般可借助万用表检测阻值或搭建电路检测电压来判断性能好坏。

 开路检测压敏电阻器阻值

通过检测压敏电阻器的阻值可判断压敏电阻器有无击穿短路故障。图6-34为压敏电阻器阻值的检测方法。

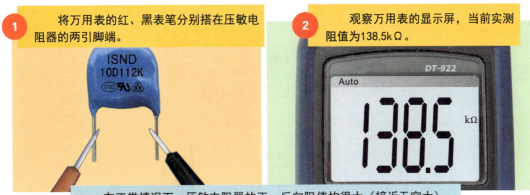

① 将万用表的红、黑表笔分别搭在压敏电阻器的两引脚端。

② 观察万用表的显示屏,当前实测阻值为138.5kΩ。

在正常情况下,压敏电阻器的正、反向阻值均很大(接近无穷大),若出现偏小的现象,则多为压敏电阻器已被击穿损坏。

图6-34 压敏电阻器阻值的检测方法

 搭建电路检测压敏电阻器电压

根据压敏电阻器的过压保护原理,在交流输入电路中,当输入电压过高时,压敏电阻器的阻值急剧减小,使串联在输入电路中的熔断器熔断,切断电路,起到保护作用。根据此特点搭建电路,可通过检测压敏电阻器的标称电压来判断性能好坏。

图6-35为搭建电路检测压敏电阻器电压。

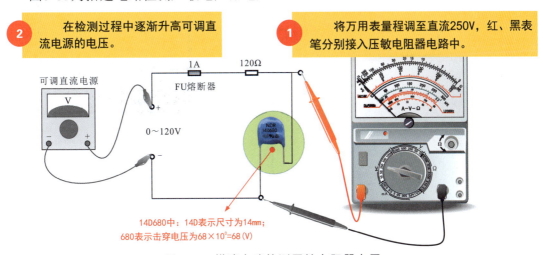

① 将万用表量程调至直流250V,红、黑表笔分别接入压敏电阻器电路中。

② 在检测过程中逐渐升高可调直流电源的电压。

14D680中:14D表示尺寸为14mm;680表示击穿电压为$68×10^0=68$(V)

图6-35 搭建电路检测压敏电阻器电压

当可调直流电源电压低于或等于68V时，压敏电阻器呈高阻状态，万用表检测电压值等于电路的输出电压。

当可调直流电源电压大于68V时，压敏电阻器呈低阻状态，万用表检测的电压值为0V，表明熔断器熔断，对电路进行保护。

6.2.6 检测气敏电阻器

气敏电阻器的检测通常需要搭建测试电路。在直流供电条件下，根据敏感气体（这里以丁烷气体为例）的浓度变化，气敏电阻器的阻值会发生变化，可在电路的输出端（R2端）检测电压的变化进行判断。图6-36为气敏电阻器的检测案例。

① 将气敏电阻器接入检测电路，万用表的黑表笔搭在接地端，红表笔搭在输出端，观察万用表的指针位置，检测结果为直流6.5V。

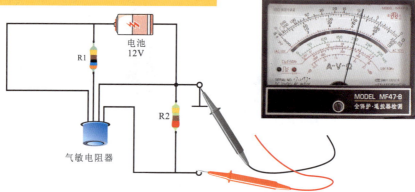

② 保持万用表红、黑表笔不动，按下打火机（内装丁烷气体）按钮，将气体出口对准气敏电阻器，观察万用表指针变化，实测结果为直流7.6V。

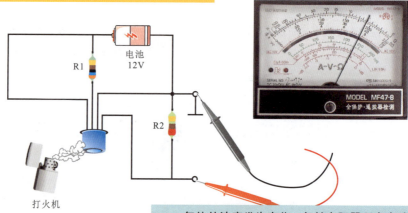

气体的浓度发生变化，气敏电阻器所在电路中的电压参数也应发生变化，否则多为气敏电阻器损坏。

图6-36 气敏电阻器的检测案例

6.2.7 检测可调电阻器

在检测可调电阻器之前,应首先识别可调电阻器的引脚。图6-37为可调电阻器引脚的识别。

可调电阻器有三个引脚,分别为两个定片引脚和一个动片引脚,用螺钉旋具旋转顶部的调节旋钮,可以调节阻值。

图6-37 可调电阻器引脚的识别

检测可调电阻器主要从两个方面检测:检测可调电阻器的阻值是否正常;检测可调电阻器的电阻调节功能是否正常。

 检测可调电阻器的阻值

图6-38为可调电阻器阻值的检测方法。检测时,首先检测可调电阻器两个定片引脚之间的阻值,然后依次检测定片引脚与动片引脚之间的阻值。在正常情况下,定片引脚与动片引脚的阻值之和应该等于两个定片引脚之间的阻值。

将万用表的红、黑表笔分别搭在可调电阻器的两个定片引脚上。

图6-38 可调电阻器阻值的检测方法

②结合量程（×10），观察指针的指示位置，检测结果为 $20 \times 10\,\Omega = 200\,\Omega$。

③将万用表的红表笔搭在可调电阻器的某一定片引脚上，黑表笔搭在动片引脚上。

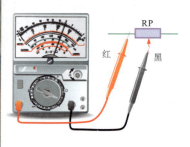

④结合量程（×10），观察指针的指示位置，检测结果为 $6 \times 10\,\Omega = 60\,\Omega$。

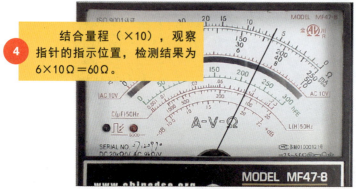

⑤保持万用表的黑表笔不动，将红表笔搭在另一个定片引脚上。

图6-38　可调电阻器阻值的检测方法（续）

⑥ 结合量程（×10），观察指针的指示位置，检测结果为 $14 \times 10\Omega = 140\Omega$。

根据检测结果可对可调电阻器的性能进行判断（若为在路检测，则应注意外围元器件的影响）：
◆ 若两个定片引脚之间的阻值趋近于0或无穷大，则表明可调电阻器已经损坏；
◆ 在正常情况下，定片引脚与动片引脚之间的阻值应小于标称阻值。

图6-38 可调电阻器阻值的检测方法（续）

 检测可调电阻器的调节功能

图6-39为可调电阻器调节功能的检测方法。检测时，使用螺钉旋钮旋转调节旋钮，观察阻值变化情况。

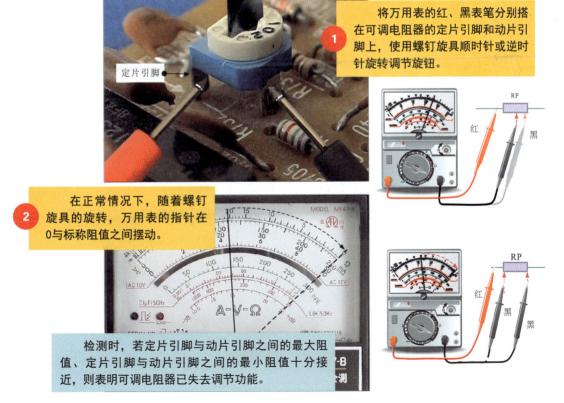

① 将万用表的红、黑表笔分别搭在可调电阻器的定片引脚和动片引脚上，使用螺钉旋具顺时针或逆时针旋转调节旋钮。

② 在正常情况下，随着螺钉旋具的旋转，万用表的指针在0与标称阻值之间摆动。

检测时，若定片引脚与动片引脚之间的最大阻值、定片引脚与动片引脚之间的最小阻值十分接近，则表明可调电阻器已失去调节功能。

图6-39 可调电阻器调节功能的检测方法

6.3 电阻器的功能、选用、代换

6.3.1 电阻器的功能

 电阻器限流功能

阻碍电流的流动是电阻器最基本的功能。根据欧姆定律,当电阻器两端电压固定时,阻值越大,流过电阻器的电流越小,因此电阻器常用于限流。图6-40为电阻器限流功能。

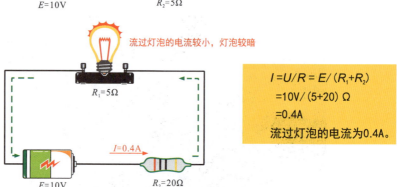

图6-40 电阻器限流功能

图6-41为电阻器限流功能的应用案例。鱼缸加热器仅需很小的电流,适当加热即可满足水温需求,因此在电路中串联一个限流电阻。

图6-41 电阻器限流功能的应用案例

电阻器降压功能

图6-42为电阻器降压功能。

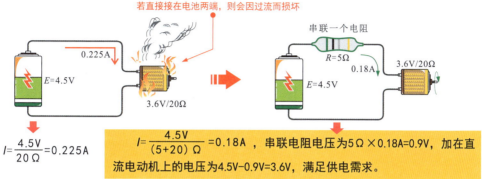

图6-42 电阻器降压功能

 电阻器分流功能

图6-43为电阻器分流功能。

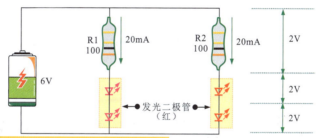

将两个或两个以上的电阻器并联在电路中即可分流，电阻器之间为不同的分流点。

图6-43 电阻器分流功能

 电阻器分压功能

图6-44为电阻器分压功能。

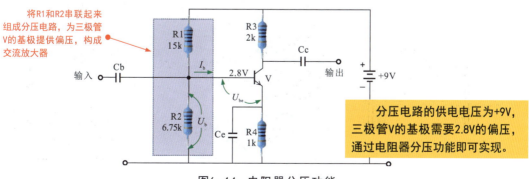

图6-44 电阻器分压功能

6.3.2 普通电阻器的选用、代换

图6-45为普通电阻器的选用、代换。

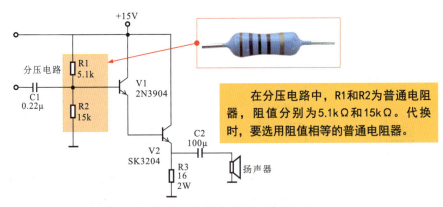

图6-45 普通电阻器的选用、代换

在代换普通电阻器时,应尽可能选用同型号的普通电阻器,若无法找到同型号的普通电阻器,则所代换普通电阻器的标称阻值与损坏普通电阻器标称阻值的差值越小越好。

对于插装焊接的普通电阻器,其引脚通常会穿过印制电路板,并在印制电路板的另一面(背面)焊接固定,代换操作如图6-46所示。

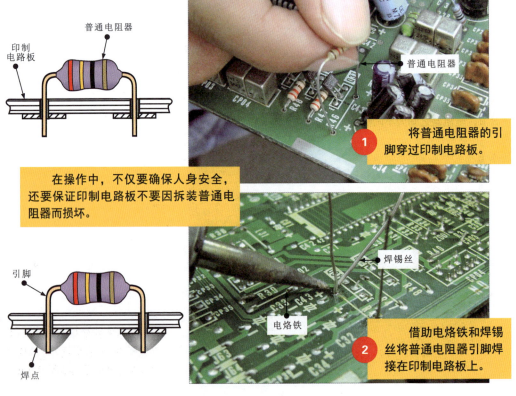

图6-46 代换操作

6.3.3 熔断电阻器的选用、代换

图6-47为限流保护电路中熔断电阻器的选用、代换。

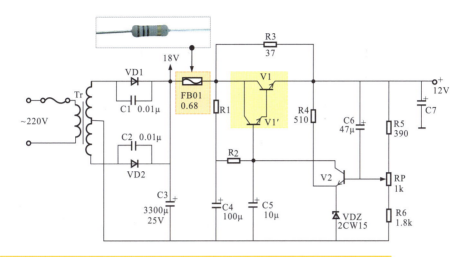

> FB01为线绕电阻器（熔断电阻器），阻值为0.68Ω。代换时，要选用阻值相等的线绕电阻器。

图6-47　限流保护电路中熔断电阻器的选用、代换

6.3.4 水泥电阻器的选用、代换

图6-48为电池充电电路中水泥电阻器的选用、代换。

> 电池充电电路中设有水泥电阻器R6（4.7Ω/5W），主要起限流作用，可使充电电流受到一定的限制，从而保持正常的稳流充电。若损坏，则应用相同型号的水泥电阻器代换。

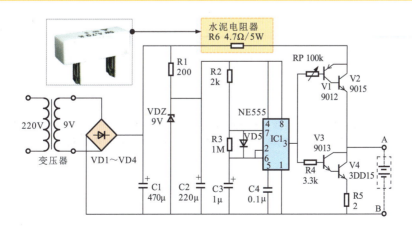

图6-48　电池充电电路中水泥电阻器的选用、代换

6.3.5 光敏电阻器的选用、代换

图6-49为光控开关电路中光敏电阻器的选用、代换。

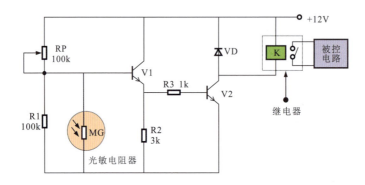

若光敏电阻器损坏,则应选用与原光敏电阻器感知光源类型一致的光敏电阻器代换。

图6-49 光控开关电路中光敏电阻器的选用、代换

6.3.6 湿敏电阻器的选用、代换

图6-50为湿度检测及指示电路中湿敏电阻器的选用、代换。

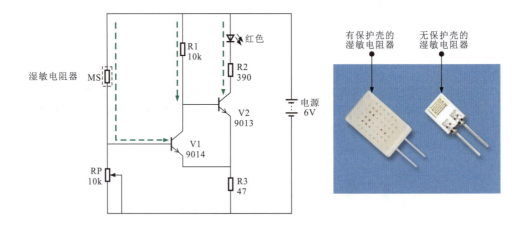

选用湿敏电阻器来感知湿度的变化,可及时、准确地反映环境湿度。若湿敏电阻器损坏,则应尽可能选用同型号的湿敏电阻器代换。

图6-50 湿度检测及指示电路中湿敏电阻器的选用、代换

6.3.7 热敏电阻器的选用、代换

热敏电阻器常用于温度检测电路中,若损坏,则应选用同型号的热敏电阻器代换,特别要注意热敏电阻器的类型,正确区分正温度系数热敏电阻器和负温度系数热敏电阻器,避免代换后无法实现电路功能,甚至导致电路中的其他元器件损坏,如图6-51所示。

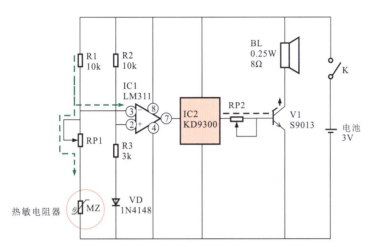

> MZ为灵敏度较高的正温度系数热敏电阻器,当所感知的温度超出预定范围时,便可进行报警提示,若损坏,则应选用规格、型号完全一致的热敏电阻器进行代换。若无法找到规格、型号完全一致的热敏电阻器,则可选用阻值变化范围相近的热敏电阻器进行代换。

图6-51 温度检测报警电路中热敏电阻器的选用、代换

6.3.8 压敏电阻器的选用、代换

图6-52为过压保护电路中压敏电阻器的选用、代换。

> 如果压敏电阻器损坏,需选择同规格压敏电阻器代换。所选压敏电阻器的标称电压应准确,过高起不到电压保护作用,过低容易误动作或被击穿(所选压敏电阻器的标称电压应是加在压敏电阻器两端电压的2~2.5倍)。

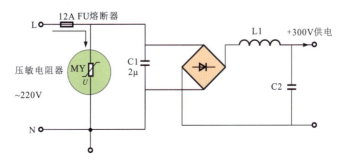

图6-52 过压保护电路中压敏电阻器的选用、代换

6.3.9 气敏电阻器的选用、代换

图6-53为油烟机电路中气敏电阻器的选用、代换。

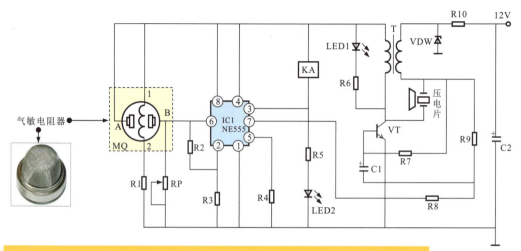

若气敏电阻器损坏,则应尽可能选用同型号的气敏电阻器进行代换。若无法找到同型号的气敏电阻器,则至少应选用检测气体类型相同的气敏电阻器,且其尺寸及额定电压、功率、电流等应符合电路要求。

图6-53 油烟机电路中气敏电阻器的选用、代换

6.3.10 可调电阻器的选用、代换

图6-54为电池充电电路中可调电阻器的选用、代换。

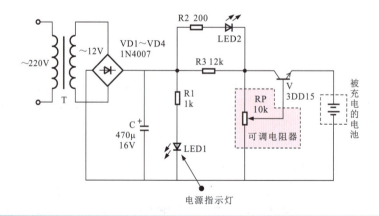

RP为可调电阻器,阻值为10kΩ。若损坏,需选用型号相同的可调电阻器进行代换。若暂时找不到型号完全相同的可调电阻器,则所选用的可调电阻器应与损坏的可调电阻器尺寸一致,阻值调节范围等于或略小于10kΩ,确保电路能够承受代换后可调电阻器的阻值变化范围。

图6-54 电池充电电路中可调电阻器的选用、代换

第 7 章

电容器识别、检测、选用、代换

学习内容：

★ 了解电容器的种类和参数标识的含义。

★ 练习普通电容器和电解电容器的检测方法。

★ 熟知电容器的功能。

★ 掌握普通电容器、可变电容器的选用、代换。

7.1 电容器的识别

7.1.1 电容器种类

电容器是一种可储存电能的元器件,通常简称为电容,与电阻器一样,广泛应用于各种电子产品中。

 色环电容器

图7-1为色环电容器的实物外形,直接在外壳上用多条不同颜色的色环标识电容量。

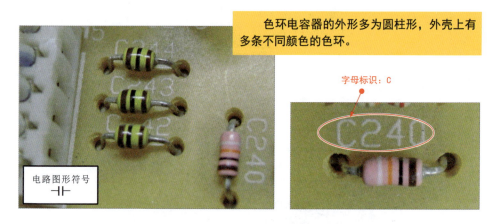

图7-1　色环电容器的实物外形

纸介电容器

纸介电容器是用纸作为介质的电容器,即将两层带状的铝或锡箔中间垫上浸过石蜡的纸卷成筒状,装入绝缘纸壳或金属壳中,两个引脚用绝缘材料隔离,实物外形如图7-2所示。

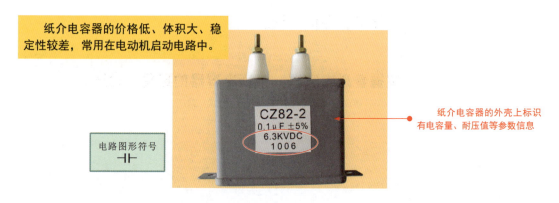

图7-2　纸介电容器的实物外形

如图7-3所示，金属化纸介电容器是将涂有醋酸纤维漆的纸蒸镀一层厚度为0.1μm的金属膜后，卷绕成芯子，装上引线，放入外壳封装制成。

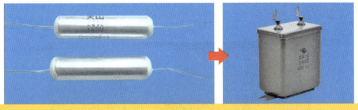

金属化纸介电容器比普通纸介电容器体积小、容量大，受高压击穿后具有自恢复能力，广泛应用在自动化仪表、自动控制装置及各种家用电器中，不适合用在高频电路中。

图7-3 金属化纸介电容器

 云母电容器

云母电容器是用云母作为介质的电容器，通常用金属箔作为电极，外形为矩形，如图7-4所示。

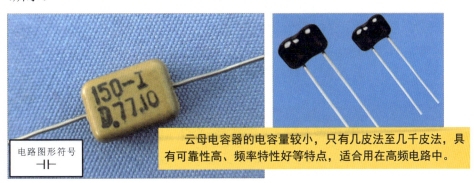

云母电容器的电容量较小，只有几皮法至几千皮法，具有可靠性高、频率特性好等特点，适合用在高频电路中。

图7-4 云母电容器的实物外形

 涤纶电容器

涤纶电容器是一种采用涤纶薄膜作为介质的电容器，又称聚酯电容器，实物外形如图7-5所示。

涤纶电容器的成本较低，耐热、耐压、耐潮湿性能都很好，稳定性较差，适合用在稳定性要求不高的电路中，如彩色电视机或收音机的耦合、隔直流等电路中。

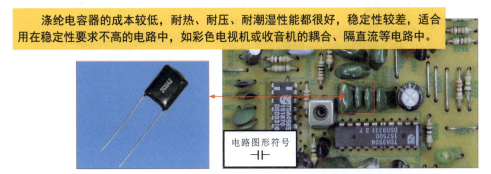

图7-5 涤纶电容器的实物外形

瓷介电容器

瓷介电容器用陶瓷材料作为介质，涂有各种颜色的保护漆，电极为在陶瓷片上敷银，实物外形如图7-6所示。

瓷介电容器的损耗较小，稳定性好，耐高温、高压，应用广泛。

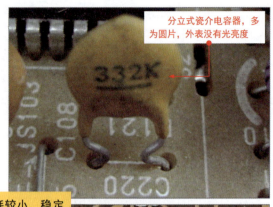

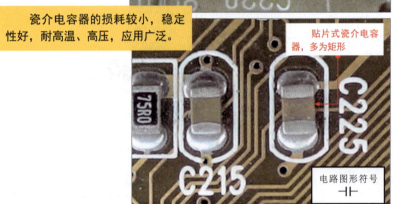

图7-6 瓷介电容器的实物外形

 玻璃釉电容器

玻璃釉电容器是一种使用由玻璃釉粉压制的薄片作为介质的电容器，实物外形如图7-7所示。

这种电容器的电容量一般为10～3300pF，耐压值有40V和100V两种，具有介电系数大、耐高温、抗潮湿性强、损耗低等特点。

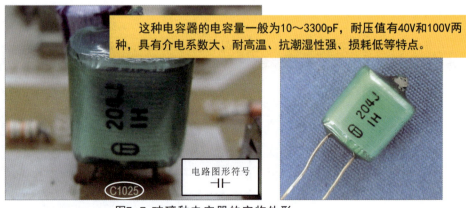

图7-7 玻璃釉电容器的实物外形

聚苯乙烯电容器

聚苯乙烯电容器是用非极性聚苯乙烯薄膜作为介质的电容器,内部通常采用两层或三层薄膜与金属电极交叠绕制,实物外形如图7-8所示。

聚苯乙烯电容器的成本低、损耗小、绝缘电阻高、电容量稳定,多应用在对电容量要求精确的电路中,外观为长方体或正方体,外表光泽,有明显的标识,表层镀有漆膜。

图7-8 聚苯乙烯电容器的实物外形

表7-1为普通电容器的电容量范围。

表7-1 普通电容器的电容量范围

普通电容器	电容范围	普通电容器	电容量范围
纸介电容器	中小型:470pF~0.22μF; 金属壳密封型:0.01pF~10μF	涤纶电容器	40pF~4μF
瓷介电容器	1pF~0.1μF	玻璃釉电容器	10pF~0.1μF
云母电容器	10pF~0.5μF	聚苯乙烯电容器	10pF~1μF

铝电解电容器

如图7-9所示，铝电解电容器是一种液体电解质电容器，根据介电材料的状态不同，可分为普通铝电解电容器（液态铝质电解电容器）和固态铝电解电容器（固态电容器）。

负极引脚标识

铝电解电容器的电容量较大，绝缘电阻低，漏电电流大，频率特性差，电容量和损耗会随周围环境和时间的变化而变化，特别是当温度过低或过高，且长时间不用时会失效，多用在低频、低压电路中。

(a) 普通铝电解电容器

负极引脚标识

固态铝电解电容器，介电材料为导电性高分子。

(b) 固态铝电解电容器

图7-9 铝电解电容器的实物外形

如图7-10所示，铝电解电容器的规格多种多样，外形也因制作工艺的不同而不同，常见的有焊针型铝电解电容器、螺栓型铝电解电容器、轴向铝电解电容器等。

焊针型铝电解电容器

螺栓型铝电解电容器

轴向铝电解电容器

图7-10 不同制作工艺的铝电解电容器

9 钽电解电容器

钽电解电容器（见图7-11）是采用金属钽作为正极材料制成的电容器，主要有固体钽电解电容器和液体钽电解电容器。固体钽电解电容器根据安装形式不同，可分为分立式钽电解电容器和贴片式钽电解电容器。

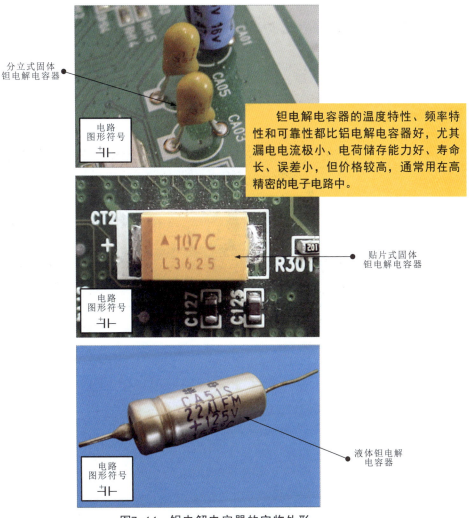

图7-11　钽电解电容器的实物外形

电容器的漏电电流：当给电容器加直流电压时，由于电容器的介质不是绝对的绝缘体，因此电容器就会有漏电电流产生。若漏电电流过大，则电容器就会因发热而被烧坏。通常，电解电容器的漏电电流较大，常用漏电电流表示电解电容器的绝缘性能。

电容器的漏电电阻：由于电容器两极之间的介质不是绝对的绝缘体，因此电阻不是无限大的，而是一个有限的数值，一般很精确，如534kΩ、652kΩ。电容器两极之间的电阻被称为绝缘电阻，也称为漏电电阻。其大小是电容器两端的直流电压与漏电电流的比值。漏电电阻越小，漏电越严重。电容器漏电会引起能量损耗，不仅影响使用寿命，还会影响电路性能。因此，电容器的漏电电阻越大越好。

10 微调可变电容器

微调可变电容器又叫半可调电容器，电容量的可调范围小，实物外形如图7-12所示。

> 微调可变电容器的电容量一般为5～45pF，可调范围小，主要用在收音机的调谐电路中，主要有瓷介微调可变电容器、拉线微调可变电容器、云母微调可变电容器、薄膜微调可变电容器等。

电路图形符号

字母标识：C

图7-12　微调可变电容器的实物外形

11 单联可变电容器

单联可变电容器是由相互绝缘的两组金属铝片组成的，内部只有一个可调电容器，实物外形如图7-13所示。

> 调节单联可变电容器的转轴可带动内部动片转动，改变定片与动片之间的相对位置，使电容量变化，引脚一般有2～3个，即两个内部引脚和一个接地引脚。

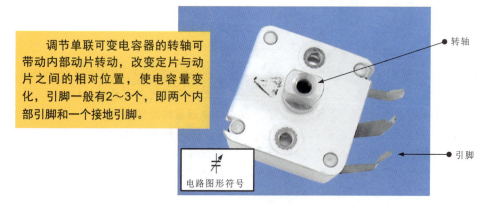

图7-13　单联可变电容器的实物外形

双联可变电容器

双联可变电容器可以简单理解为由两个单联可变电容器组合而成,实物外形如图7-14所示。

双联可变电容器的内部结构与单联可变电容器相似,由转轴带动两个单联可变电容器的动片同步转动。

在外壳上有两个调节孔

图7-14 双联可变电容器的实物外形

通常,单联可变电容器、双联可变电容器和四联可变电容器可以通过引脚和背部补偿电容的数量来识别。以双联可变电容器为例,内部结构示意图如图7-15所示。

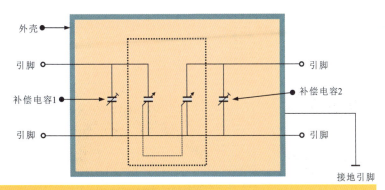

双联可变电容器内部有两个补偿电容,从背部可以看到两个补偿电容的调节孔,引脚数一般为5个,即4个内部引脚和一个接地引脚。

图7-15 双联可变电容器的内部结构示意图

如果是双联可变电容器,则从背部可以看到两个补偿电容;如果是四联可变电容器,则从背部可以看到四个补偿电容;单联可变电容器只有一个补偿电容。另外,值得注意的是,由于生产工艺的不同,可变电容器的引脚数量并不完全统一。通常,单联可变电容器的引脚数量一般为2~3个(两个引脚加一个接地引脚),双联可变电容器的引脚数量不超过7个;四联可变电容器的引脚数量为7~9个。

13 四联可变电容器

四联可变电容器包含4个可同步调节的单联可变电容器，实物外形如图7-16所示。

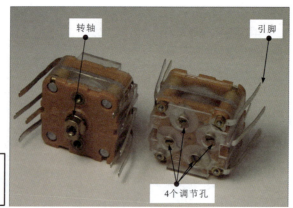

图7-16 四联可变电容器的实物外形

如图7-17所示，可变电容器按介质的不同还可以分为薄膜介质可变电容器和空气介质可变电容器。薄膜介质可变电容器采用云母片或塑料（聚苯乙烯等）薄膜作为介质。空气介质可变电容器的动片与定片之间用空气作为介质，多应用在收音机、高频信号发生器、通信设备及相关电子设备中。常见的空气介质可变电容器主要有空气单联可变电容器（空气单联）和空气双联可变电容器（空气双联）。

薄膜介质可变电容器具有体积小、重量轻、电容量较小、易磨损的特点。

空气介质可变电容器的电极由两组金属片组成。其中，固定不变的一组为定片，可转动的一组为动片，动片与定片之间用空气作为介质。

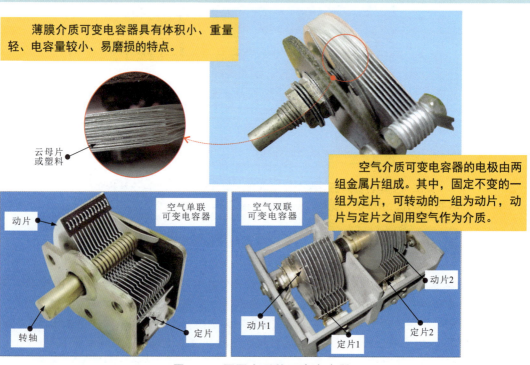

图7-17 不同介质的可变电容器

7.1.2 电容器参数标识

1 电容器直标参数

通常,电容器采用直标方式将类型、电容量、允许偏差等参数通过不同的数字和字母标识在外壳上,如图7-18所示。

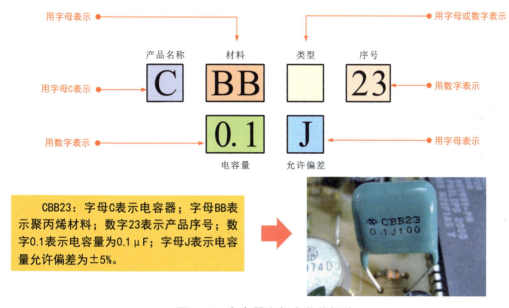

CBB23:字母C表示电容器;字母BB表示聚丙烯材料;数字23表示产品序号;数字0.1表示电容量为0.1μF;字母J表示电容量允许偏差为±5%。

图7-18 电容器直标参数的识读

电容器直标参数时表示材料和允许偏差的字母含义见表7-2。

表7-2 电容器直标参数时表示材料和允许偏差的字母含义

材料				允许偏差			
字母	含义	字母	含义	字母	含义	字母	含义
A	钽	N	铌	Y	±0.001%	H	±3%
B	非极性有机薄膜	O	玻璃膜	X	±0.002%	U	±3.5%
BB	聚丙烯	Q	漆膜	E	±0.005%	J	±5%
C	高频陶瓷	T	低频陶瓷	W	±0.05%	K	±10%
D	铝	V	云母纸	B	±0.1%	L	±15%
E	其他	Y	云母	C	±0.25%	M	±20%
G	合金	Z	纸介	D	±0.5%	N	±30%
H	纸膜复合			P	±0.625%	T	+50% −10%
I	玻璃釉			F	±1%	Q	+30% −10%
J	金属化纸介			R	±1.25%	S	+50% −20%
L	极性有机薄膜			G	±2%	Z	+80% −20%

电容量的单位为法拉，简称法，用字母F表示，在应用中使用更多的是微法（μF）、纳法（nF）、皮法（pF）。它们之间的换算关系为$1F=10^6μF=10^9nF=10^{12}pF$。电容器的主要参数有标称电容量、允许偏差、额定工作电压、绝缘电阻、温度系数及频率特性等。

电解电容器的表面通常会直接标识标称电容量、额定工作电压、最高工作温度、允许偏差等参数，如图7-19所示。

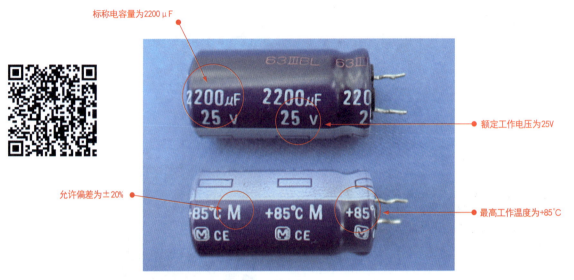

图7-19　电解电容器直标参数

2　电容器用数字标识参数

在体积较小的电容器表面，常采用数字或数字与字母组合的方式标识主要参数，如图7-20所示。

有效数字　有效数字　倍乘数　允许偏差

| 1 | 0 | 4 | Z |

第1位有效数字为1，第2位有效数字为0，第3位倍乘数为4，第4位字母Z表示允许偏差为+80%、-20%，即标称电容量为$10×10^4pF=100000pF=0.1μF$，允许偏差为+80%、-20%。

需要注意的是，若第3位倍乘数为9，则应乘以10^{-1}，而不是乘以10^9，如339表示$33×10^{-1}pF=3.3pF$。

图7-20　电容器用数字标识参数

电容器用色环标识参数

有些电容器的外形与色环电阻器类似,参数信息也通过色环标识在外壳上,如图7-21所示。

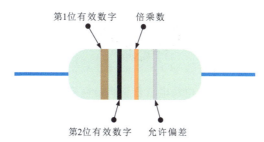

第1个和第2个色环颜色分别为棕、黑,表示第1位有效数字为1,第2位有效数字为0。第3个色环颜色为橙,表示倍乘数为10^3,第4个色环颜色为银,表示允许偏差为±10%。电容器的电容量为$10×10^3$pF=10000pF=0.01μF,允许偏差为±10%。

图7-21 电容器用色环标识参数

 电容器引脚极性标识

对于电解电容器来说,其引脚有明确的正、负极之分,如图7-22所示,一般情况下,外壳上会用颜色或符号标识不同的引脚极性。

图7-22 电解电容器引脚极性标识

图7-22 电解电容器引脚极性标识（续）

如图7-23所示，除通过颜色或符号标识外，电解电容器还会通过引脚的长短区分极性。

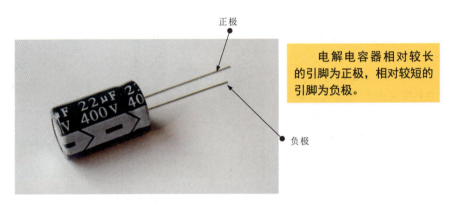

电解电容器相对较长的引脚为正极，相对较短的引脚为负极。

图7-23 电解电容器引脚极性的区分

如图7-24所示，对于安装在电路板上的电解电容器，除了在电路板上标识编号，还标识引脚极性，以方便识别、调试、检测及代换。

图7-24 电路板上电解电容器的标识

7.2 电容器的检测

7.2.1 检测普通电容器

图7-25为普通电容器的检测案例。

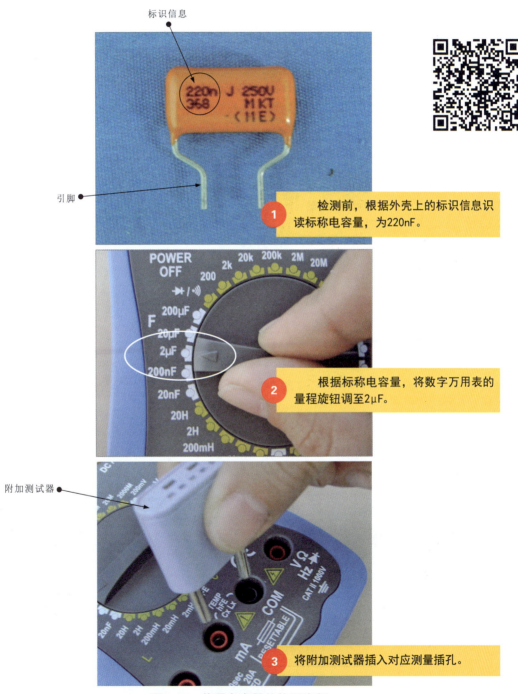

图7-25 普通电容器的检测案例

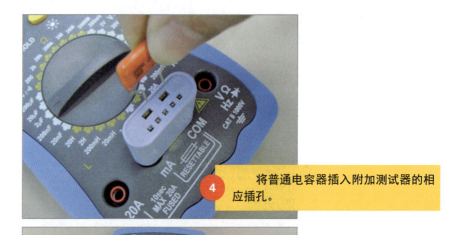

4 将普通电容器插入附加测试器的相应插孔。

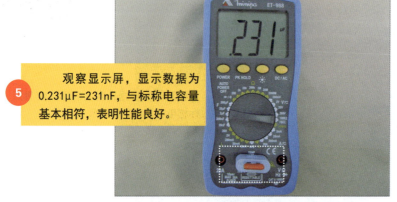

5 观察显示屏，显示数据为0.231μF=231nF，与标称电容量基本相符，表明性能良好。

图7-25 普通电容器的检测案例（续）

在正常情况下，用万用表检测电容器时应有一固定的电容量，并且接近标称电容量。若实测电容量与标称电容量相差较大，则说明电容器损坏。

如果需要精确测量电容器的电容量（万用表只能粗略测量），则需要使用专用的电容测量仪进行测量，如图7-26所示。

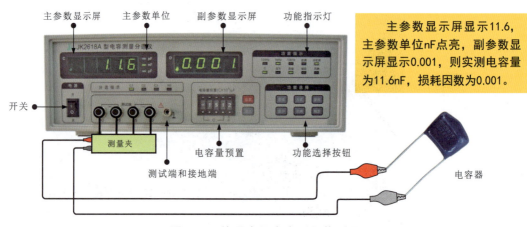

主参数显示屏显示11.6，主参数单位nF点亮，副参数显示屏显示0.001，则实测电容量为11.6nF，损耗因数为0.001。

图7-26 使用专用电容测量仪测量

7.2.2 检测电解电容器

对于电解电容器的检测：一种方法是使用数字万用表检测标称电容量；另一种方法是使用指针万用表检测充、放电性能。

如图7-27所示，由于电解电容器内部容易存储电荷，特别是对于大容量的电解电容器，在工作时会积存大量电荷。如果不放电就检测，则极易产生很大的电流，导致电击事故。

图7-27　不放电就检测

因此，在检测电解电容器之前，首先要进行放电，如图7-28所示。

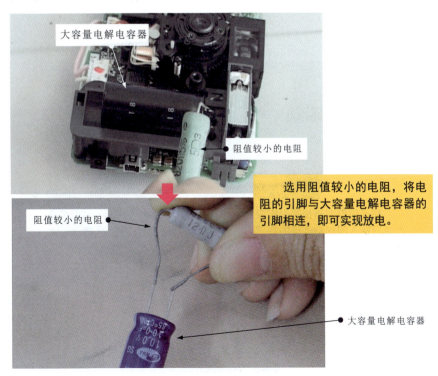

图7-28　放电操作

用数字万用表检测电解电容器

图7-29为用数字万用表检测电解电容器。

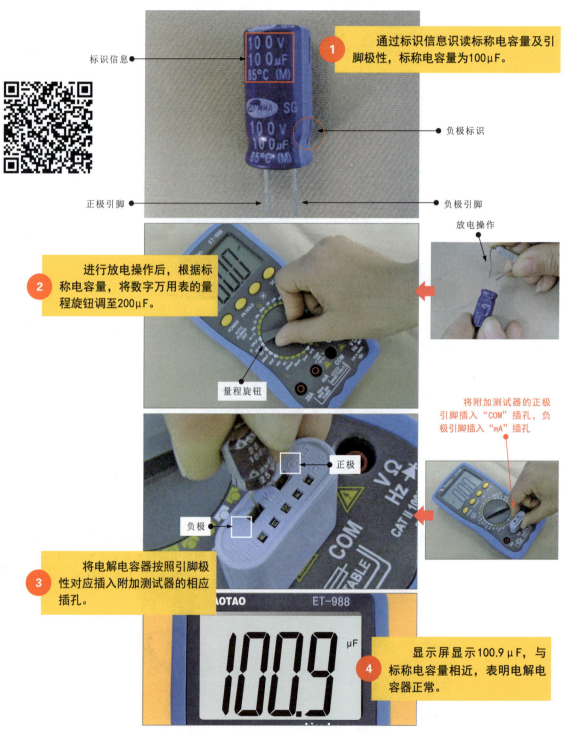

图7-29 用数字万用表检测电解电容器

第7章 电容器识别、检测、选用、代换

在使用数字万用表的附加测试器检测电解电容器时,一定要注意电解电容器的引脚极性,即正极引脚插入正极插孔,负极引脚插入负极插孔,不可插反。

 用指针万用表检测电解电容器

图7-30为用指针万用表检测电解电容器。

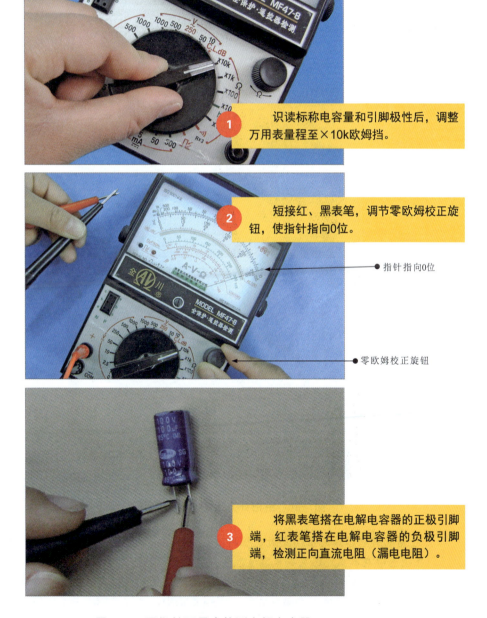

图7-30 用指针万用表检测电解电容器

指针向右摆动后回摆

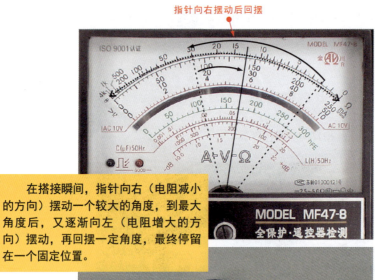

4 在搭接瞬间，指针向右（电阻减小的方向）摆动一个较大的角度，到最大角度后，又逐渐向左（电阻增大的方向）摆动，再回摆一定角度，最终停留在一个固定位置。

5 调换表笔，检测反向直流电阻（漏电电阻）。

6 在正常情况下，反向漏电电阻小于正向漏电电阻。

图7-30 用指针万用表检测电解电容器（续）

当检测电解电容器的正向直流电阻时，指针万用表的指针摆动速度较快。若指针没有摆动，则表明电解电容器已经失去电容量。

对于较大容量的电解电容器，可使用指针万用表显示充、放电过程，电容量越大，指针摆动越大；对于较小容量的电解电容器，因容量较小，充、放电不明显，不适合使用该方法检测。

7.3 电容器的功能、选用、代换

7.3.1 电容器的功能

 电容器特性

电容器具有隔直流、通交流的特性。图7-31为电容器的充、放电原理。

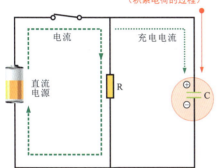
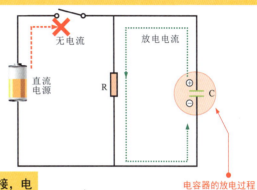

图7-31 电容器的充、放电原理

图7-32为电容器的频率特性示意图。

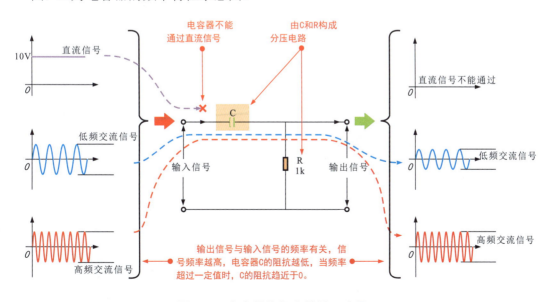

图7-32 电容器的频率特性示意图

电容器的两个重要特性：
（1）阻止直流电流通过，允许交流电流通过；
（2）电容器的阻抗与传输信号的频率有关，频率越高，阻抗越小。

2 电容器滤波功能

滤除杂波或干扰波是电容器最基本、最突出的功能，如图7-33所示。

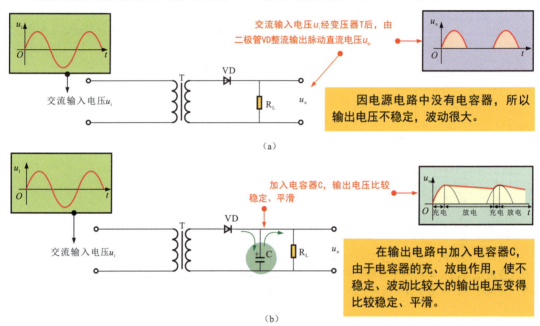

图7-33 电容器滤波功能示意图

3 电容器耦合功能

电容器对交流信号的阻抗较小，可视为通路，对直流信号的阻抗很大，可视为断路。图7-34为电容器在电路中的耦合功能。

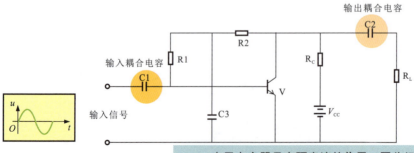

由于电容器具有隔直流的作用，因此经三极管V放大的输出信号可以经输出耦合电容器C2送到负载R_L上，直流信号不会加到负载R_L上。也就是说，从负载R_L上只能得到交流信号。

图7-34 电容器在电路中的耦合功能

7.3.2 普通电容器的选用、代换

图7-35为自动调光台灯控制电路中普通电容器的选用、代换。

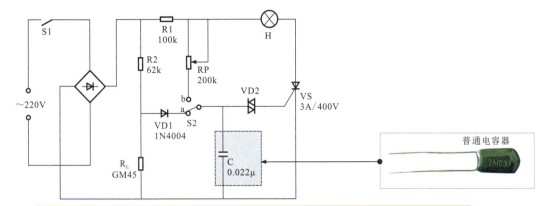

在代换普通电容器时,应尽可能选用同型号的普通电容器进行代换,若无法找到同型号的普通电容器,则所选用普通电容器标称电容量的差值越小越好,额定工作电压应为实际工作电压的1.2～1.3倍。

图7-35 自动调光台灯控制电路中普通电容器的选用、代换

代换普通电容器时还应注意,在电路中实际要承受的电压不能超过耐压值,优先选用绝缘电阻大、介质损耗小、漏电电流小的普通电容器;在低频耦合和去耦合电路中,按计算值选用稍大容量的普通电容器;若为高温环境,则应选用具有耐高温特性的普通电容器;若为潮湿环境,则应选用抗湿性好的密封普通电容器;若为低温环境,则应选用耐寒的普通电容器。选用普通电容器的体积、形状及引脚尺寸均应符合电路设计要求。

7.3.3 可变电容器的选用、代换

图7-36为AM收音机高频信号放大电路中可变电容器的选用、代换。

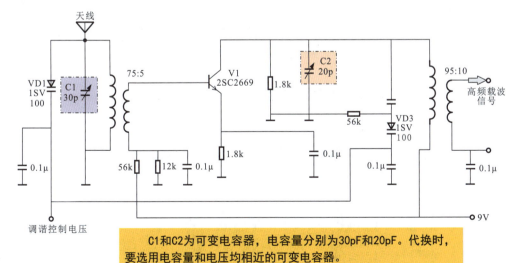

C1和C2为可变电容器,电容量分别为30pF和20pF。代换时,要选用电容量和电压均相近的可变电容器。

图7-36 AM收音机高频信号放大电路中可变电容器的选用、代换

第8章

电感器识别、检测、选用、代换

学习内容：

★ 了解电感器的种类和参数标识的含义。

★ 练习色环电感器、色码电感器、贴片电感器、微调电感器、电感线圈的检测操作。

★ 熟知电感器的功能。

★ 掌握普通电感器、可变电感器的选用、代换。

8.1 电感器的识别

8.1.1 电感器种类

电感器也称电感，属于储能元器件，可以把电能转换成磁能并储存起来。

 色环电感器

图8-1为色环电感器的实物外形，是一种小型电感器，在外壳上用不同颜色的色环标识参数。

色环电感器属于小型电感器，工作频率一般为10kHz～200MHz，电感量一般为0.1～33000μH，字母标识：L。

图8-1 色环电感器的实物外形

 色码电感器

图8-2为色码电感器的实物外形，通过色码标识参数。

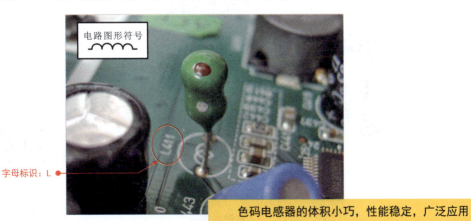

色码电感器的体积小巧，性能稳定，广泛应用在电视机、收录机等电子设备中。

图8-2 色码电感器的实物外形

空心电感线圈

图8-3为空心电感线圈的实物外形。空心电感线圈没有磁芯，线圈绕制的匝数较少，电感量小，常用在高频电路中，如电视机的高频调谐器。

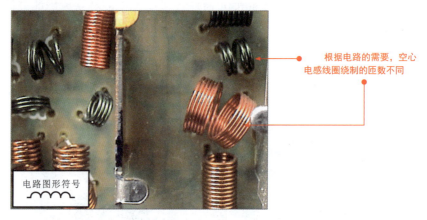

图8-3 空心电感线圈的实物外形

空心电感线圈的电感量可以通过调节线圈之间的间隙大小，即改变线圈的疏密程度来调节，调节后，用石蜡密封固定，不仅可以防止线圈变形，还可以有效防止线圈因振动而改变间隙。

 ### 磁棒电感线圈

图8-4为磁棒电感线圈的实物外形。磁棒电感线圈是一种在磁棒上绕制线圈的电感器，可使电感量大大增加，能通过磁棒的左右移动来调节电感量。

图8-4 磁棒电感线圈的实物外形

磁环电感线圈

磁环电感线圈也称磁环电感器,是将线圈绕制在铁氧体磁环上构成的,实物外形如图8-5所示。

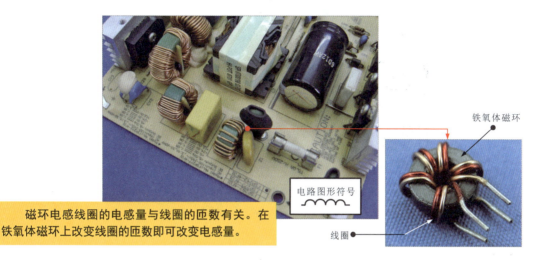

磁环电感线圈的电感量与线圈的匝数有关。在铁氧体磁环上改变线圈的匝数即可改变电感量。

图8-5 磁环电感线圈的实物外形

扼流圈实际上是一种磁环电感器。图8-6为电磁炉电源电路中的扼流圈,主要起扼流、滤波等作用。

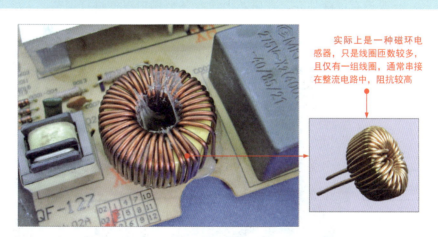

图8-6 电磁炉电源电路中的扼流圈

 贴片电感器

贴片电感器是采用表面贴装方式安装在电路板上的一种电感器,电感量不能调节,一般应用在体积小、集成度高的数码类电子产品中,由于工作频率、工作电流、屏蔽要求不同,因此线圈绕制的匝数、骨架材料、外形尺寸区别很大。常见的贴片电感器有大功率贴片电感器和小功率贴片电感器,实物外形如图8-7所示。

图8-7 贴片电感器的实物外形

微调电感器

图8-8为微调电感器的实物外形。微调电感器就是可以对电感量进行细微调节的电感器,一般设有屏蔽外壳,在磁芯上设有条形槽口以便进行调节。

图8-8 微调电感器的实物外形

8.1.2 电感器参数标识

电感器直标参数

电感器直标参数通常有三种形式：普通直标法、数字标识法及数字中间加字母标识法。贴片电感器的参数多采用数字标识法和数字中间加字母标识法。

图8-9为普通直标法。

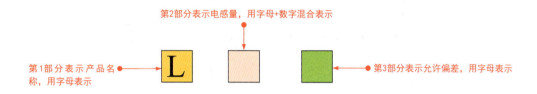

图8-9　普通直标法

表8-1为电感器普通直标法中不同字母的含义。

表8-1　电感器普通直标法中不同字母的含义

产品名称		允许偏差			
字母	含义	字母	含义	字母	含义
L	电感器、线圈	J	±5%	M	±20%
ZL	阻流圈	K	±10%	L	±15%

图8-10为数字标识法。

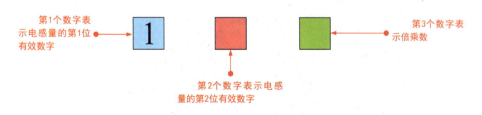

图8-10　数字标识法

图8-11为数字中间加字母标识法。

图8-11　数字中间加字母标识法

图8-12为数字标识法的识读案例。

101的前2个数字表示电感量的有效数字,即10,第3个数字1表示倍乘数,则电感量为$10×10^1=100μH$。

图8-12　数字标识法的识读案例

图8-13为数字中间加字母标识法的识读案例。

1R0中,R表示小数点,电感量为$1.0μH$。

图8-13　数字和中间字母标识法的识读案例

　　图8-14为我国早期电感器的参数标识。我国早期生产的电感器一般直接将相关参数标识在外壳上,表示最大工作电流的字母共有A、B、C、D、E等5个,分别对应50mA、150mA、300mA、700mA、1600mA,共有I、II、III等3种允许偏差,分别为±5%、±10%、±20%。

图8-14　我国早期电感器的参数标识

电感器的色环标识

电感器的色环标识是通过不同颜色的色环组合标识电感量，如图8-15所示。

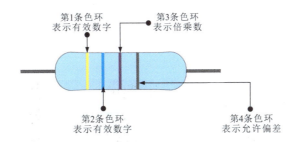

图8-15　电感器的色环标识

图8-16为色环标识的识读案例。

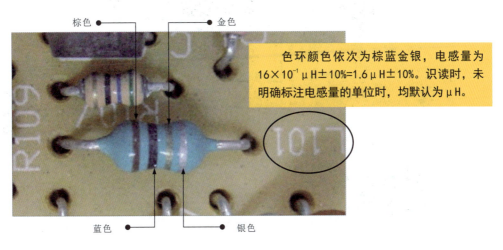

色环颜色依次为棕蓝金银，电感量为 $16×10^{-1}\mu H±10\%=1.6\mu H±10\%$。识读时，未明确标注电感量的单位时，均默认为μH。

图8-16　色环标识的识读案例

3 电感器的色码标识

电感器的色码标识是通过不同颜色的色码标识电感量,如图8-17所示。

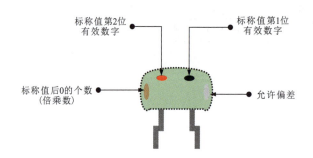

图8-17 电感器的色码标识

一般来说,由于色码电感器从外形上没有明显的正、反面区分,因此区分左、右侧面可根据在电路板上的文字标识,文字标识为正向时,色码电感器的左侧即为左侧面。由于在色码的几种颜色中,无色通常不代表有效数字和倍乘数,因此无色的一侧为右侧面。

图8-18为色码标识的识读案例。

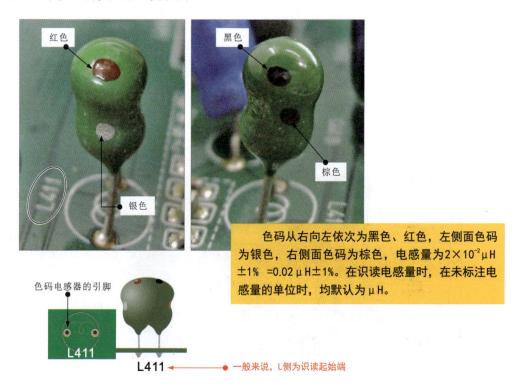

色码从右向左依次为黑色、红色,左侧面色码为银色,右侧面色码为棕色,电感量为$2\times10^{-2}\mu H$ $\pm1\%$ =$0.02\mu H\pm1\%$。在识读电感量时,在未标注电感量的单位时,均默认为μH。

一般来说,L侧为识读起始端

图8-18 色码标识的识读案例

不同颜色色环或色码的含义见表8-2。

表8-2 不同颜色色环或色码的含义

颜色	有效数字	倍乘数	允许偏差	颜色	有效数字	倍乘数	允许偏差
银色	—	10^{-2}	±10%	绿色	5	10^5	±0.5%
金色	—	10^{-1}	±5%	蓝色	6	10^6	±0.25%
黑色	0	10^0	—	紫色	7	10^7	±0.1%
棕色	1	10^1	±1%	灰色	8	10^8	—
红色	2	10^2	±2%	白色	9	10^9	±20%
橙色	3	10^3	—	无色			
黄色	4	10^4	—				

8.2 电感器的检测

8.2.1 检测色环电感器

对于色环电感器的检测，首先根据色环标识识读标称电感量，然后使用数字万用表检测电感量，通过对比判别性能，如图8-19所示。

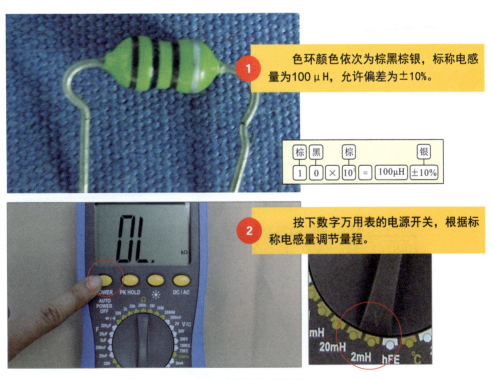

① 色环颜色依次为棕黑棕银，标称电感量为100μH，允许偏差为±10%。

② 按下数字万用表的电源开关，根据标称电感量调节量程。

图8-19 色环电感器的检测案例

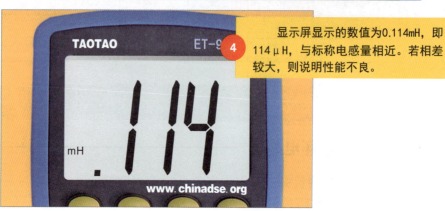

③ 将附加测试器插入相应的插孔,将色环电感器插入附加测试器的Lx电感测量插孔。

④ 显示屏显示的数值为0.114mH,即114μH,与标称电感量相近。若相差较大,则说明性能不良。

图8-19 色环电感器的检测案例(续)

值得注意的是,在设置量程时,要尽量选择与标称值相近的量程,以保证测量结果的准确性。如果设置的量程与标称值相差过大,则测量结果不准确。

8.2.2 检测色码电感器

色码电感器的检测与色环电感器类似,同样要先根据标识识读标称电感量,然后进行检测,如图8-20所示。

图8-20 色码电感器的检测案例

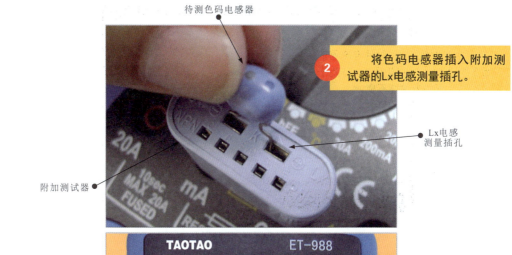

图8-20 色码电感器的检测案例（续）

8.2.3 检测贴片电感器

图8-21为贴片电感器的检测案例。

图8-21 贴片电感器的检测案例

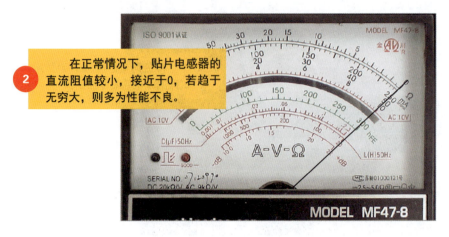

2 在正常情况下，贴片电感器的直流阻值较小，接近于0，若趋于无穷大，则多为性能不良。

图8-21 贴片电感器的检测案例（续）

8.2.4 检测微调电感器

图8-22为微调电感器的检测案例。

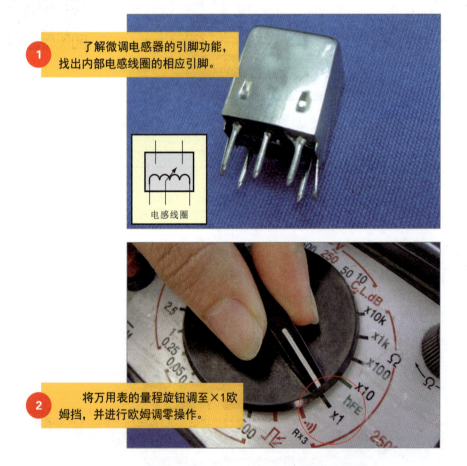

1 了解微调电感器的引脚功能，找出内部电感线圈的相应引脚。

2 将万用表的量程旋钮调至×1欧姆挡，并进行欧姆调零操作。

图8-22 微调电感器的检测案例

第8章 电感器识别、检测、选用、代换

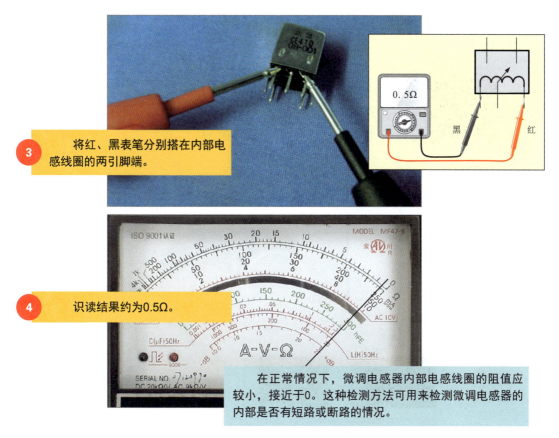

3 将红、黑表笔分别搭在内部电感线圈的两引脚端。

4 识读结果约为0.5Ω。

在正常情况下,微调电感器内部电感线圈的阻值应较小,接近于0。这种检测方法可用来检测微调电感器的内部是否有短路或断路的情况。

图8-22 微调电感器的检测案例（续）

8.2.5 检测电感线圈

电感线圈可使用电感测试仪、频率特性测试仪等进行检测。图8-23为使用电感测试仪检测电感线圈的操作方法。

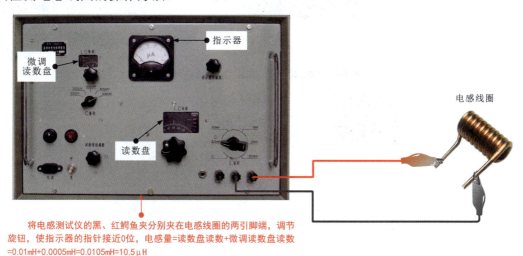

将电感测试仪的黑、红鳄鱼夹分别夹在电感线圈的两引脚端,调节旋钮,使指示器的指针接近0位,电感量=读数盘读数+微调读数盘读数
=0.01mH+0.0005mH=0.0105mH=10.5μH

图8-23 使用电感测试仪检测电感线圈的操作方法

图8-24为使用频率特性测试仪检测电感线圈的操作方法。

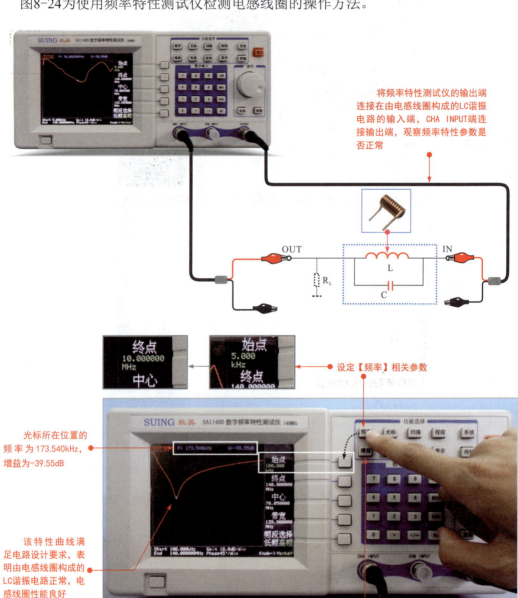

图8-24 使用频率特性测试仪检测电感线圈的操作方法

在测量过程中,将频率特性测试仪的基本参数设置为:始点频率为5.000kHz,终点频率为10.000000MHz,自动计算中心频率及带宽并显示(中心频率为402.5kHz,带宽为795kHz),输出增益为-40dB,输入增益为0dB,幅频显示单次扫描,其他参数均为开机默认参数。

8.3 电感器的功能、选用、代换

8.3.1 电感器的功能

 电感器特性

图8-25为电感器特性示意图。

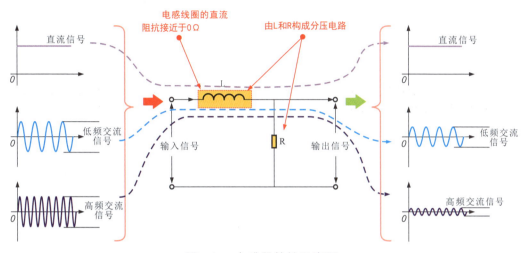

图8-25 电感器特性示意图

电感器的特性如下：
① 对直流信号呈现很小的阻抗（近似于短路），对交流信号呈现的阻抗与频率成正比，频率越高，阻抗越大；
② 电感量越大，对交流信号的阻抗越大；
③ 具有阻止电流变化的特性，电流不会发生突变。

 电感器滤波功能

图8-26为电感器滤波功能示意图。

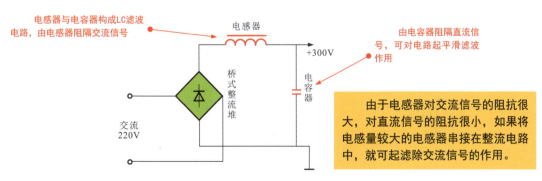

图8-26 电感器滤波功能示意图

3 电感器谐振功能

电感器与电容器并联可构成LC谐振电路,主要用来阻止一定频率的信号干扰,如图8-27所示。

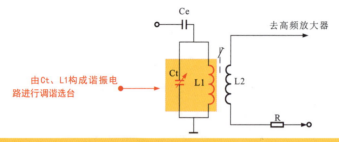

电感器对交流信号的阻抗随频率的升高而增大,电容器对交流信号的阻抗随频率的升高而减小,因此由电感器和电容器并联构成的LC并联谐振电路有一个固有谐振频率,即共谐频率。

图8-27　电感器谐振功能示意图

在共谐频率下,LC并联谐振电路呈现的阻抗最大。利用这种特性可以制成阻波电路,也可以制成选频电路,如图8-30所示。

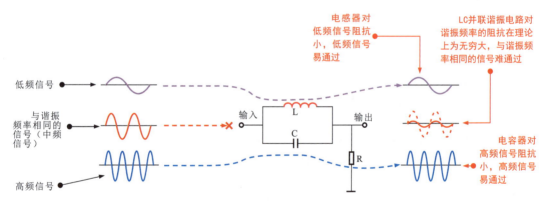

(a) LC并联谐振电路与电阻R构成分压电路

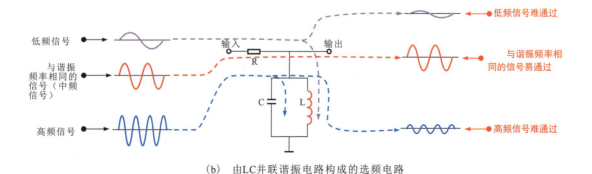

(b) 由LC并联谐振电路构成的选频电路

图8-28　LC并联谐振电路应用示意图

将电感器与电容器串联可构成串联谐振电路，如图8-29所示。

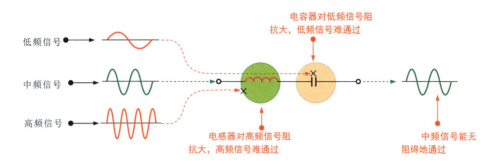

图8-29　将电感器与电容器串联可构成串联谐振电路

当输入信号经过LC串联谐振电路时，高频信号因阻抗大难通过电感器，低频信号因阻抗大难通过电容器，谐振频率信号（中频信号）因阻抗最小容易通过，起选频作用。

图8-30是由LC串联电路构成的陷波电路。

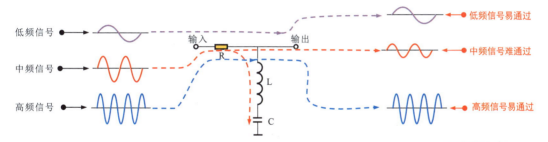

图8-30　由LC串联电路构成的陷波电路

LC串联电路对低频信号和高频信号的阻抗比较大，对中频信号阻抗很小，被短路到地，使输出信号很小，起陷波作用。

8.3.2　普通电感器的选用、代换

图8-31为彩色电视机预中放电路中普通电感器的选用、代换。

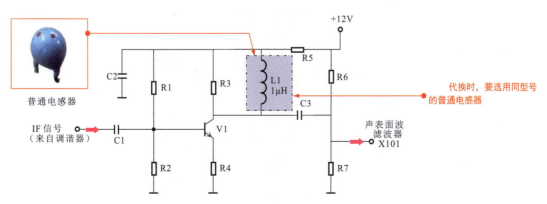

图8-31　彩色电视机预中放电路中普通电感器的选用、代换

在代换普通电感器时，应尽可能选用同型号的普通电感器代换，若无法找到同型号的普通电感器，则要选用标称电感量和额定电流相近的普通电感器，且外形和尺寸也应符合要求。

8.3.3 可变电感器的选用、代换

图8-32为可调振荡电路中可变电感器的选用、代换。

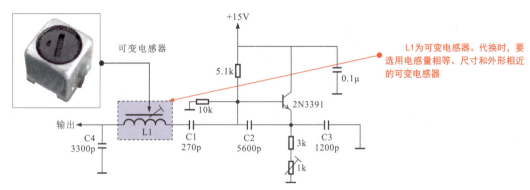

图8-32 可调振荡电路中可变电感器的选用、代换

由于电感器的外形各异，安装方式不同，因此在代换时，要根据电路特点及电感器的特性选择正确、稳妥的焊接方法。电感器的焊接方法有表面贴装和插装焊接两种方法。

采用表面贴装的电感器体积普遍较小，常用在元器件密集的数码产品中，在拆卸和焊接时，最好使用热风焊枪，在加热的同时用镊子夹持、固定或挪动电感器，如图8-33所示。

1 拆卸时，用镊子夹持贴片电感器，将热风焊枪垂直对准焊点。

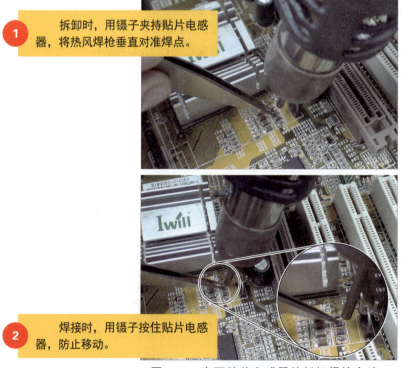

2 焊接时，用镊子按住贴片电感器，防止移动。

图8-33 表面贴装电感器的拆卸焊接方法

第9章

二极管识别、检测、选用、代换

学习内容：

★ 了解二极管的种类和参数标识的含义。

★ 练习判别二极管引脚极性和材料类型。

★ 练习整流二极管、发光二极管、稳压二极管、光敏二极管、检波二极管和双向触发二极管的检测操作。

★ 熟知二极管的功能。

★ 掌握二极管的选用、代换。

9.1 二极管的识别

9.1.1 二极管种类

二极管是最常见的电子元器件，将一个P型半导体和N型半导体组成PN结，并在两端引出相应的电极引线，加上管壳密封制成，具有单向导电性。

 整流二极管

图9-1为整流二极管的实物外形。整流二极管是一种可将交流电转变为直流电的电子元器件，常用于整流电路中。

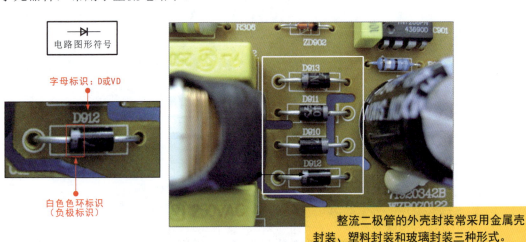

整流二极管的外壳封装常采用金属壳封装、塑料封装和玻璃封装三种形式。

将四只整流二极管集成封装在一起，构成桥式整流堆。

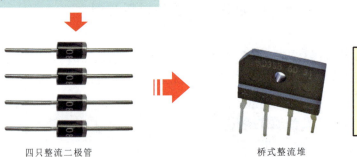

四只整流二极管　　　　桥式整流堆

图9-1　整流二极管的实物外形

整流二极管多为面接触型二极管。面接触型二极管是内部PN结采用合金法或扩散法制成的二极管。相对于面接触型二极管，还有一种PN结面积较小的点接触型二极管，即用一根很细的金属丝与N型半导体表面接触，触点与表面构成PN结。

图9-2为面接触型二极管和点接触型二极管的内部结构。

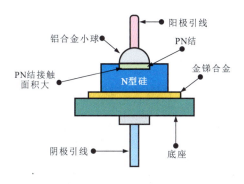

面接触型二极管PN结接触面积大、结电容大，工作频率低，多采用硅半导体材料制成，常用于整流电路中。

（a）面接触型二极管

点接触型二极管PN结接触面积很小，只能通过较小的电流和承受较低的反向电压，高频特性好，主要用于高频和小功率电路或数字电路中。

（b）点接触型二极管

图9-2 面接触型二极管和点接触型二极管的内部结构

如图9-3所示，二极管根据制作材料分为锗二极管和硅二极管。

在一般情况下，锗二极管的正向电压降比硅二极管小，通常为0.2～0.3V。

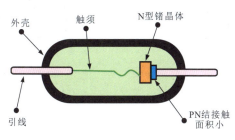

在一般情况下，硅二极管的正向电压降为0.6～0.7V，耐高温性能比锗二极管要好。

图9-3 锗二极管和硅二极管的实物外形

稳压二极管

图9-4为稳压二极管的实物外形。当PN结反向击穿时,稳压二极管的两端电压固定在某一数值上,不随电流变化,可达到稳压的目的。

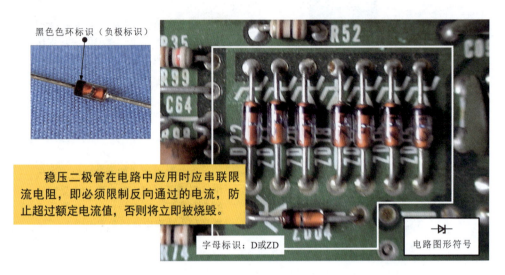

稳压二极管在电路中应用时应串联限流电阻,即必须限制反向通过的电流,防止超过额定电流值,否则将立即被烧毁。

图9-4　稳压二极管的实物外形

在半导体元器件中,PN结具有正向导通、反向截止的特性。若反向施加的电压过高,且足以使PN结反向导通时,则该电压被称为击穿电压。

 ## 发光二极管

图9-5为发光二极管的内部结构。发光二极管是一种利用PN结在正向偏置时两侧的多数载流子直接复合释放出光能的发光元器件。

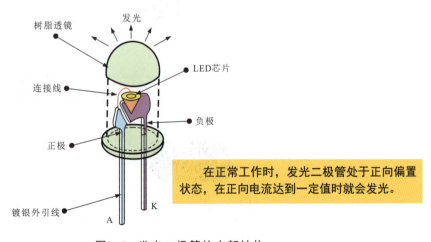

在正常工作时,发光二极管处于正向偏置状态,在正向电流达到一定值时就会发光。

图9-5　发光二极管的内部结构

图9-6为发光二极管的应用。发光二极管具有工作电压低、工作电流很小、抗冲击和抗振性能好、可靠性高、寿命长等特点。

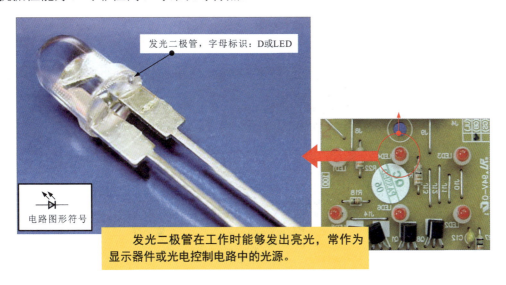

图9-6 发光二极管的应用

 光敏二极管

图9-7为光敏二极管的实物外形。光敏二极管又称光电二极管，常用作光电传感器。

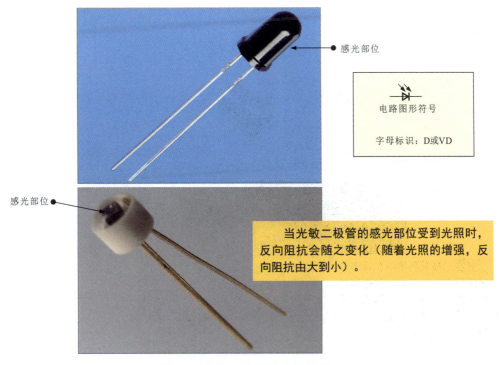

图9-7 光敏二极管的实物外形

检波二极管

图9-8为检波二极管的实物外形。检波二极管的封装主要有塑料封装和玻璃封装，多利用单向导电性，与滤波电容配合，将叠加在高频载波上的低频包络信号检出来。

检波二极管具有较高的检波效率和良好的频率特性，常用在收音机的检波电路中。检波效率是检波二极管的特殊参数，是在检波二极管输出电路的负载上产生的直流输出电压与输入端的正弦交流电压的峰值之比的百分数。

图9-8 检波二极管的实物外形

 变容二极管

图9-9为变容二极管的实物外形。变容二极管是利用PN结的电容随外加偏压而变化这一特性制成的非线性半导体元器件。

变容二极管的PN结空间能储存电荷，具有电容器的特性，两极之间的电容量为3～50pF，实际上是一个由电压控制的微调电容器。

变容二极管利用电容量随外加偏压而变化的特性，在电路中起电容器的作用，广泛用在参量放大器、电子调谐器及倍频器等高频和微波电路中。

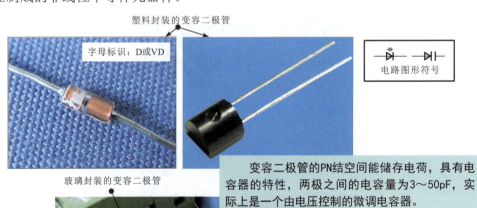

图9-9 变容二极管的实物外形

开关二极管

图9-10为开关二极管的实物外形。开关二极管利用二极管的单向导电性可对电路进行开通或关断控制，导通或截止速度非常快，能满足高频和超高频电路的需要，广泛应用在开关和自动控制等电路中。

图9-10 开关二极管的实物外形

> 开关二极管一般采用玻璃或陶瓷外壳封装以减小管壳电容。通常，开关二极管从截止（高阻抗）到导通（低阻抗）的时间被称为开通时间；从导通到截止的时间被称为反向恢复时间；两个时间的总和被称为开关时间。开关二极管的开关时间很短，是一种非常理想的电子开关，具有开关速度快、体积小、寿命长、可靠性高等特点。

快恢复二极管

图9-11为快恢复二极管的实物外形。快恢复二极管（FRD）也是一种高速开关二极管，开关特性好，反向恢复时间很短，正向压降低，反向击穿电压较高（耐压值较高）。

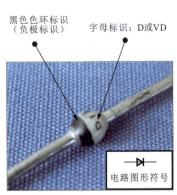 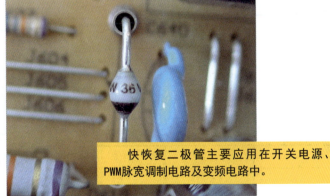

图9-11 快恢复二极管的实物外形

9 双向触发二极管

图9-12为双向触发二极管的实物外形。双向触发二极管又称二端交流元器件（DIAC），是一种具有三层结构的两端对称的半导体元器件。

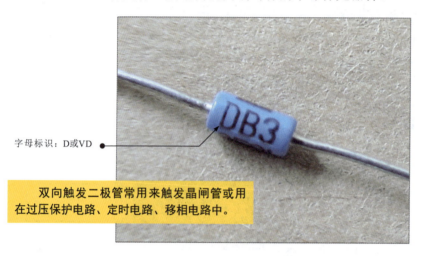

图9-12 双向触发二极管的实物外形

9.1.2 二极管参数标识

 1 国产二极管参数标识

图9-13为国产二极管参数标识。

图9-13 国产二极管参数标识

表示"材料/极性"字母的含义见表9-1。

表9-1 表示"材料/极性"字母的含义

字母	含义	字母	含义	字母	含义
A	N型锗材料	C	N型硅材料	E	化合物材料
B	P型锗材料	D	P型硅材料		

表示"产品类型"字母的含义见表9-2。

表9-2　表示"产品类型"字母的含义

字母	含义	字母	含义	字母	含义	字母	含义
P	普通管	Z	整流管	U	光电管	H	恒流管
V	微波管	L	整流堆	K	开关管	B	变容管
W	稳压管	S	隧道管	JD	激光管	BF	发光二极管
C	参量管	N	阻尼管	CM	磁敏管		

图9-14为国产二极管参数识读案例。

2表示二极管；C表示N型硅材料；P表示普通管；10表示序号

图9-14　国产二极管参数识读案例

2　美产二极管参数标识

图9-15为美产二极管参数标识。

图9-15　美产二极管参数标识

3　日产二极管参数标识

图9-16为日产二极管参数标识。

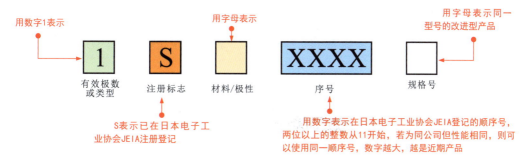

图9-16　日产二极管参数标识

4 国际电子联合会二极管参数标识

图9-17为国际电子联合会二极管参数标识。

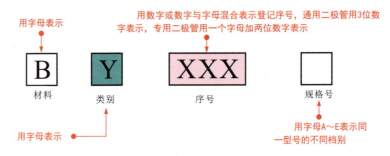

图9-17 国际电子联合会二极管参数标识

表示"材料"字母的含义见表9-3。

表9-3 表示"材料"字母的含义

字母	含义	字母	含义	字母	含义
A	锗材料	C	砷化镓	R	复合材料
B	硅材料	D	锑化铟		

表示"类别"字母的含义见表9-4。

表9-4 表示"类别"字母的含义

字母	含义	字母	含义	字母	含义
A	检波管	H	磁敏管	X	倍压管
B	变容管	P	光敏管	Y	整流管
E	隧道管	Q	发光管	Z	稳压管
G	复合管				

9.2 二极管的检测

9.2.1 判别二极管引脚极性

如图9-18所示,由于二极管的引脚有正、负极之分,因此在检测前,准确区分引脚极性是检测的关键环节。

图9-18 判别二极管引脚极性

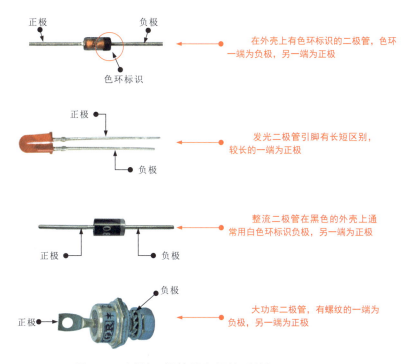

图9-18 判别二极管引脚极性（续）

如图9-19所示，安装在电路板上的二极管，大都会在引脚旁边或电路板背部焊点处标识图形符号或引脚极性。此外，也可根据二极管所在电路，找到对应的电路图纸，根据图纸中的电路图形符号识别引脚极性。

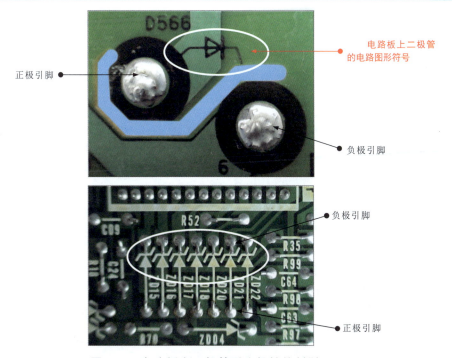

图9-19 电路板上二极管引脚极性的判别

对于一些没有明显标识信息的二极管，可以使用万用表欧姆挡进行简单的检测判别，如图9-20所示。

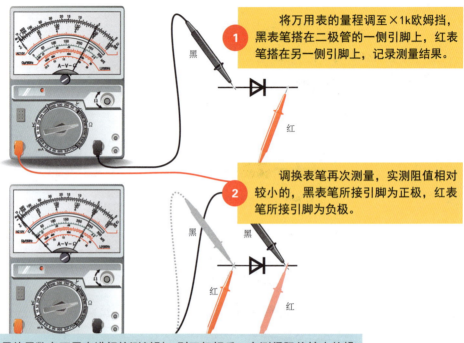

如果使用数字万用表进行检测判别，则正好相反，在测得阻值较小的操作中，红表笔所接为二极管的正极，黑表笔所接为二极管的负极。

图9-20 用万用表判别二极管引脚极性

9.2.2 判别二极管材料类型

二极管的制作材料有锗半导体材料和硅半导体材料，在对二极管进行选配、代换时，准确区分二极管的制作材料是十分关键的步骤。

图9-21为二极管材料类型的判别方法。

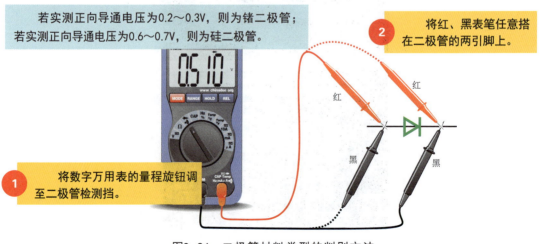

图9-21 二极管材料类型的判别方法

9.2.3 检测整流二极管

检测整流二极管,首先需对引脚极性进行判别,然后利用数字万用表的二极管检测挡判别性能。

图9-22为使用数字万用表检测整流二极管。

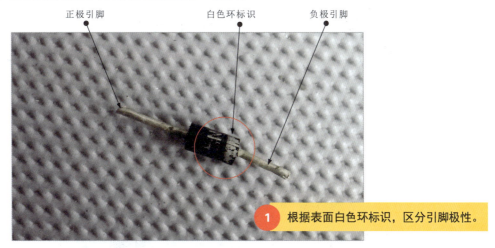

1 根据表面白色环标识,区分引脚极性。

2 将数字万用表的量程旋钮调至二极管测量挡。

3 将红表笔搭在正极引脚,黑表笔搭在负极引脚,实测值为0.542V,说明为硅整流二极管。

图9-22 使用数字万用表检测整流二极管

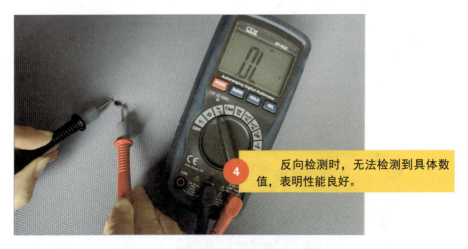

④ 反向检测时，无法检测到具体数值，表明性能良好。

图9-22 使用数字万用表检测整流二极管（续）

如果使用指针万用表检测，则可以利用二极管的单向导电性，通过检测正、反向阻值的方法来判别性能，如图9-23所示。

① 在测量之前，调整指针万用表的量程在×1k欧姆挡，并进行零欧姆校正。

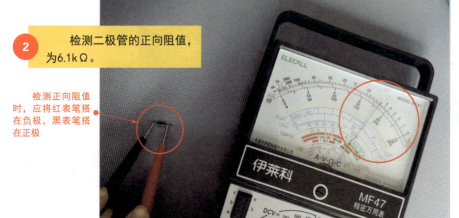

② 检测二极管的正向阻值，为6.1kΩ。

检测正向阻值时，应将红表笔搭在负极，黑表笔搭在正极。

图9-23 用指针万用表检测二极管的单向导电性

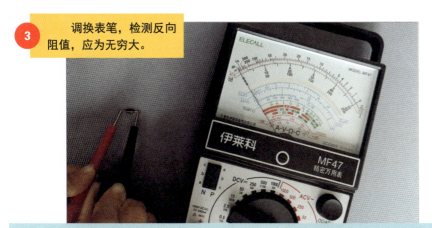

③ 调换表笔，检测反向阻值，应为无穷大。

在正常情况下，二极管的正向阻值为几千欧姆，反向阻值趋于无穷大。正、反向阻值相差越大越好。若相近，则说明二极管已经失效。若指针不断摆动，不能停止在某一阻值上，则多为二极管的热稳定性不好。

图9-23 用指针万用表检测二极管的单向导电性（续）

9.2.4 检测发光二极管

 在路检测发光二极管

如图9-24所示，在路检测发光二极管可根据二极管的参数搭建检测电路，通过发光二极管的工作状态判别性能。

① 将发光二极管（LED）串接到电路中，通过电位器RP调节阻值，在调节过程中，观察LED的发光状态和压降。

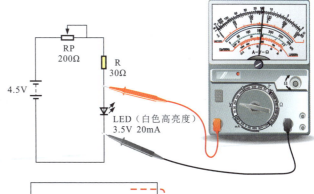

② 当达到LED的额定工作状态时，理论上应满足电路中的电压分配关系。

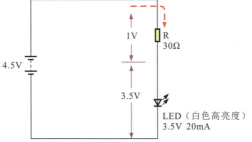

图9-24 在路检测发光二极管

开路检测发光二极管

图9-25为开路检测发光二极管。

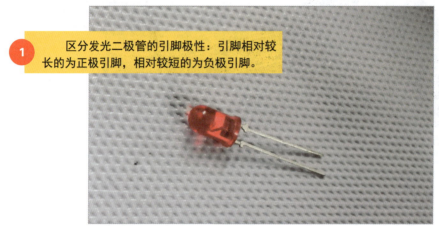

① 区分发光二极管的引脚极性：引脚相对较长的为正极引脚，相对较短的为负极引脚。

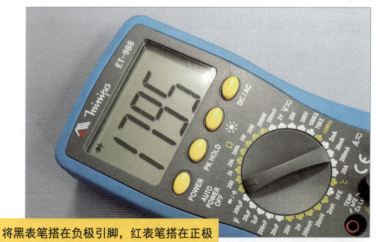

② 将黑表笔搭在负极引脚，红表笔搭在正极引脚，发光二极管会发光。

图9-25 开路检测发光二极管

第9章 二极管识别、检测、选用、代换

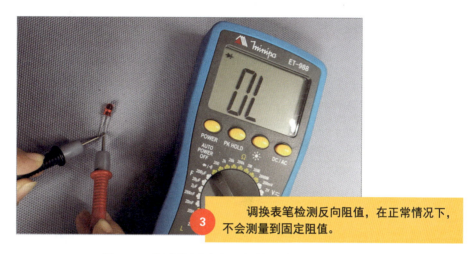

③ 调换表笔检测反向阻值，在正常情况下，不会测量到固定阻值。

图9-25 开路检测发光二极管（续）

如图9-26所示，若使用指针万用表检测发光二极管，则表笔搭接方式与数字万用笔相反。

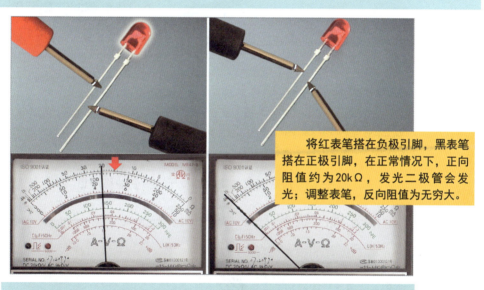

将红表笔搭在负极引脚，黑表笔搭在正极引脚，在正常情况下，正向阻值约为20kΩ，发光二极管会发光；调整表笔，反向阻值为无穷大。

在检测发光二极管的正向阻值时，选择不同的欧姆挡量程，发光二极管的发光亮度不同。

量程为×10k欧姆挡时，相对较亮　　　　　量程为×100欧姆挡时，相对较暗

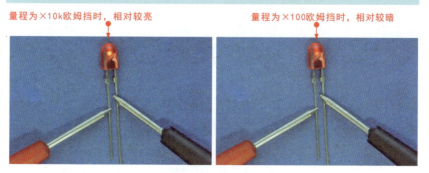

图9-26 用指针万用表检测发光二极管

9.2.5 检测稳压二极管

检测稳压二极管主要是检测稳压性能和稳压值。如图9-27所示,检测稳压值必须在外加偏压(提供反向电流)的条件下,将稳压二极管(RD3.6E)与可调直流电源(3~10V)、限流电阻(220Ω)搭成测试电路,借助万用表检测在不同直流电压下,稳压二极管的电压变化。

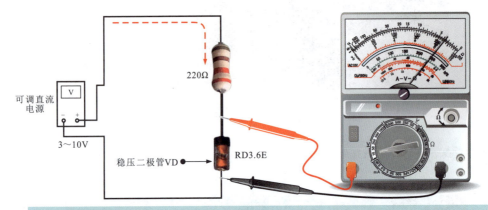

根据稳压二极管的特性,稳压二极管的反向击穿电流被限制在一定范围时不会损坏。

当可调直流电源的输出电压较小(<稳压值3.6V)时,稳压二极管截止,检测数值应等于电源电压。

当可调直流电源的输出电压超过3.6V时,检测数值应为3.6V。

继续增加可调直流电源的输出电压,直到10V,稳压二极管两端的电压仍为3.6V,则此值即为稳压二极管的稳压值。

RD3.6E稳压二极管的稳压值为3.47~3.83V,说明性能良好。

图9-27 搭建测试电路检测稳压二极管的稳压值

9.2.6 检测光敏二极管

图9-28为光敏二极管的检测方法。

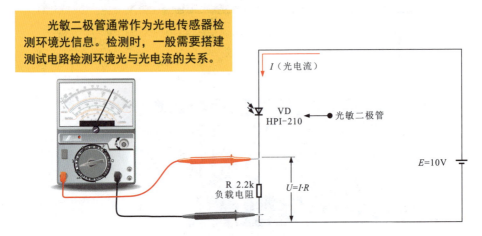

图9-28 光敏二极管的检测方法

将光敏二极管反向偏置，光电流与环境光成比例，即测量R上的电压值U，通过I=U/R计算。改变环境光，光电流就会变化，U也会变化。

光敏二极管的光电流很小，作用于负载的能力较差，因而可与三极管组合，将光电流放大后再驱动负载。

图9-29是由光敏二极管与三极管组成的两种测试电路。

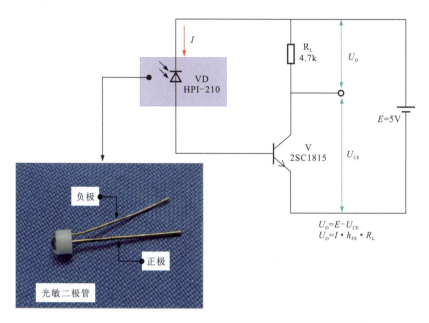

（a）采用三极管集电极输出的测试电路

在采用三极管集电极输出的测试电路中，光敏二极管接在三极管的基极电路中，光电流为三极管的基极电流，集电极电流等于放大h_{FE}倍的基极电流，通过检测集电极电阻的压降可计算出集电极电流。将光敏二极管与三极管的组合电路作为一个光敏传感器的单元电路来使用，可有足够的信号强度驱动负载。

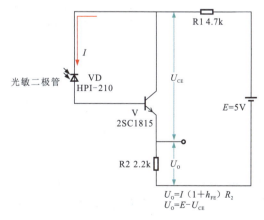

（b）采用三极管发射极输出的测试电路

图9-29　由光敏二极管与三极管组成的两种测试电路

9.2.7 检测检波二极管

图9-30为检波二极管的检测案例。

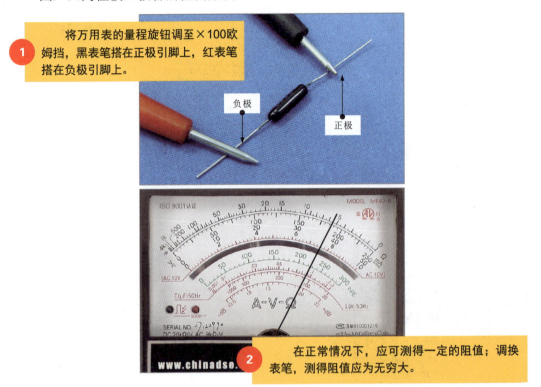

1. 将万用表的量程旋钮调至×100欧姆挡，黑表笔搭在正极引脚上，红表笔搭在负极引脚上。

2. 在正常情况下，应可测得一定的阻值；调换表笔，测得阻值应为无穷大。

图9-30 检波二极管的检测案例

9.2.8 检测双向触发二极管

检测双向触发二极管主要是检测转折电压，可搭建如图9-31所示的检测电路。

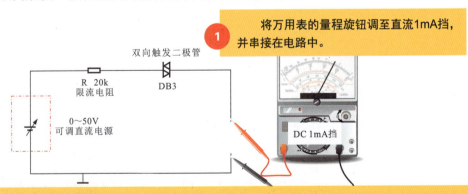

1. 将万用表的量程旋钮调至直流1mA挡，并串接在电路中。

2. 先将可调直流电源的输出电压调到5V以下，双向触发二极管呈高阻状态而截止，万用表指针指示0mA。当输出电压为30V时，双向触发二极管被击穿，万用表指针突然摆动，此时的电压即为击穿电压（转折电压）。

图9-31 转折电压检测电路

双向触发二极管是属于三层结构的两端交流元器件,等效于基极开路、发射极与集电极对称的NPN型三极管,正、反向伏安特性完全对称,当两端电压小于正向转折电压$U_{(BO)}$时,呈高阻状态;当两端电压大于转折电压时,被击穿(导通),进入负阻区;当两端电压超过反向转折电压时,进入负阻区。

不同型号双向触发二极管的转折电压是不同的,如DB3的转折电压约为30V,DB4、DB5的转折电压要高一些。

如图9-32所示,将双向触发二极管接入电路中,通过检测电路的电压值即可判断双向触发二极管有无断路故障。

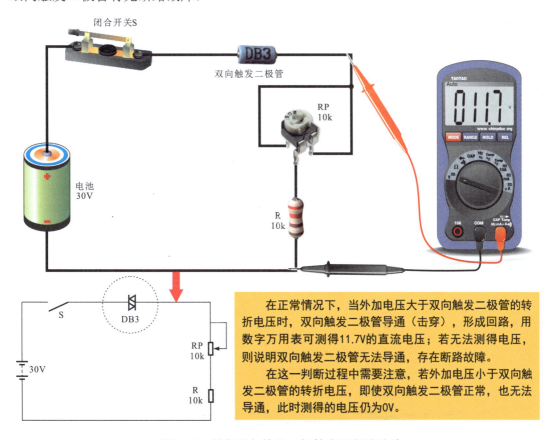

图9-32 判断双向触发二极管有无断路故障

检测双向触发二极管一般不采用直接检测正、反向阻值的方法,因为在没有足够(大于转折电压)的供电电压时,双向触发二极管呈高阻状态,用万用表检测阻值的结果也只能是无穷大,在这种情况下,无法判断双向触发二极管是正常还是断路,没有实质性的意义。

综上所述,整流二极管、开关二极管、检波二极管可通过检测正、反向阻值进行判断;稳压二极管、发光二极管、光敏二极管和双向触发二极管需要搭建测试电路检测相应的特性参数进行判断;变容二极管实质上就是电压控制的电容器,在调谐电路中相当于小电容,检测正、反向阻值无实际意义。

9.3 二极管的功能、选用、代换

9.3.1 二极管的功能

 二极管单向导电性

图9-33为二极管的内部结构，是由一个PN结构成的。

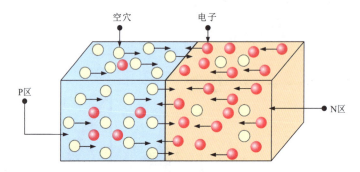

图9-33 二极管的内部结构

> PN结是采用特殊工艺把P型半导体和N型半导体结合在一起后，在两者交界面上形成的特殊带电薄层。P型半导体和N型半导体分别被称为P区和N区。PN结的形成是由于P区存在大量的空穴，N区存在大量的电子，因浓度差别而产生扩散运动。P区的空穴向N区扩散，N区的电子向P区扩散，空穴与电子的运动方向相反。

根据二极管的内部结构，在一般情况下，只允许电流从正极流向负极，不允许从负极流向正极，这就是二极管的单向导电性，如图9-34所示。

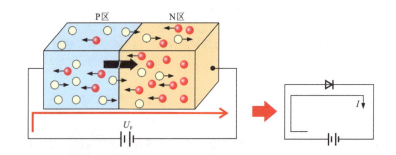

① 在PN结两边外加正向电压，即P区接外电源正极，N区接外电源负极，这种接法又称正向偏置，简称正偏，内部电流方向与电源提供的电流方向相同，电流很容易通过PN结形成电流回路，PN结呈低阻状态（正偏状态的阻抗较小），电路为导通状态。

图9-34 二极管的单向导电性

> 在PN结两边外加反向电压,即P区接外电源负极,N区接外电源正极,这种接法又称反向偏置,简称反偏,内部的电流方向与电源提供的电流方向相反,电流不易通过PN结形成回路,PN结呈高阻状态,电路为截止状态。

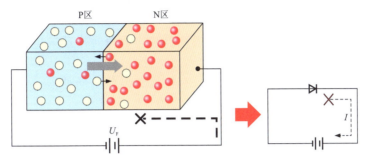

图9-34 二极管的单向导电性(续)

图9-35为二极管的伏安特性曲线。伏安特性曲线是指加载在二极管两端的电压和流过二极管的电流之间的关系曲线。

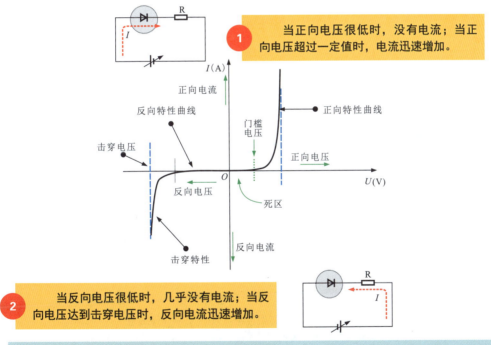

> 当正向电压很低时,没有电流;当正向电压超过一定值时,电流迅速增加。

> 当反向电压很低时,几乎没有电流;当反向电压达到击穿电压时,反向电流迅速增加。

当加在二极管两端的正向电压很小时不能导通,流过二极管的正向电流十分微弱,只有当正向电压达到某一数值(门槛电压,锗管为0.2~0.3V,硅管为0.6~0.7V)时,二极管才能真正导通。导通后,二极管两端的电压基本上保持不变(锗管约为0.3V,硅管约为0.7V),此时电压被称为二极管的正向电压降。

图9-35 二极管的伏安特性曲线

正向特性:在电子电路中,当二极管的正极接在高电位端、负极接在低电位端时,二极管就会导通。

反向特性：在电子电路中，当二极管的正极接在低电位端、负极接在高电位端时，二极管几乎没有电流流过，处于截止状态，只有微弱的反向电流流过二极管。该电流被称为漏电电流。漏电电流有两个显著特点：一是受温度影响很大；二是在反向电压不超过一定范围时，大小基本不变，即与反向电压无关，因此漏电电流又称为反向饱和电流。

击穿特性：当二极管两端的反向电压增大到某一数值时，反向电流急剧增大，二极管将失去单方向导电特性，这种状态被称为二极管击穿。

除了上述特性，不同类型的二极管还具有自身突出的功能特点，如整流二极管的整流功能、稳压二极管的稳压功能、检波二极管的检波功能等。

  整流二极管的整流功能

整流二极管的整流功能利用的是二极管单向导通、反向截止的特性。打个比方，将整流二极管想象为一个只能单方向打开的闸门，将交流电流看作不同流向的水流，如图9-36所示。

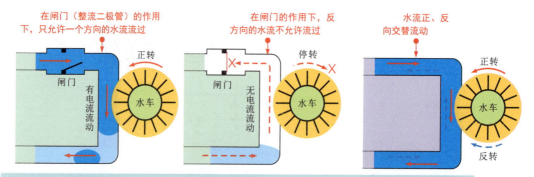

交流电流是交替变化的电流，如用水流推动水车，交变的水流会使水车正向、反向交替运转。若在水流通道中设置一闸门，则当水流为正向时，闸门被打开，水流推动水车运转；当水流为反向时，闸门自动关闭，水不能反向流动，水车也不会反转。

图9-36 整流二极管的整流功能

图9-37为整流二极管整流功能的应用。

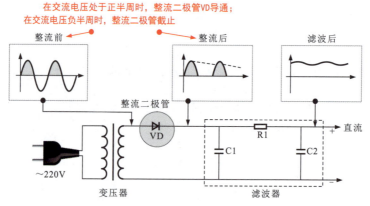

图9-37 整流二极管整流功能的应用

图9-38为由两个整流二极管构成的全波整流电路。

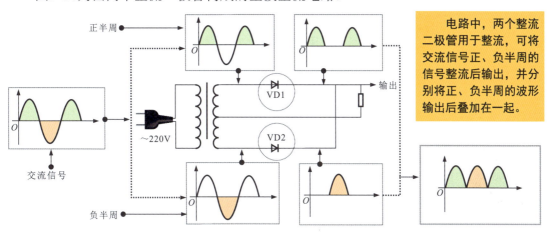

电路中，两个整流二极管用于整流，可将交流信号正、负半周的信号整流后输出，并分别将正、负半周的波形输出后叠加在一起。

图9-38　由两个整流二极管构成的全波整流电路

图9-39为由四个整流二极管搭建的桥式整流电路。

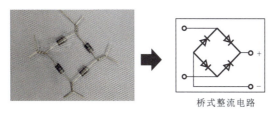

图9-39　四个整流二极管搭建的桥式整流电路

 3　稳压二极管的稳压功能

图9-40为由稳压二极管构成的稳压电路。稳压二极管能够将电路中某一点的电压稳定为一个固定值。

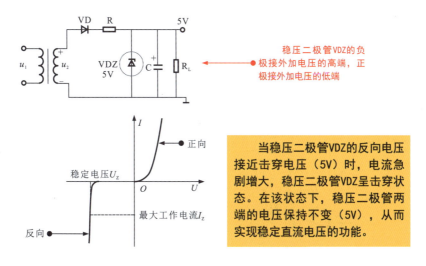

稳压二极管VDZ的负极接外加电压的高端，正极接外加电压的低端

当稳压二极管VDZ的反向电压接近击穿电压（5V）时，电流急剧增大，稳压二极管VDZ呈击穿状态。在该状态下，稳压二极管两端的电压保持不变（5V），从而实现稳定直流电压的功能。

图9-40　由稳压二极管构成的稳压电路

发光二极管的指示功能

图9-41为发光二极管在电池充电电路中的指示功能。

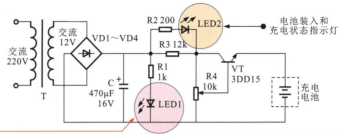

为了能够准确指示电池充电是否完成及在充电过程中的状态,通常在电路中设置发光二极管,通过观察发光二极管的状态了解电池的充电状态。

图9-41 发光二极管在电池充电电路中的指示功能

 光敏二极管的光线感知功能

图9-42为光敏二极管在电动玩具电路中的光线感知功能。

外界光线越强,光敏二极管反向阻值越低,电池电压才会经过VD加到三极管V1的基极,驱动电路工作。

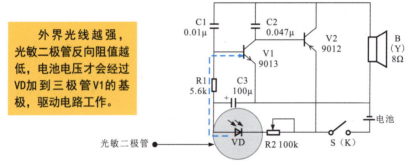

图9-42 光敏二极管在电动玩具电路中的光线感知功能

 检波二极管的检波功能

图9-43为检波二极管在收音机检波电路中的检波功能。

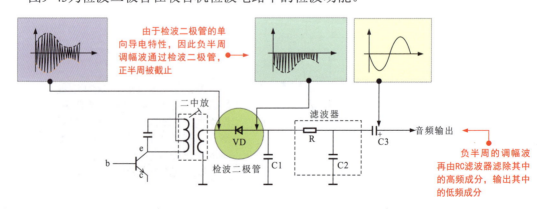

由于检波二极管的单向导电特性,因此负半周调幅波通过检波二极管,正半周被截止

负半周的调幅波再由RC滤波器滤除其中的高频成分,输出其中的低频成分

图9-43 检波二极管在收音机检波电路中的检波功能

利用检波二极管的单向导电性，正半周的调幅波被截止，只有负半周的调幅波能够通过，再经RC滤波器滤除高频成分，输出的就是调制在载波上的音频信号。这个过程被称为检波。

7 变容二极管的电容器功能

图9-44为变容二极管在FM调制发射电路中的应用。

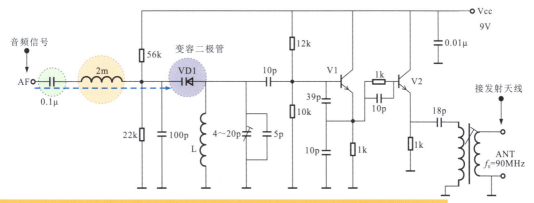

音频信号（AF）经耦合电容（0.1μF）和电感（2mH）加到变容二极管的负极。在无信号输入时，变容二极管的结电容为初始值，振荡频率为90MHz，当音频信号加到变容二极管时，结电容会受音频信号的控制，于是振荡频率受音频信号的调制。

图9-44　变容二极管在FM调制发射电路中的应用

8 双向触发二极管的触发功能

图9-45为双向触发二极管在自动控制电路中的应用。

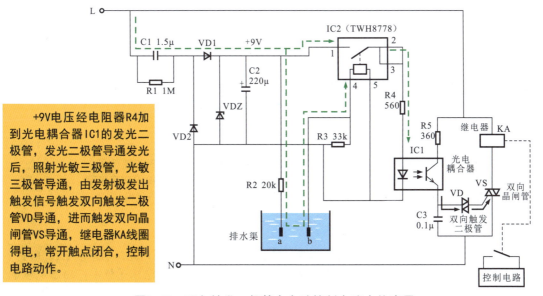

+9V电压经电阻器R4加到光电耦合器IC1的发光二极管，发光二极管导通发光后，照射光敏三极管，光敏三极管导通，由发射极发出触发信号触发双向触发二极管VD导通，进而触发双向晶闸管VS导通，继电器KA线圈得电，常开触点闭合，控制电路动作。

图9-45　双向触发二极管在自动控制电路中的应用

9.3.2 整流二极管的选用、代换

图9-46为电源电路中整流二极管的选用、代换。

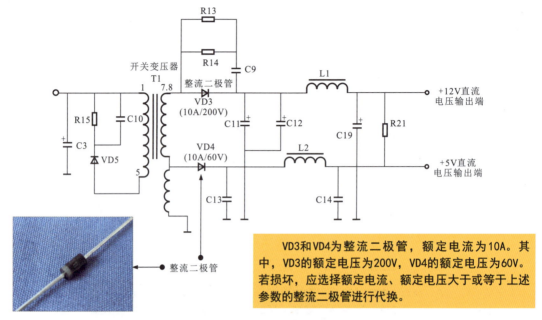

图9-46 电源电路中整流二极管的选用、代换

> VD3和VD4为整流二极管,额定电流为10A。其中,VD3的额定电压为200V,VD4的额定电压为60V。若损坏,应选择额定电流、额定电压大于或等于上述参数的整流二极管进行代换。

9.3.3 稳压二极管的选用、代换

图9-47为稳压二极管的选用、代换。

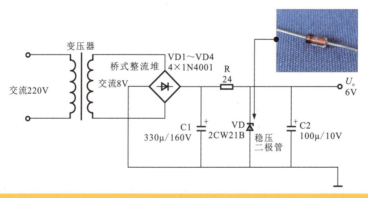

> VD为稳压二极管,型号为2CW21B。交流220V电压经变压器降压后输出8V交流低压,经桥式整流堆输出约11V的直流电压,再经C1滤波、VD稳压、C2滤波后,输出6V直流稳定电压。若稳压二极管损坏,应尽量选择同类型、同型号的稳压二极管进行代换。

图9-47 稳压二极管的选用、代换

> 代换稳压二极管时,要注意所选稳压二极管的稳定电压应与应用电路的基准电压相同,最大稳定电流应高于应用电路最大负载电流的50%左右,动态电阻尽量较小,动态电阻越小,稳压性能越好,功率应符合电路的设计要求。

9.3.4 检波二极管的选用、代换

图9-48为收音机检波电路中检波二极管的选用、代换。

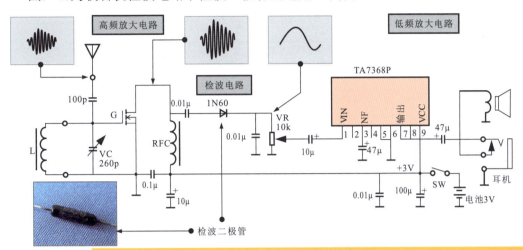

高频放大电路输出的调幅波加到检波二极管1N60的正极,正半周调幅波通过,负半周调幅波被截止,再经滤波器滤除高频成分、低频放大电路放大后,输出调制在载波上的音频信号。若1N60损坏,应尽量选择同类型、同型号的检波二极管进行代换。

图9-48 收音机检波电路中检波二极管的选用、代换

代换检波二极管时,应根据电路的具体要求选用工作频率高、反向电流小、正向电流足够大的检波二极管。

9.3.5 发光二极管的选用、代换

图9-49为发光二极管的选用、代换。代换发光二极管时,所选用发光二极管的额定电流应大于电路中的最大允许电流,并应根据要求选择发光颜色,同时根据安装位置选择形状和尺寸。

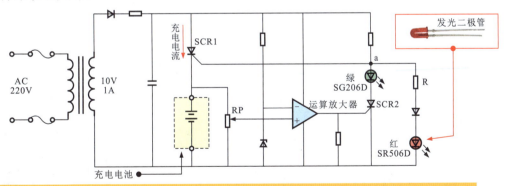

电路中,红色发光二极管发光表示当前电路处于充电状态。当充电完成时,红色发光二极管熄灭,绿色发光二极管点亮。一般情况下,普通绿色、黄色、红色、橙色发光二极管的工作电压为2V左右,白色发光二极管的工作电压通常大于2.4V,蓝色发光二极管的工作电压通常大于3.3V,代换时需注意。

图9-49 发光二极管的选用、代换

9.3.6 变容二极管的选用、代换

图9-50为电子调谐式U频段电视机接收电路中变容二极管的选用、代换。

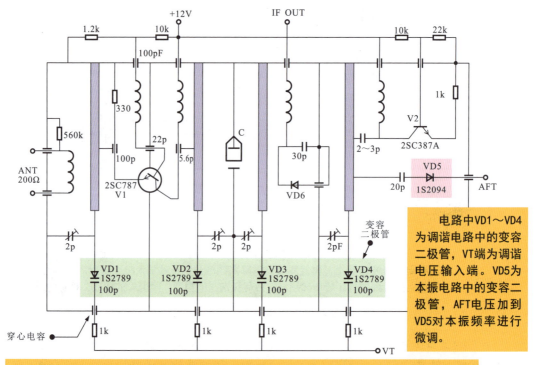

图9-50 电子调谐式U频段电视机接收电路中变容二极管的选用、代换

9.3.7 开关二极管的选用、代换

图9-51为电视机调谐器及中频电路中开关二极管的选用、代换。

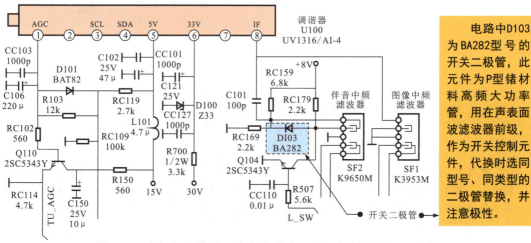

图9-51 电视机调谐器及中频电路中开关二极管的选用、代换

第10章

三极管识别、检测、选用、代换

学习内容：

★ 了解三极管的种类和参数标识的含义。

★ 练习判别三极管的类型和引脚极性。

★ 练习检测三极管的放大倍数及性能。

★ 熟知三极管的功能。

★ 掌握三极管的选用、代换。

10.1 三极管的识别

10.1.1 三极管种类

三极管是具有放大功能的半导体元器件，在电子电路中有着广泛的应用。

 NPN型三极管和PNP型三极管

三极管实际上是在一块半导体基片上制作两个距离很近的PN结。这两个PN结把整块半导体分成三部分，中间部分为基极（b），两侧部分分别为集电极（c）和发射极（e），排列方式有NPN型和PNP型两种，如图10-1所示。

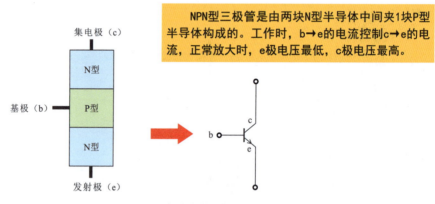

（a）NPN型三极管的结构

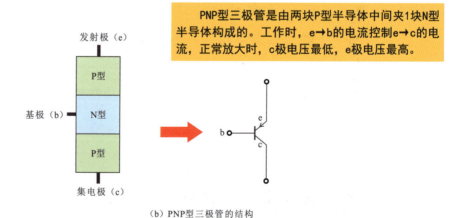

（b）PNP型三极管的结构

图10-1　NPN型和PNP型三极管的结构

锗三极管和硅三极管

三极管是由两个PN结构成的，根据PN结材料的不同可分为锗三极管和硅三极管，如图10-2所示。从外形上看，这两种三极管并没有明显的区别。

> 锗材料PN结的正向导通电压为0.2～0.3V。

> 硅材料PN结的正向导通电压为0.6～0.7V。

图10-2 锗三极管和硅三极管的实物外形

 低频三极管和高频三极管

根据工作频率的不同，三极管可分为低频三极管和高频三极管。图10-3为低频三极管的实物外形。

> 通常，低频三极管的特征频率小于3MHz，多用于低频放大电路。

图10-3 低频三极管的实物外形

图10-4为高频三极管的实物外形。

高频三极管的特征频率大于3MHz,多用于高频放大电路、混频电路或高频振荡电路中。

图10-4 高频三极管的实物外形

4 小功率三极管、中功率三极管和大功率三极管

根据功率不同,三极管可分为小功率三极管、中功率三极管和大功率三极管,如图10-5所示。

小功率三极管

小功率三极管的工作功率一般小于0.3W。

中功率三极管

中功率三极管的工作功率一般在0.3~1W之间。

散热片

大功率三极管

大功率三极管的工作功率一般在1W以上,通常需要安装在散热片上。

图10-5 三种不同功率三极管的实物外形

塑料封装三极管和金属封装三极管

根据封装材料的不同，三极管有金属封装三极管和塑料封装三极管。图10-6为塑料封装三极管的类型。

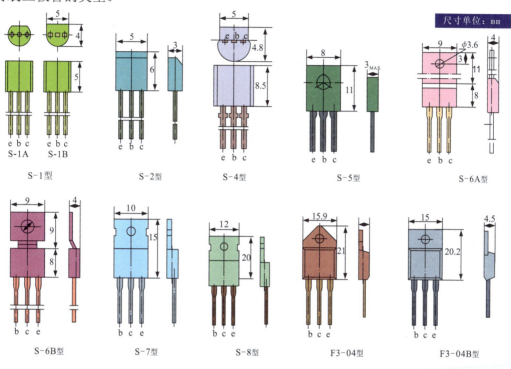

图10-6 塑料封装三极管的类型

> 塑料封装三极管主要S-1型、S-2型、S-4型、S-5型、S-6A型、S-6B型、S-7型、S-8型、F3-04型、F3-04B型等。

金属封装型三极管主要有B型、C型、D型、E型、F型和G型等，如图10-7所示。

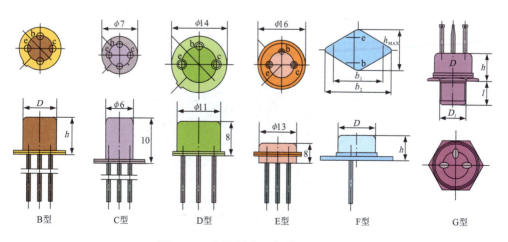

图10-7 金属封装三极管的类型

10.1.2 三极管参数标识

 国产三极管参数标识

图10-8为国产三极管参数标识。

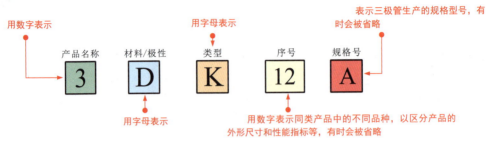

图10-8 国产三极管参数标识

国产三极管参数标识字母的含义见表10-1。

表10-1 国产三极管参数标识字母的含义

材料/极性			
字母	含义	字母	含义
A	锗材料，PNP型	D	硅材料，NPN型
B	锗材料，NPN型	E	化合物材料
C	硅材料，PNP型		
类型			
字母	含义	字母	含义
G	高频小功率管	V	微波管
X	低频小功率管	B	雪崩管
A	高频大功率管	J	阶跃恢复管
D	低频大功率管	U	光敏管（光电管）
T	闸流管	J	结型场效应晶体管
K	开关管		

图10-9为国产三极管参数标识识读案例。

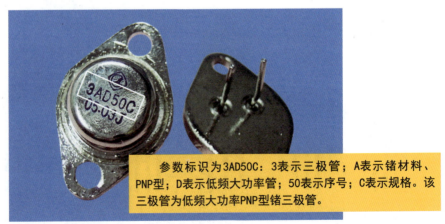

参数标识为3AD50C：3表示三极管；A表示锗材料、PNP型；D表示低频大功率管；50表示序号；C表示规格。该三极管为低频大功率PNP型锗三极管。

图10-9 国产三极管参数标识识读案例

美产三极管参数标识

图10-10为美产三极管参数标识。

图10-10 美产三极管参数标识

 日产三极管参数标识

图10-11为日产三极管参数标识。

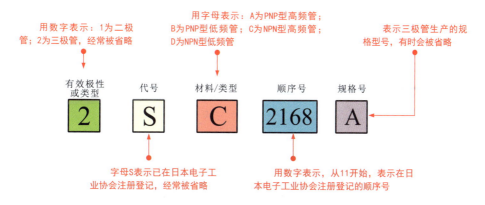

图10-11 日产三极管参数标识

10.1.3 三极管引脚极性

三极管有三个引脚，分别是基极b、集电极c和发射极e，排列位置根据品种、型号及功能的不同而不同，识别三极管的引脚极性在测试、安装、调试等各个应用场合都十分重要。

 电路板标识三极管引脚极性

通常，在电路板上，三极管旁边会标识引脚极性，如图10-12所示。

图10-12 电路板上三极管的引脚标识

图10-13为电路图中三极管的引脚极性。

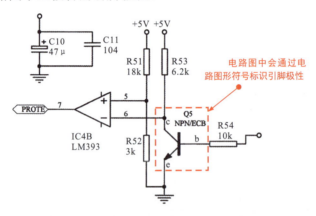

图10-13 电路图中三极管的引脚极性

通过查找相关技术手册明确三极管的引脚极性，如图10-14所示。

根据三极管型号查找相应技术手册，根据手册中的信息可知BD136的引脚排列，从左向右依次为e、c、b。

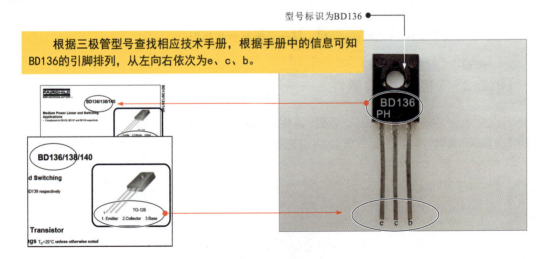

图10-14 通过技术手册明确

三极管封装形式对应的引脚排列规律

图10-15为根据一般规律识别金属封装三极管的引脚。

B型三极管的外壳上有一个凸起的定位销,将引脚朝上,从定位销开始顺时针依次为e、b、c、d。其中,d为外壳引脚。

C型三极管,将引脚朝上,三个引脚位置构成三角形。三角形底边的两个引脚分别为e、c,顶角引脚为b。

D型三极管的识别与C型一致,即三角形底边的两个引脚分别为e、c,顶角引脚为b。

F型三极管只有两个引脚,将引脚朝上,按图中方式放置,上面的引脚为e,下面的引脚为b,管壳为集电极。

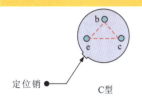
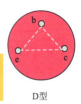
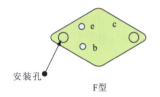

图10-15　根据一般规律识别金属封装三极管的引脚

图10-16为根据一般规律识别塑料封装三极管的引脚。

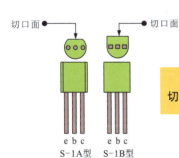

S-1(S-1A、S-1B)型都有半圆形底面,识别时,将引脚朝下,切口面朝向自己,引脚从左向右依次为e、b、c。

S-2型顶面有切角,识别时,将引脚朝下,切角朝向自己,引脚从左向右依次为e、b、c。

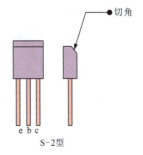

图10-16　根据一般规律识别塑料封装三极管的引脚

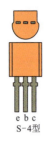
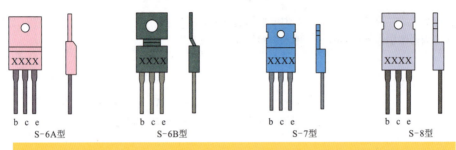

图10-16 根据一般规律识别塑料封装三极管的引脚（续）

10.2 三极管的检测

10.2.1 采用阻值测量法判别三极管类型

当无法通过标识信息或封装规律判别三极管类型时，可通过阻值测量法判别三极管类型，如图10-17所示。

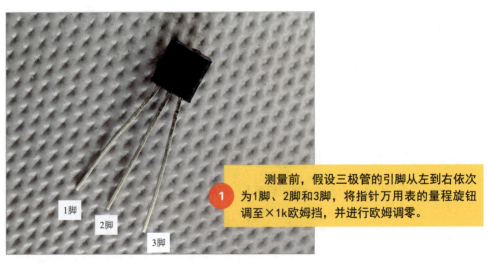

图10-17 采用阻值测量法判别三极管类型

第10章 三极管识别、检测、选用、代换

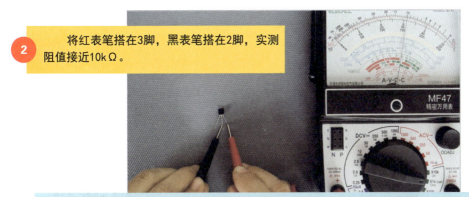

② 将红表笔搭在3脚，黑表笔搭在2脚，实测阻值接近10kΩ。

当将红表笔搭在某一引脚、黑表笔分别搭在另外两个引脚均能检测到一定阻值时，说明为PNP型三极管，红表笔所搭引脚为基极引脚。

图10-17 采用阻值测量法判别三极管类型（续）

10.2.2 采用二极管测量法判别三极管类型

如图10-18所示，除采用阻值测量法判别三极管类型外，还可以采用二极管测量法判别三极管类型。

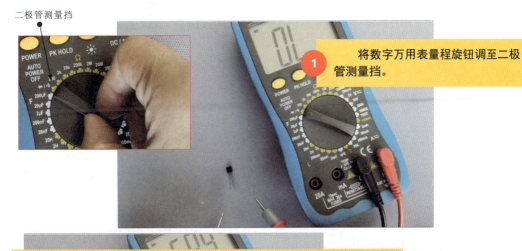

① 将数字万用表量程旋钮调至二极管测量挡。

② 设定引脚从左到右依次为1脚、2脚和3脚，当将红表笔搭在某一引脚，黑表笔分别搭在另外两引脚均能检测到一定数值时，说明为NPN型三极管，红表笔所搭引脚为基极引脚。

图10-18 采用二极管测量法判别三极管类型

检测时,如果将黑表笔搭在某一引脚,红表笔分别搭在另外两个引脚,均能检测到一定数值,说明为PNP型三极管,黑表笔所搭引脚为基极引脚。

10.2.3 采用阻值测量法判别NPN型三极管引脚极性

图10-19为采用阻值测量法判别NPN型三极管引脚极性。

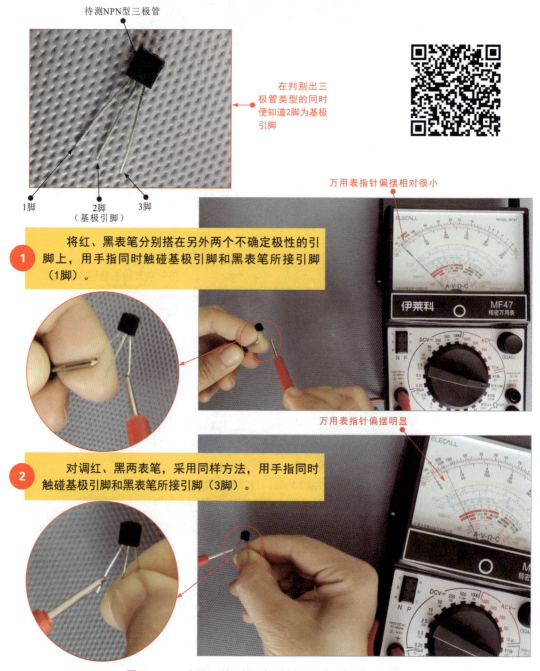

图10-19 采用阻值测量法判别NPN型三极管引脚极性

在两次测量中，指针偏摆相对较大的一次，红表笔所搭引脚（1脚）为发射极引脚，黑表笔所搭引脚为集电极引脚。

10.2.4 采用阻值测量法判别PNP型三极管引脚极性

图10-20为采用阻值测量法判别PNP型三极管引脚极性。

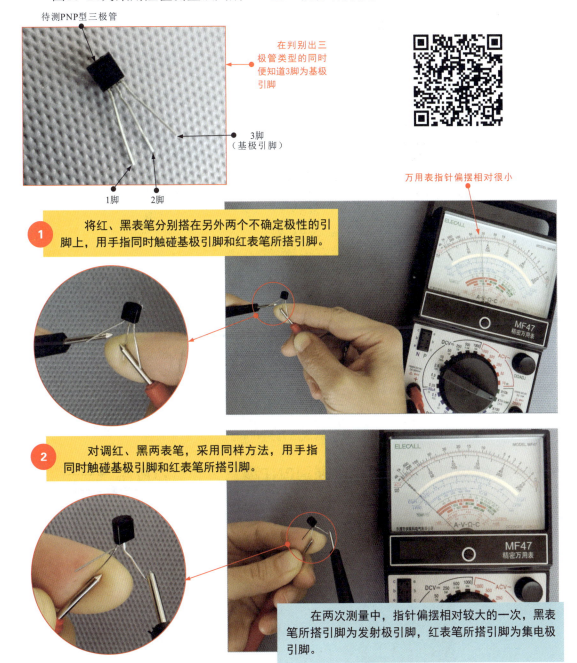

图10-20 采用阻值测量法判别PNP型三极管引脚极性

10.2.5 采用二极管测量法判别NPN型三极管引脚极性

图10-21为采用二极管测量法判别NPN型三极管引脚极性。

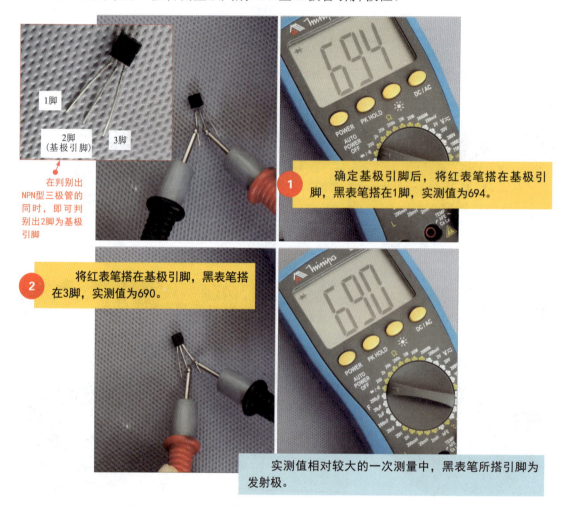

图10-21　采用二极管测量法判别NPN型三极管引脚极性

10.2.6 采用二极管测量法判别PNP型三极管引脚极性

图10-22为采用二极管测量法判别PNP型三极管引脚极性。

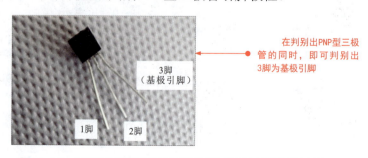

图10-22　采用二极管测量法判别PNP型三极管引脚极性

第10章 三极管识别、检测、选用、代换

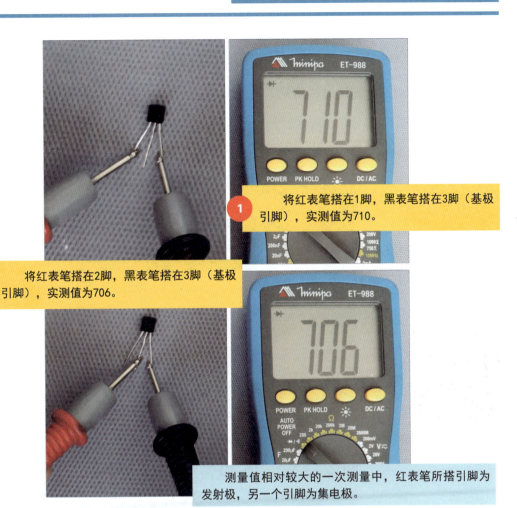

图10-22 采用二极管测量法判别PNP型三极管引脚极性（续）

10.2.7 检测NPN型三极管放大倍数

放大倍数是三极管的重要参数，可借助万用表检测放大倍数判断三极管的放大性能是否正常，如图10-23所示。

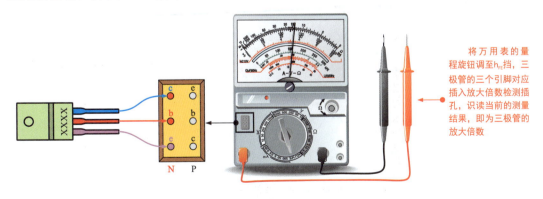

图10-23 三极管放大倍数检测示意图

用指针万用表检测NPN型三极管放大倍数

图10-24为用指针万用表检测NPN型三极管放大倍数。

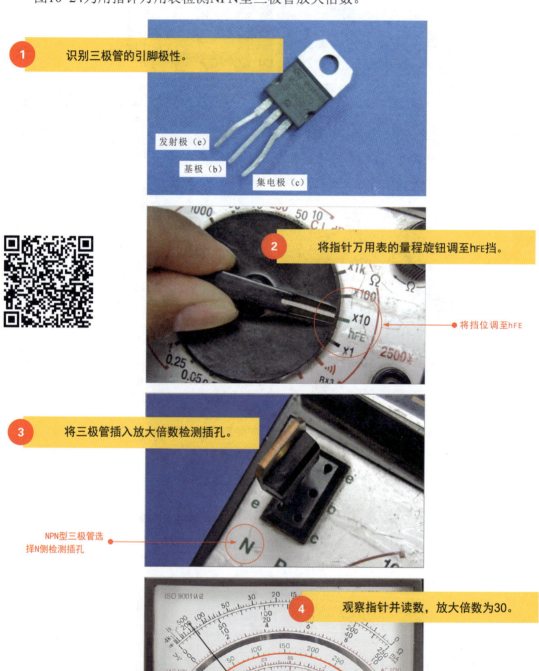

图10-24　用指针万用表检测NPN型三极管放大倍数

用数字万用表检测NPN型三极管放大倍数

除可借助指针万用表检测三极管放大倍数外，还可借助数字万用表的附加测试器检测NPN型三极管放大倍数，如图10-25所示。

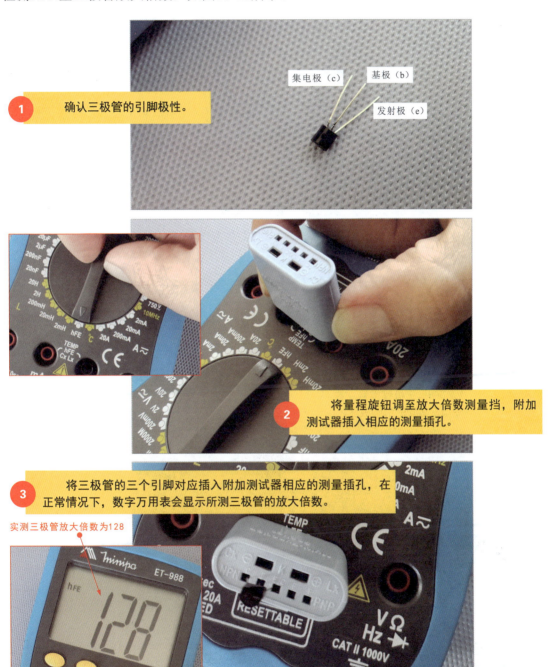

图10-25 使用数字万用表检测NPN型三极管放大倍数

如图10-26所示，若数字万用表无法显示放大倍数，则应首先检查所测三极管引脚是否正确插入附加测试器的测量插孔。若插入无误，则怀疑所测三极管损坏。

图10-26　三极管性能异常显示

10.2.8 检测PNP型三极管放大倍数

检测PNP型三极管放大倍数的方法与检测NPN型三极管类似，只是需要选择PNP型三极管侧的测量插孔，如图10-27所示。

1　与检测NPN型三极管类似，首先识别PNP型三极管的引脚极性。

基极（b）
集电极（c）
发射极（e）

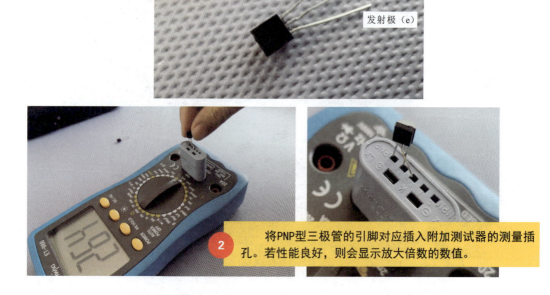

2　将PNP型三极管的引脚对应插入附加测试器的测量插孔。若性能良好，则会显示放大倍数的数值。

图10-27　PNP型三极管放大倍数的检测案例

10.2.9 检测三极管特性曲线

使用半导体特性图示仪检测三极管的特性曲线是一种非常专业的检测方式。图10-28为半导体特性图示仪的实物外形。

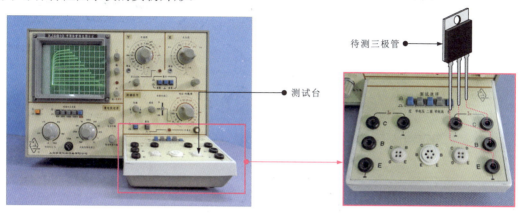

图10-28 半导体特性图示仪的实物外形

如图10-29所示，在使用半导体特性图示仪检测前，需要根据待测三极管的型号查找技术手册，并按相应的参数确定旋钮和按键的设定范围，以便能够检测出正确的特性曲线。

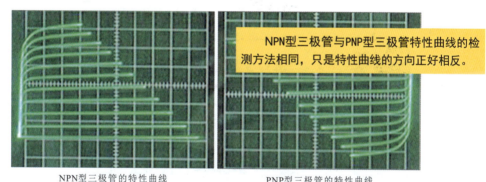

图10-29 三极管的特性曲线

图10-30为三极管特性曲线的检测实例。

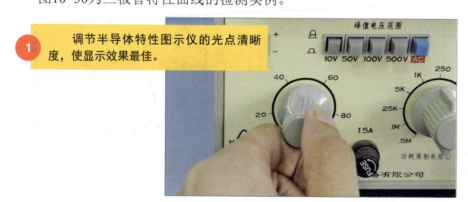

图10-30 三极管特性曲线的检测实例

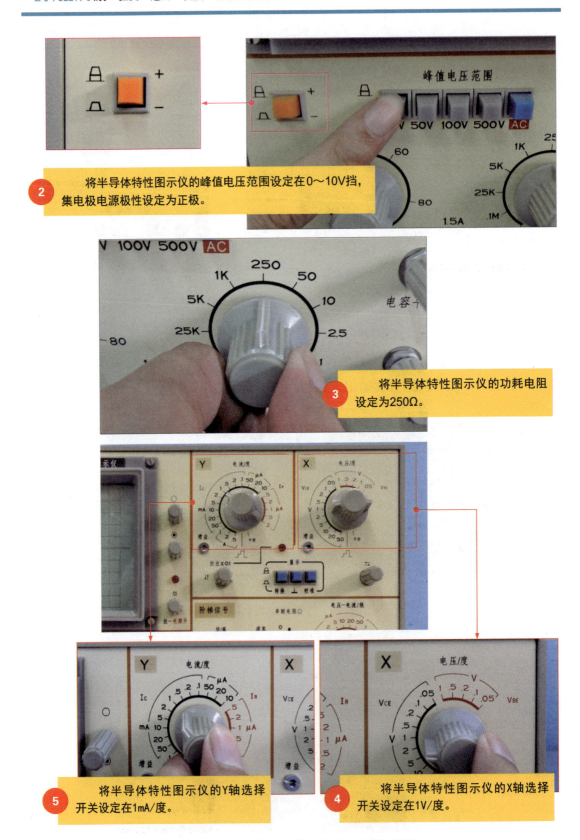

图10-30 三极管特性曲线的检测实例（续）

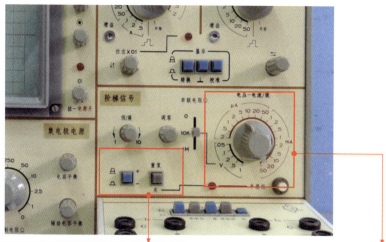

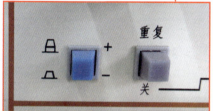

6 将半导体特性图示仪的极性按键设置为正极。

7 将半导体特性图示仪的阶梯信号设定在10μA/极。

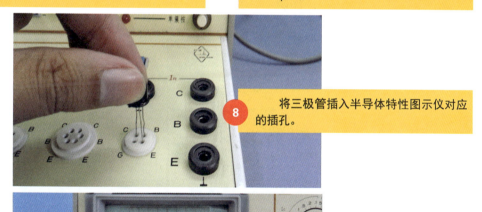

8 将三极管插入半导体特性图示仪对应的插孔。

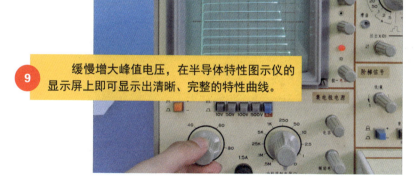

9 缓慢增大峰值电压，在半导体特性图示仪的显示屏上即可显示出清晰、完整的特性曲线。

图10-30 三极管特性曲线的检测实例（续）

将检测出的特性曲线与三极管技术手册中的特性曲线对比,即可确定三极管的性能是否良好。

此外,根据特性曲线也能计算出三极管的放大倍数,如图10-31所示。

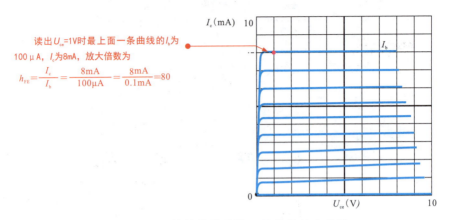

读出U_{ce}=1V时最上面一条曲线的I_b为100μA,I_c为8mA,放大倍数为

$$h_{FE}=\frac{I_c}{I_b}=\frac{8mA}{100\mu A}=\frac{8mA}{0.1mA}=80$$

图10-31 根据特性曲线计算三极管的放大倍数

10.2.10 检测光敏三极管

光敏三极管受光照时引脚间阻值会发生变化,可根据在不同光照条件下阻值发生变化的特性判断性能好坏,如图10-32所示。

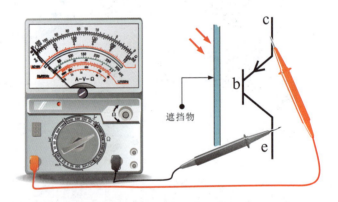

① 将光敏三极管用遮挡物遮挡,万用表的红、黑表笔分别搭在发射极(e)和集电极(c)上。

图10-32 光敏三极管检测案例

第10章 三极管识别、检测、选用、代换

② 在无光照条件下，测得阻值为无穷大。

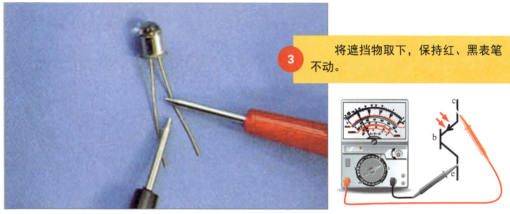

③ 将遮挡物取下，保持红、黑表笔不动。

④ 在一般光照条件下，测得阻值为650kΩ，正常。

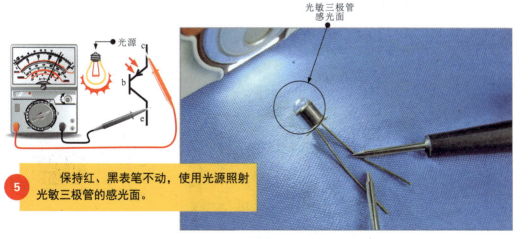

⑤ 保持红、黑表笔不动，使用光源照射光敏三极管的感光面。

图10-32 光敏三极管检测案例（续）

6 在较强光照条件下，测得阻值为60kΩ。

在正常情况下，当光敏三极管的感光面无光源照射时，集电极和发射极之间的阻值为无穷大，当有强光源照射时，阻值会减小。

图10-32 光敏三极管检测案例（续）

10.2.11 检测交流小信号放大器中三极管性能

在交流小信号放大器中，三极管是核心放大器件，检测时，可直接使用示波器检测输出信号波形，也可以使用万用表检测极间电压。图10-33为由NPN型三极管（2SC1815）与外围元器件构成的交流小信号放大器。

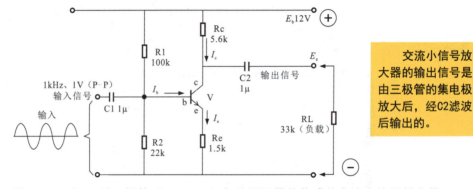

交流小信号放大器的输出信号是由三极管的集电极放大后，经C2滤波后输出的。

图10-33 由NPN型三极管（2SC1815）与外围元器件构成的交流小信号放大器

图10-34为交流小信号放大器的动态检测方法。

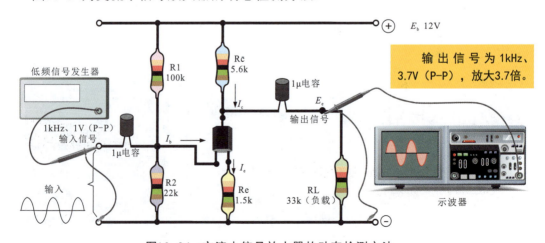

输出信号为1kHz、3.7V（P-P），放大3.7倍。

图10-34 交流小信号放大器的动态检测方法

动态检测方法是将低频信号发生器输出的1kHz、1V（P-P）信号加到交流小信号放大器的输入端，用示波器检测输出信号的幅度和波形（不失真信号波形）。

图10-35为通过交流小信号放大器的静态检测方法判别三极管性能。

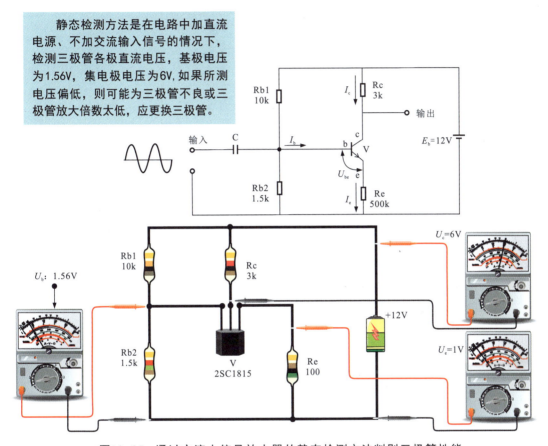

图10-35　通过交流小信号放大器的静态检测方法判别三极管性能

10.2.12　检测三极管驱动电路中三极管性能

图10-36为NPN型三极管驱动电路中三极管性能的检测案例。

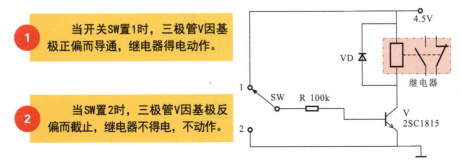

图10-36　NPN型三极管驱动电路中三极管性能的检测案例

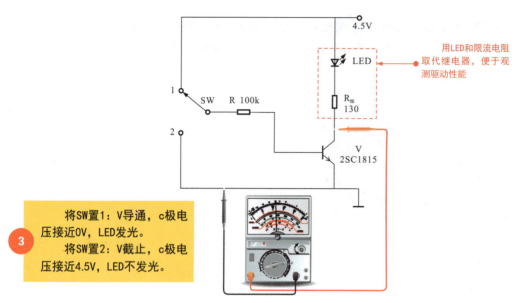

图10-36 NPN型三极管驱动电路中三极管性能的检测案例（续）

图10-37为PNP型三极管驱动电路中三极管性能的检测案例。

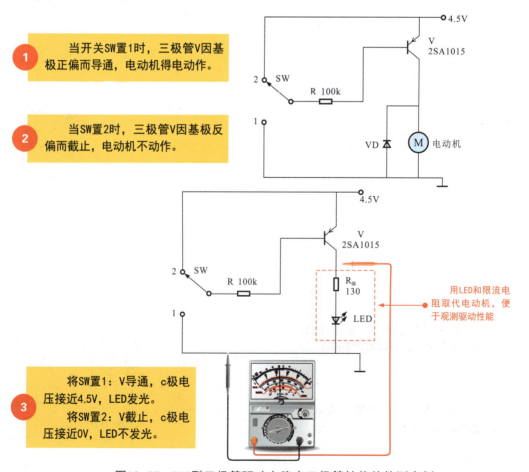

图10-37 PNP型三极管驱动电路中三极管性能的检测案例

10.2.13 检测直流电压放大器中三极管性能

图10-38为三极管直流电压放大器的电路结构。

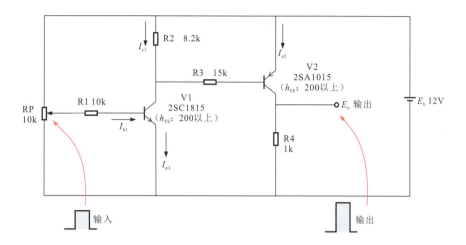

图10-38 三极管直流电压放大器的电路结构

图10-39为直流电压放大器中三极管性能的检测案例。

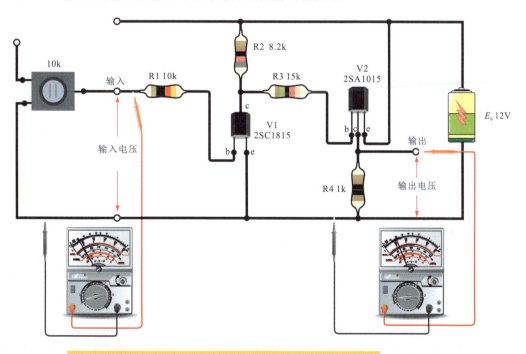

输入电压低于0.6V时,输出电压为0V。
输入电压在0.6~1V之间时,输出电压为0~12V。
输入电压高于1V以上时,输出电压为+12V。

图10-39 直流电压放大器中三极管性能的检测案例

10.2.14 检测光控照明电路中三极管性能

图10-40为三极管光控照明电路结构。光敏电阻连接在V1的基极电路中，与R1构成分压电路，为V1提供基极电压。当光线较暗时，V1基极电压（A点）大于$U_{be}+U_e$，V1导通，V2也导通，发光二极管LED得电发光，R4（100Ω）为限流电阻；当环境光变亮时，光敏电阻的阻值变小，V1的基极电压降低，V1截止，V2也截止，LED熄灭。

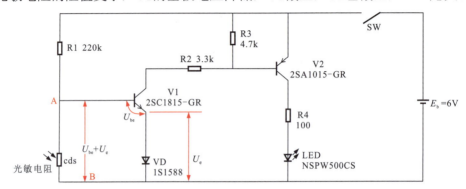

图10-40　三极管光控照明电路结构

图10-41为光控照明电路中三极管性能的检测案例。

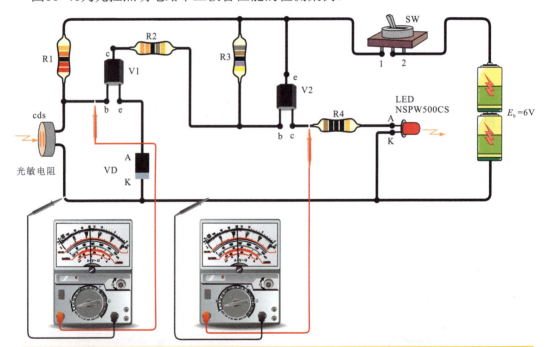

检测时可设置两种状态：

①用手电筒或照明灯照射光敏电阻，同时用万用表检测V1的基极电压和V2的集电极电压，观察LED的状态，当V1基极电压U_b小于$U_{be}+U_e$时，V1、V2截止，V2集电极电压为0V，LED不发光。

②遮住光敏电阻，检测V1的基极电压和V2的集电极电压，观察LED的状态此时，$U_b \geq U_{be}+U_e$，V1、V2饱和导通，V2的集电极电压为6V，LED发光。

图10-41　光控照明电路中三极管性能的检测案例

10.3 三极管的功能、选用、代换

10.3.1 三极管的功能

 三极管电流放大功能

如图10-42所示,三极管是一种电流放大器件,可制成交流或直流信号放大器,由基极输入一个很小的电流即可控制集电极输出很大的电流。

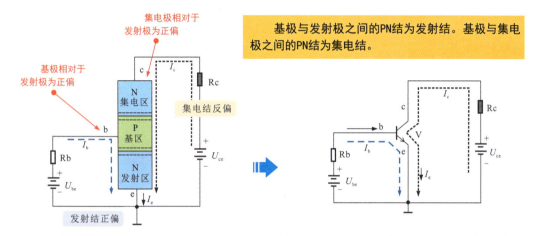

> 基极与发射极之间的PN结为发射结。基极与集电极之间的PN结为集电结。

> 当PN结两边外加正向电压时,P区接正极,N区接负极,即为正向偏置,简称正偏。
> 当PN结两边外加反向电压时,P区接负极,N区接正极,即为反向偏置,简称反偏。

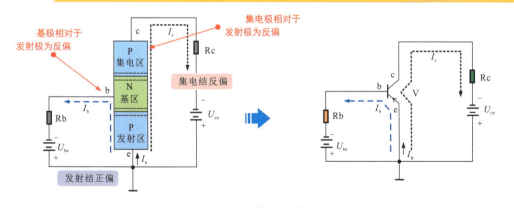

图10-42 三极管电流放大功能

> 三极管的基极电流最小,远小于另外两个电极的电流;发射极电流最大(等于集电极电流和基极电流之和);集电极电流与基极电流之比为三极管的放大倍数。

三极管具有放大功能的基本条件是保证基极和发射极之间加正向电压(发射结正偏),基极与集电极之间加反向电压(集电结反偏)。基极相对于发射极为正极性电压,相对于集电极为负极性电压。

图10-43为三极管电流放大功能示意图。

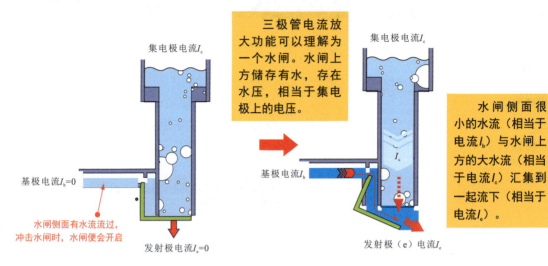

图10-43 三极管电流放大功能示意图

图10-44为三极管的输出特性曲线。

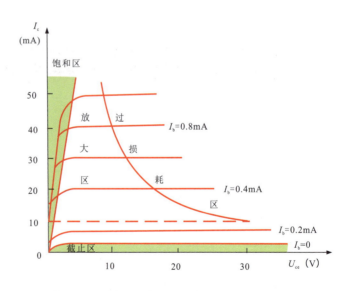

根据三极管的特性曲线，若测得NPN型三极管上各电极的对地电压分别为U_e=2.1V，U_b=2.8V，U_c=4.4V，则根据数据推算，$U_b > U_e$，U_{be}处于正偏，$U_b < U_c$，U_{bc}处于反偏，符合放大条件，处于放大状态。

若三极管三个电极的静态电流分别为0.06mA、3.66mA和3.6mA，则根据三个引脚静态电流之间的关系$I_e > I_c > I_b$可知：I_c为3.6mA，I_b为0.06mA，放大系数$\beta = I_c / I_b$ =3.6/0.06=60。

图10-44 三极管的输出特性曲线

三极管的输出特性曲线分为3个工作区：截止区、放大区和饱和区。

◇ 截止区：$I_b=0$曲线以下的区域被称为截止区。当$I_b=0$时，$I_c=I_{ceo}$，被称为穿透电流，数值极小，通常忽略不计，故认为此时$I_c=0$，三极管无电流输出，截止。对于NPN型硅三极管，当$U_{be}<0.5V$，即在死区电压以下时，就已经开始截止了。为了可靠截止，常使$U_{be}<0$，发射结和集电结都处于反偏状态，U_{ce}近似等于集电极电源电压U_c，意味着集电极与发射极之间开路。

◇ 放大区：三极管的发射结正偏，集电结反偏，$I_c=\beta I_b$，集电极电流I_c与基极电流I_b成正比，又称线性区。

◇ 饱和区：特性曲线上升和弯曲部分的区域被称为饱和区，集电极与发射极之间的电压趋近于0。I_b对I_c的控制作用最大，三极管的放大作用消失，此时的工作状态被称为临界饱和；若$U_{ce}<U_{be}$，则发射结和集电结都处于正偏状态，三极管处于过饱和状态。在过饱和状态下，因为U_{be}本身小于1V，U_{ce}比U_{be}更小，所以可以认为U_{ce}近似于0，集电极与发射极短路。

图10-45为三极管的三种工作状态。

根据三极管特性曲线可知，三极管处于放大状态，I_b一定，$I_c=\beta I_b$。

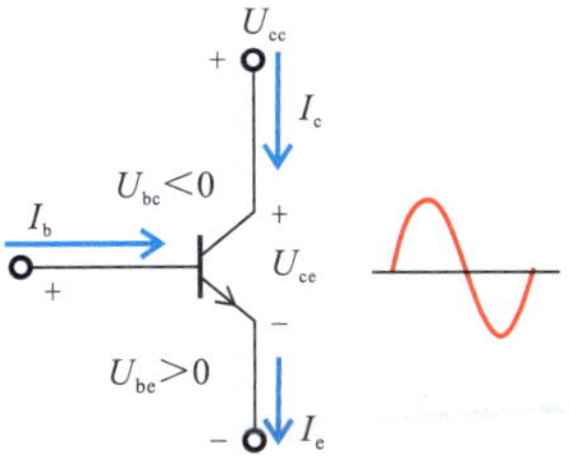

（a）放大状态

三极管处于截止状态时，I_c几乎为0，$U_{ce}\approx U_{cc}$，发射极与集电极之间的电阻很大，类似于一个断开的开关。

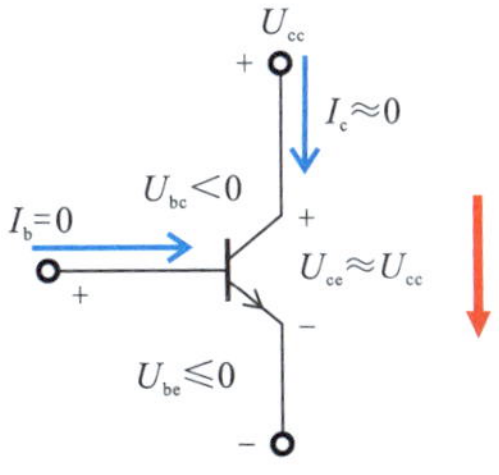

（b）截止状态

三极管处于饱和状态时，U_{ce}约等于0，发射极与集电极之间的电阻很小，类似于一个闭合的开关。

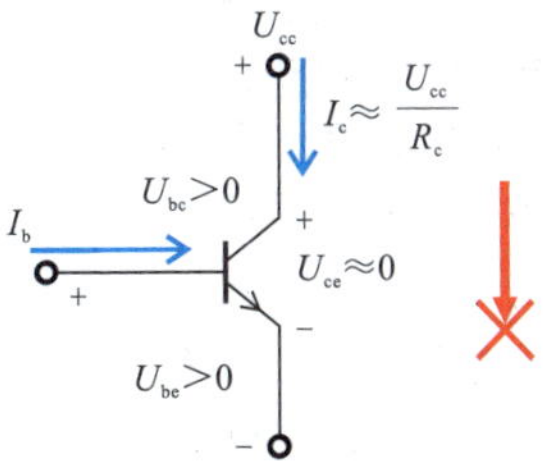

（c）饱和状态

图10-45 三极管的三种工作状态

三极管开关功能

如图10-46所示，三极管的集电极电流在一定范围内随基极电流呈线性变化，当基极电流高过此范围时，集电极电流达到饱和值（导通）。当基极电流低于此范围时，三极管进入截止状态（断路）。三极管的这种导通或截止特性在电路中可起到开关作用。

NPN型三极管导通条件一：
集电极与发射极之间加正向电压。

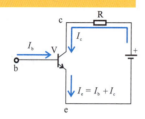

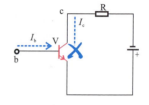

NPN型三极管导通条件二：基极与发射极之间加正向电压（使基极与发射极之间的PN结成正向偏置状态，如偏压＞0.7V所形成的基极电流足以使集电极电流饱和）。

NPN型三极管截止条件：基极电压变为低电压，或集电极电压接近或低于发射极电压。

图10-46　三极管的开关功能

图10-47为三极管功能实验电路。该电路是为了理解三极管的功能而搭建的。

用电池为灯泡供电，电流流过灯泡，灯泡发光。

在灯泡供电电路中串入三极管，闭合SWA，由于三极管处于截止状态，无电流，因此灯泡不亮。

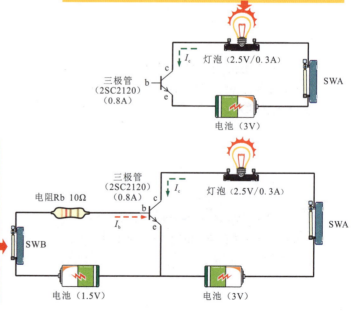

在三极管的基极连接一个电池、一个开关SWB和一个电阻Rb，当闭合SWB时，电池经电阻Rb将电压加到三极管的基极，基极有电流I_b，三极管就会产生集电极电流I_c，流过灯泡，灯泡发光。如果断开SWB，三极管基极失电，三极管截止，灯泡熄灭。这样就可以通过基极控制灯泡的亮、灭。

图10-47　三极管功能实验电路

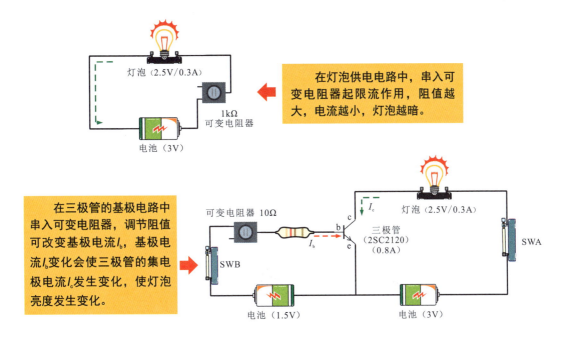

图10-47 三极管功能实验电路（续）

10.3.2 前级放大电路中三极管的选用、代换

前级放大电路中多选用放大倍数较大的三极管，其集电极最大允许电流应大于2~3倍的工作电流，集电极与发射极的反向击穿电压应至少大于等于电源电压，集电极最大允许耗散功率应至少大于等于电路的输出功率，特征频率f_T应满足大于等于3倍的工作频率；若中波收音机振荡器的最高频率为2MHz左右，则三极管的特征频率应不低于6MHz；若调频收音机的最高振荡频率为120Hz左右，则三极管的特征频率不应低于360MHz；若电视机中VHF频段的最高振荡频率为250MHz左右，则三极管的特征频率不应低于750MHz。

图10-48为调频（FM）收音机高频放大电路中三极管的选用、代换。

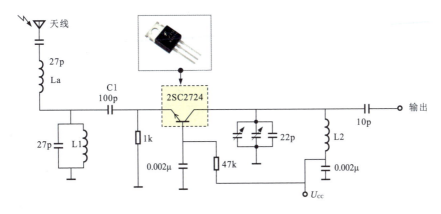

图10-48 调频（FM）收音机高频放大电路中三极管的选用、代换

图中选用的三极管2SC2724是NPN型三极管，由天线接收天空中的信号后，分别经LC串联谐振电路和LC并联谐振电路调谐后输出高频信号，经耦合电容C1送入三极管的发射极进行放大，在集电极输出电路中设有LC谐振电路，与高频输入信号谐振起选频作用。代换时，应注意三极管的类型和型号，所选用的三极管必须为同类型。

若所选用的三极管为光敏三极管，除应注意电参数，如最高工作电压、最大集电极电流和最大允许功耗不超过最大值外，还应注意光谱响应范围必须与入射光的光谱类型相匹配，以获得最佳特性。

10.3.3 音频放大电路中三极管的选用、代换

图10-49为音频放大电路中三极管的选用、代换。

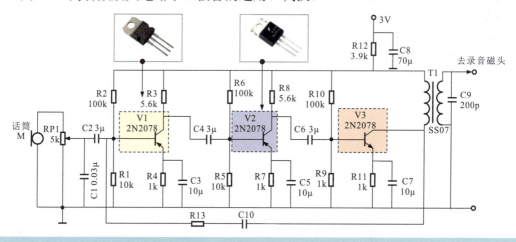

图中，V1和V2为PNP型三极管，V3为NPN型三极管，话筒信号经电位器RP1后加到V1上，经三级放大后加到变压器T1的一次侧绕组上，经变压器后送往录音磁头，同时经R13、C10反馈到V1的基极，改善放大电路的频率特性。代换时，应注意选用同类型、同性能参数的三极管。

图10-49　音频放大电路中三极管的选用、代换

不同类型三极管的参数不同，代换时，应尽量选用同型号的三极管，若代换时无法找到同型号的三极管，则可用其他型号的三极管进行代换。

常用三极管的代换型号见表10-2。

表10-2　常用三极管的代换型号

型号	类型	I_{cm}(A)	U_{beo}(V)	代换型号
2SA1015	PNP	0.15	50	BC117、BC204、BC212、BC213、BC251、BC257、BC307、BC512、BC557、CG1015、CG673
2SC1815	NPN	0.15	60	BC174、BC182、BC184、BC190、BC384、BC414、BC546、DG458、DG1815
2SC945	NPN	0.1	50	BC107、BC171、BC174、BC182、BC183、BC190、BC207、BC237、BC382、BC546、BC547、BC582、DG945、2N2220、2N2221、2N2222、3DG120B、3DG4312

表10-2 常用三极管的代换型号（续）

型号	类型	I_{cm}(A)	U_{beo}(V)	代换型号
2SC3356	NPN	0.1	20	2SC3513、2SC3606、2SC3829
2SC3838K	NPN	0.1	20	BF517、BF799、2SC3015、2SC3016、2SC3161
BC807	PNP	0.5	45	BC338、BC537、BC635、3DK14B
BC817	NPN	0.5	45	BCX19、BCW65、BCX66
BC846	NPN	0.1	65	BCV71、BCV72
BC847	NPN	0.1	45	BCW71、BCW72、BCW81
BC848	NPN	0.1	30	BCW31、BCW32、BCW33、BCW71、BCW72、BCW81
BC848-W	NPN	0.1	30	BCW31、BCW32、BCW33、BCW71、BCW72、BCW81、2SC4101、2SC4102、2SC4117
BC856	PNP	0.1	50	BCW89
BC856-W	PNP	0.1	50	BCW89、2SA1507、2SA1527
BC857	PNP	0.1	50	BCW69、BCW70、BCW89
BC857-W	PNP	0.1	50	BCW69、BCW70、BCE89、2SA1507、2SA1527
BC858	PNP	0.1	30	BCW29、BCW30、BCW69、BCW70、BCW89
BC858-W	PNP	0.1	30	BCW29、BCW30、BCW69、BCW70、BCW89、2SA1507、2SA1527
MMBT3904	NPN	0.1	60	BCW72、3DG120C
MMBT3906	PNP	0.2	60	BCW70、3DG120C
MMBT2222	NPN	0.6	60	BCX19、3DG120C
MMBT2222	NPN	0.6	60	3DK10C
MMBT5401	PNP	0.5	150	3CA3F
MMBTA92	PNP	0.1	300	3CG180H
MMUN2111	NPN	0.1	50	UN2111
MMUN2112	NPN	0.1	50	UN2112
MMUN2113	NPN	0.1	50	UN2113
MMUN2211	NPN	0.1	50	UN2211
MMUN2212	NPN	0.1	50	UN2212
MMUN2213	NPN	0.1	50	UN2213
UN2111	NPN	0.1	50	FN1A4M、DTA114EK、RN2402、2SA1344
UN2112	NPN	0.1	50	FN1F4M、DTA124EK、RN2403、2SA1342
UN2113	NPN	0.1	50	FN1L4M、DTA144EK、RN2404、2SA1341
UN2211	NPN	0.1	50	DTC114EK、FA1A4M、RN1402、2SC3398
UN2212	NPN	0.1	50	DTC124EK、FA1F4M、RN1403、2SC3396
UN2213	NPN	0.1	50	DTC144EK、FA1L4M、RN1404、2SC3395

第11章

场效应晶体管识别、检测、选用、代换

学习内容：

★ 了解场效应晶体管的种类和参数标识的含义。

★ 了解场效应晶体管的极性判别方法。

★ 练习场效应晶体管的检测操作。

★ 熟知场效应晶体管的功能。

★ 掌握场效应晶体管的选用、代换。

11.1 场效应晶体管的识别

11.1.1 场效应晶体管种类

场效应晶体管（Field-Effect Transistor，FET）是一种典型的电压控制型半导体元器件，具有输入阻抗高、噪声小、热稳定性好、便于集成等特点，容易被静电击穿。

 结型场效应晶体管

结型场效应晶体管（JFET）是在一块N型或P型半导体材料的两边制作P区或N区形成PN结所构成的，根据导电沟道的不同可分为N沟道和P沟道。结型场效应晶体管外形如图11-1所示。

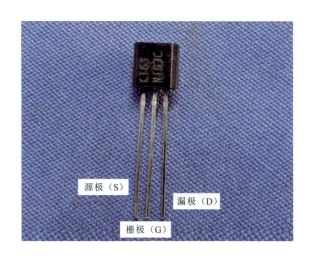

结型场效应晶体管
（塑料封装）

结型场效应晶体管
（金属封装）

图11-1 结型场效应晶体管外形

图11-2为结型场效应晶体管的内部结构。

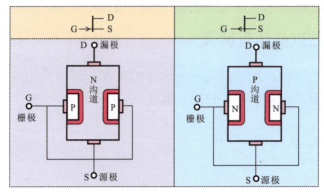

图11-2 结型场效应晶体管的内部结构

图11-3为结型场效应晶体管（JFET）的应用电路。

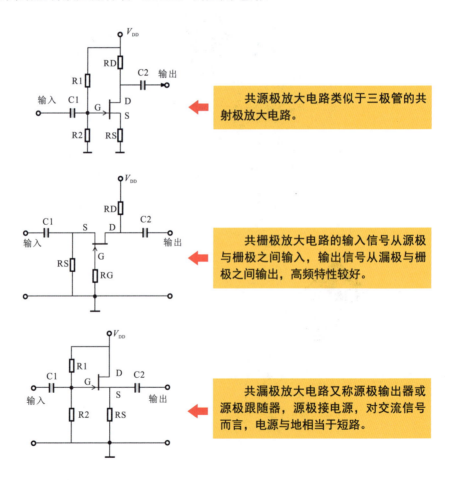

共源极放大电路类似于三极管的共射极放大电路。

共栅极放大电路的输入信号从源极与栅极之间输入，输出信号从漏极与栅极之间输出，高频特性较好。

共漏极放大电路又称源极输出器或源极跟随器，源极接电源，对交流信号而言，电源与地相当于短路。

图11-3 结型场效应晶体管（JFET）的应用电路

图11-4为N沟道结型场效应晶体管的输出特性曲线：当栅极电压U_{GS}为不同的电压值时，漏极电流I_D将随之改变；当$I_D=0$时，U_{GS}为夹断电压U_P；当$U_{GS}=0$时，I_D为饱和漏极电流I_{DSS}；在U_{GS}一定时，反映I_D与U_{GS}之间的关系曲线为输出特性曲线，分为3个区：饱和区、击穿区和非饱和区。场效应晶体管起放大作用时应工作在饱和区，对应三极管的放大区。

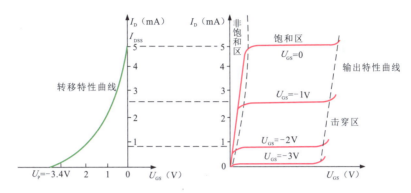

图11-4 N沟道结型场效应晶体管的输出特性曲线

 绝缘栅型场效应晶体管

图11-5为不同规格型号绝缘栅型场效应晶体管的外形。

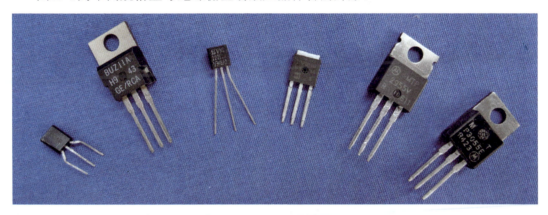

图11-5 不同规格型号绝缘栅型场效应晶体管的外形

绝缘栅型场效应晶体管（MOSFET）简称MOS场效应晶体管，由金属、氧化物、半导体材料制成，因栅极与其他电极完全绝缘而得名。绝缘栅型场效应晶体管除了可分为N沟道和P沟道，还可根据工作方式分为增强型和耗尽型，如图11-6所示。

增强型MOS场效应晶体管以P型（N型）硅片作为衬底，在衬底上制作两个含有杂质的N型（P型）材料，并覆盖很薄的二氧化硅（SiO_2）绝缘层，在两个N型（P型）材料上引出两个铝电极，分别称为漏极（D）和源极（S），在两极中间的二氧化硅绝缘层上制作一层铝质导电层，即为栅极（G）。

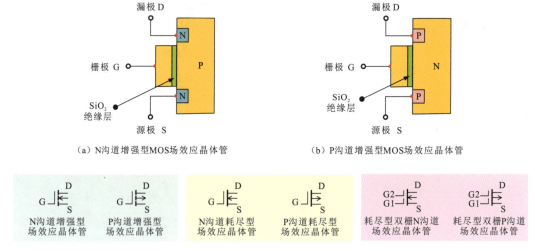

图11-6 绝缘栅型场效应晶体管的内部结构

11.1.2 场效应晶体管参数标识

 国产场效应晶体管参数标识

图11-7为国产场效应晶体管参数标识。

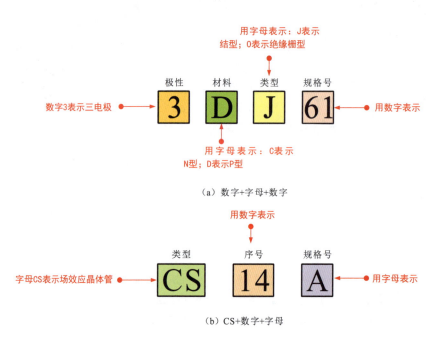

图11-7 国产场效应晶体管参数标识

图11-8为国产场效应晶体管参数识读案例。

参数标识为3DJ61，表示P沟道结型场效应晶体管，规格号为61。

图11-8　国产场效应晶体管参数识读案例

 日产场效应晶体管参数标识

图11-9为日产场效应晶体管参数标识。

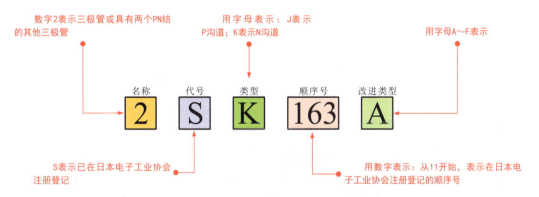

图11-9　日产场效应晶体管参数标识

图11-10为日产场效应晶体管参数识读案例。

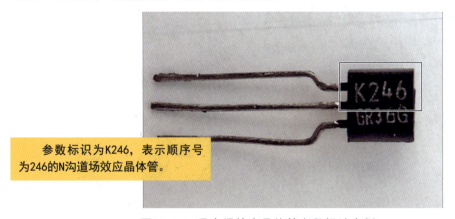

参数标识为K246，表示顺序号为246的N沟道场效应晶体管。

图11-10　日产场效应晶体管参数识读案例

11.1.3 场效应晶体管引脚极性

场效应晶体管有三个引脚，分别是栅极G、源极S和漏极D，如图11-11所示。一般情况下，场效应晶体管的引脚排列遵循一定的规律。

大功率场效应晶体管引脚：从左到右依次为G、D、S（散热片接D极）。

贴片式场效应晶体管引脚：从左到右依次为G、D、S。

图11-11 根据一般排列规律识别引脚极性

在一般情况下，将场效应晶体管印有参数标识的一面朝上放置，引脚向下，则大功率场效应晶体管的引脚从左到右依次为G、D、S（散热片接D极），贴片式场效应晶体管宽引脚为D极，下面的三个引脚从左到右依次为G、D、S。

图11-12为电路板上的场效应晶体管引脚标识。

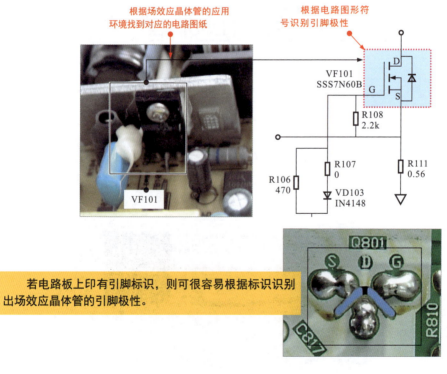

若电路板上印有引脚标识，则可很容易根据标识识别出场效应晶体管的引脚极性。

图11-12 电路板上的场效应晶体管引脚标识

如果在电路图中无法找到场效应晶体管的极性标识，则可根据场效应晶体管的型号查找相关的技术手册，技术手册中明确标识了引脚极性，如图11-13所示。

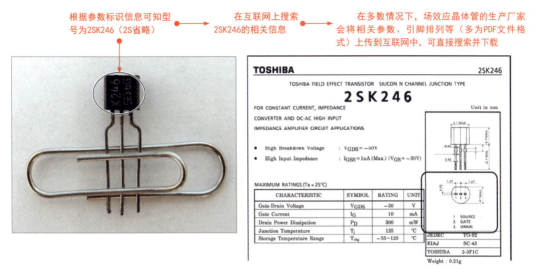

图11-13 场效应晶体管的技术手册

11.2 场效应晶体管的检测

11.2.1 阻值测量法检测场效应晶体管

图11-14为采用阻值测量法检测场效应晶体管。

图11-14 采用阻值测量法检测场效应晶体管

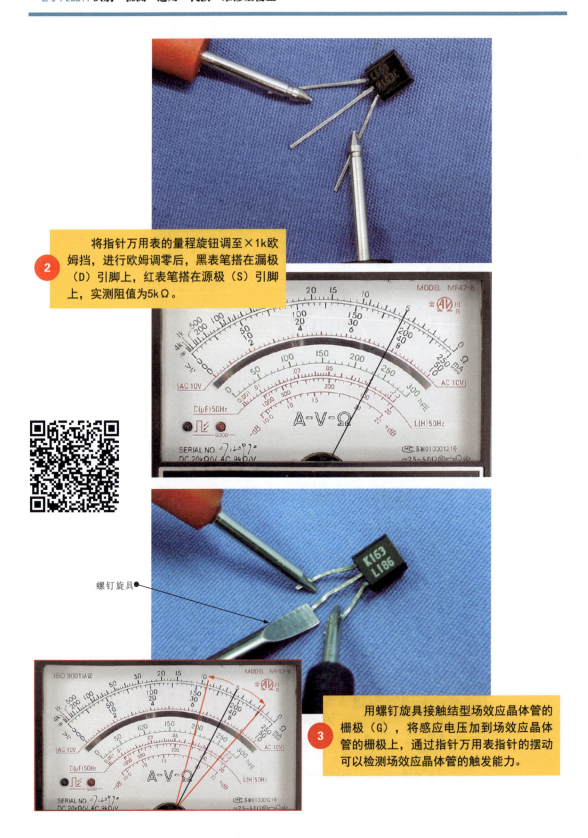

图11-14 采用阻值测量法检测场效应晶体管（续）

在正常情况下，万用表指针摆动的幅度越大，表明结型场效应晶体管的触发能力越好；反之，表明触发能力越差。若用螺钉旋具接触栅极（G）时指针不摆动，则表明结型场效应晶体管已失去触发能力。

11.2.2 二极管测量法检测场效应晶体管

图11-15为采用二极管测量法检测场效应晶体管。

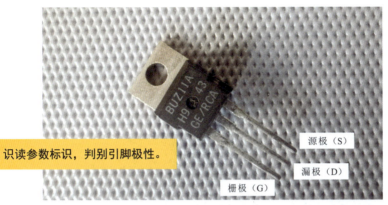

① 识读参数标识，判别引脚极性。

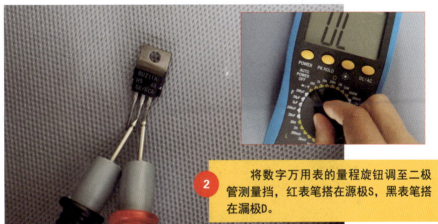

② 将数字万用表的量程旋钮调至二极管测量挡，红表笔搭在源极S，黑表笔搭在漏极D。

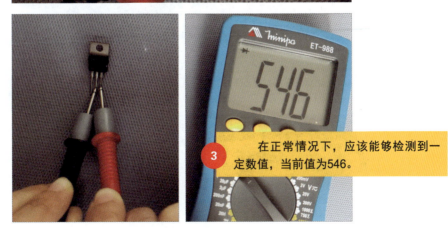

③ 在正常情况下，应该能够检测到一定数值，当前值为546。

图11-15 采用二极管测量法检测场效应晶体管

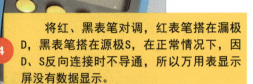

④ 将红、黑表笔对调，红表笔搭在漏极D，黑表笔搭在源极S，在正常情况下，因D、S反向连接时不导通，所以万用表显示屏没有数据显示。

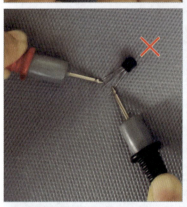
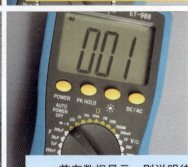

若有数据显示，则说明待测场效应晶体管击穿损坏。

⑤ 如果检测栅极G与源极S之间也导通，则表明待测场效应晶体管被击穿损坏。

⑥ 使用指针万用表为待测场效应晶体管提供触发电压，进一步检测场效应晶体管的触发能力，将指针万用表量程调至×10k欧姆挡。

图11-15　采用二极管测量法检测场效应晶体管（续）

7 将数字万用表的两表笔分别搭在漏极D和源极S，指针万用表的黑表笔搭在栅极G，红表笔搭在源极S（相当于在栅极G和源极S之间加一个正向电压）。

在正常情况下，当在G、S之间加入正向电压后，会触发场效应晶体管D、S内部二极管导通，触发能力正常。

8 由于G、S之间有一个结电容，当加电后，电容充满电荷，使D、S一直导通。此时，使用镊子短接G、S，使其内部电容放电，场效应晶体管便会截止，说明性能良好。

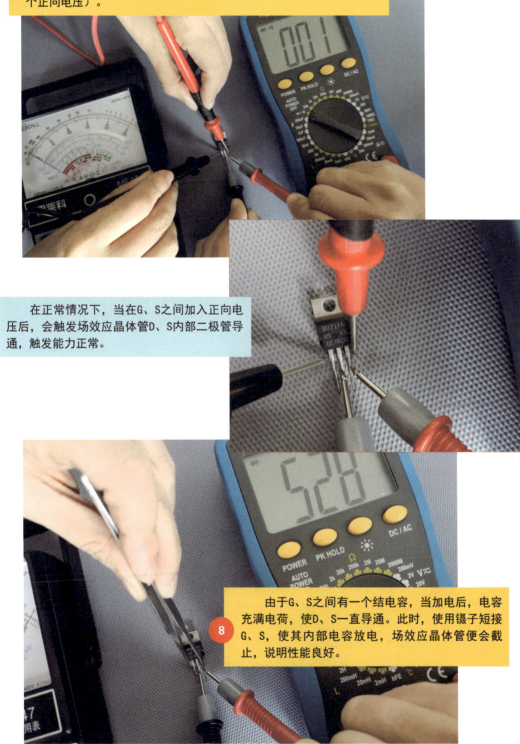

图11-15 采用二极管测量法检测场效应晶体管（续）

11.2.3 通过测试电路检测场效应晶体管

1 场效应晶体管驱动放大性能测试电路

图11-16为场效应晶体管驱动放大性能测试电路。

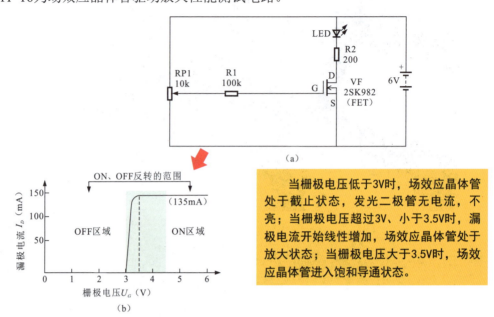

图11-16 场效应晶体管驱动放大性能测试电路

如图11-17所示，通过测试电路，使用指针万用表对场效应晶体管的驱动放大性能进行检测。

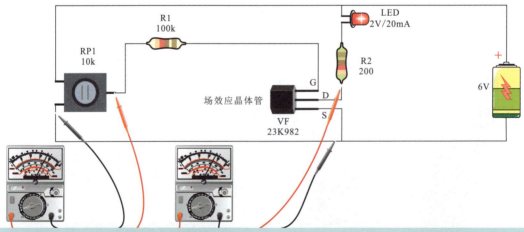

电压经RP1、R1后为场效应晶体管栅极提供电压，微调RP1的阻值，场效应晶体管的漏极输出0.2～6V的电压，用指针万用表检测场效应晶体管漏极（D）的对地电压，即可了解导通情况，同时观察LED的发光状态：当场效应晶体管截止时，LED不亮；当场效应晶体管处于放大状态时，LED微亮；当场效应晶体管饱和导通时，LED全亮，LED的压降为2V，R2的压降为4V，电流为20mA。

图11-17 通过测试电路检测场效应晶体管驱动放大性能

小功率MOS场效应晶体管检测电路

图11-18为采用小功率MOS场效应晶体管的直流电动机驱动电路。

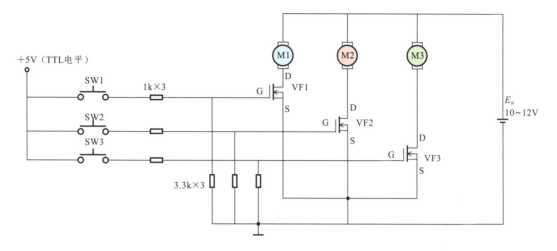

当某一开关接通时，+5V电源电压经电阻分压电路为小功率MOS场效应晶体管的栅极提供驱动电压，当为3.5V时，小功率MOS场效应晶体管饱和导通，直流电动机得电旋转，若断开开关，当栅极电压下降为0V时，小功率MOS场效应晶体管截止，直流电动机断电停转。

图11-18　采用小功率MOS场效应晶体管的直流电动机驱动电路

为了方便检测，在电路中用负载取代直流电动机，使用指针万用表分别检测栅极电压和漏极电压，即可判别小功率MOS场效应晶体管的工作状态是否正常，如图11-19所示。

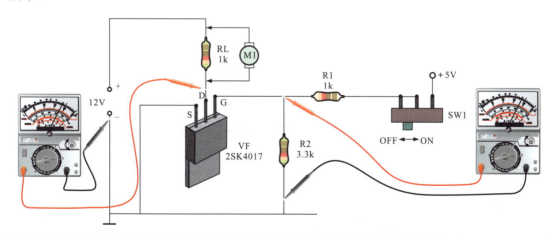

当开关SW1置于ON时，小功率MOS场效应晶体管VF的栅极电压上升为3.5V，VF导通，漏极电压降为0V。当开关SW1置于OFF时，小功率MOS场效应晶体管VF的栅极电压为0V，VF截止，漏极电压升为12V。若使用万用表能够实测到相应的电压值，则说明小功率MOS场效应晶体管正常。

图11-19　小功率MOS场效应晶体管检测电路

11.3 场效应晶体管的功能、选用、代换

11.3.1 场效应晶体管的功能

 结型场效应晶体管电压控制电流变化的功能

图11-20为结型场效应晶体管电压控制电流变化的功能示意图。结型场效应晶体管是利用沟道两边耗尽层的宽窄改变沟道导电特性来控制漏极电流实现放大功能的。

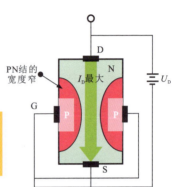

1 当G、S之间不加反向电压（$U_{GS}=0$）时，PN结的宽度窄，导电沟道宽，沟道电阻小，I_D最大。

2 当G、S极之间加负电压时，PN结的宽度增加，导电沟道宽度减小，沟道电阻增大，I_D变小。

3 当G、S极之间的负向电压进一步增加时，PN结的宽度进一步加宽，两边PN结合拢（夹断），没有导电沟道，即沟道电阻很大，I_D为0。

图11-20 结型场效应晶体管电压控制电流变化的功能示意图

图11-21为采用结型场效应晶体管构成的电压放大电路，可实现对输出信号的放大。

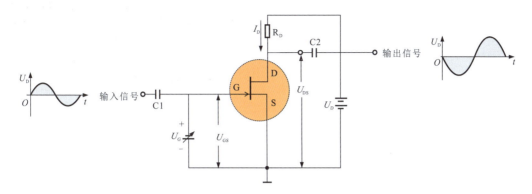

图11-21　采用结型场效应晶体管构成的电压放大电路

2　绝缘栅型场效应晶体管电压控制电流变化的功能

图11-22为绝缘栅型场效应晶体管电压控制电流变化的功能示意图。绝缘栅型场效应晶体管是利用PN结之间感应电荷的多少改变沟道导电特性来控制漏极电流实现放大功能的。

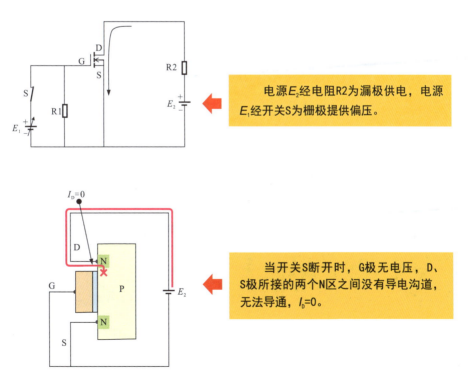

图11-22　绝缘栅型场效应晶体管电压控制电流变化的功能示意图

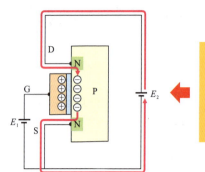

图11-22 绝缘栅型场效应晶体管电压控制电流变化的功能示意图（续）

绝缘栅型场效应晶体管常用在音频功率放大、开关电源、逆变器、电源转换器、镇流器、充电器、电动机驱动、继电器驱动等电路中。图11-23为绝缘栅型场效应晶体管在收音机高频放大电路中的应用，可实现高频放大作用。

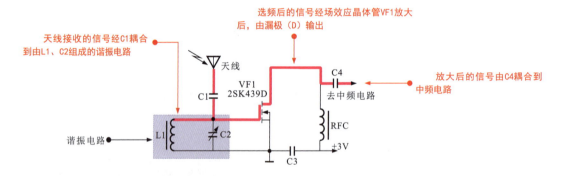

图11-23 绝缘栅型场效应晶体管在收音机高频放大电路中的应用

11.3.2 场效应晶体管的选用

不同种类场效应晶体管的适用电路和选用注意事项见表11-1。

表11-1 不同种类场效应晶体管的适用电路和选用注意事项

类 型	适用电路	选用注意事项
结型场效应晶体管	音频放大器的差分输入电路及调制、放大、阻抗变换、稳压、限流、自动保护等电路	◇ 重点考虑主要参数应符合电路需求。 ◇ 注意最大耗散功率应达到放大器输出功率的0.5～1倍，漏-源极击穿电压应为放大器工作电压的2倍以上。 ◇ 尺寸应符合电路需求。 ◇ 源极和漏极可以互换。 ◇ 音频功率放大器推挽输出用MOS大功率场效应晶体管的各项参数要匹配
MOS场效应晶体管	音频功率放大、开关电源、逆变器、电源转换器、镇流器、充电器、电动机驱动、继电器驱动等电路	
双栅型场效应晶体管	彩色电视机的高频调谐器电路、半导体收音机的变频器等高频电路	

选用时，要保证所选场效应晶体管的规格应符合产品要求；代换时，要尽量采用最稳妥的代换方式，确保拆装过程安全可靠，不可造成二次故障，力求代换后，能够良好、长久、稳定地工作。

①场效应晶体管的种类比较多，因电路的工作条件各不相同，所以在代换时要注意类别和型号的差异，不可任意代换。

②场效应晶体管在保存和检测时应注意防静电，以免被击穿。

③代换时，应注意场效应晶体管的型号和引脚排列顺序。

11.3.3 场效应晶体管的代换

由于场效应晶体管比较容易被击穿，因此在进行代换操作前，操作者应对自身放电，操作时最好戴防静电手环，如图11-24所示。

图11-24 场效应晶体管在代换操作时的要求

 代换插接式场效应晶体管

图11-25为代换插接式场效应晶体管的操作案例。

图11-25 代换插接式场效应晶体管的操作案例

用镊子夹住场效应晶体管

② 拆卸时,应确保场效应晶体管引脚处的焊锡被彻底清除,取下时,一定要谨慎,若在引脚焊点处还有焊锡,应再用电烙铁加热,直至场效应晶体管被稳妥地取下,切不可硬拔。

取下场效应晶体管

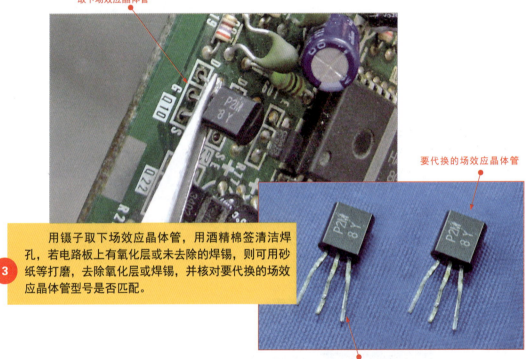

要代换的场效应晶体管

③ 用镊子取下场效应晶体管,用酒精棉签清洁焊孔,若电路板上有氧化层或未去除的焊锡,则可用砂纸等打磨,去除氧化层或焊锡,并核对要代换的场效应晶体管型号是否匹配。

拆下的场效应晶体管(已损坏)

电烙铁　　　焊锡丝

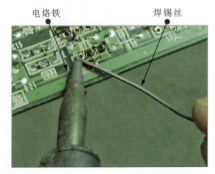

④ 焊接新的场效应晶体管后,先抽离焊锡丝,再抽离电烙铁。

图11-25　代换插接式场效应晶体管的操作案例(续)

> 焊接时，要保证焊点整齐、漂亮，不能有连焊、虚焊等现象，以免造成元器件损坏，可以在电烙铁上沾一些松香后再焊接，焊点不容易氧化。

② 代换贴片式场效应晶体管

图11-26为代换贴片式场效应晶体管的操作案例。

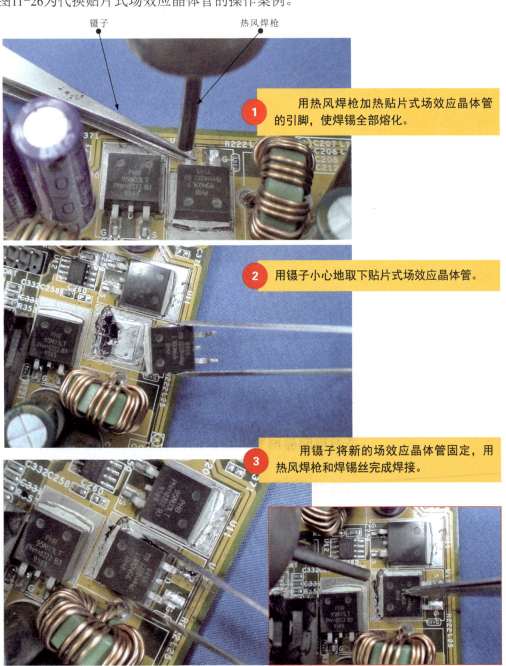

图11-26　代换贴片式场效应晶体管的操作案例

第12章

晶闸管识别、检测、选用、代换

学习内容：

★ 了解晶闸管的种类和参数标识的含义。

★ 了解晶闸管的极性判别方法。

★ 练习单向晶闸管引脚极性和触发能力的检测操作。

★ 练习双向晶闸管触发能力和导通特性的检测操作。

★ 熟知场效应晶体管的功能。

★ 掌握场效应晶体管的选用、代换。

12.1 晶闸管的识别

12.1.1 晶闸管种类

晶闸管是晶体闸流管的简称,是一种可控整流元器件,也称可控硅,广泛应用于电子产品、工业控制及自动化生产等领域。

 单向晶闸管

图12-1为单向晶闸管的实物外形和电路图形符号。

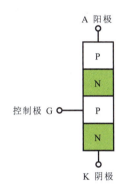

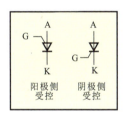

图12-1 单向晶闸管的实物外形和电路图形符号

图12-2为单向晶闸管的基本特性。

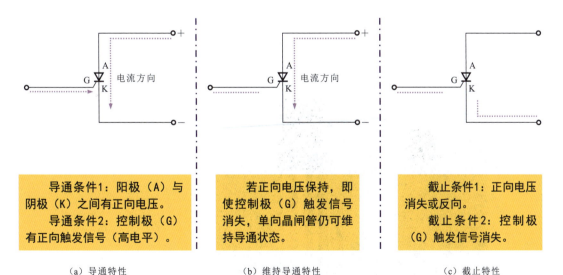

图12-2 单向晶闸管的基本特性

如图12-3所示，可以将单向晶闸管等效成一个PNP型三极管和一个NPN型三极管的交错结构。

① 给单向晶闸管的阳极（A）加正向电压，相当于三极管V1和V2都承受正向电压，V2发射极正偏，V1集电极反偏。

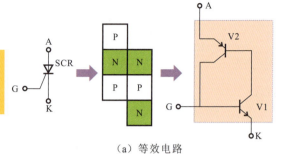

（a）等效电路

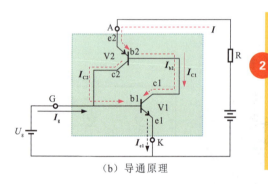

（b）导通原理

② 如果这时在控制极（G）加上较小的正向控制电压U_g（触发信号），则有控制电流I_g送入V1的基极。经过放大，V1的集电极便有$I_{C1}=\beta_1 I_g$的电流，将此电流送入V2的基极，经V2放大，V2的集电极便有$I_{C2}=\beta_1\beta_2 I_g$的电流。该电流又送入V1的基极。如此反复，两个三极管便很快导通。导通后，V1的基极始终有比I_g大得多的电流，即使触发信号消失，仍能保持导通状态。

图12-3　单向晶闸管的导通原理

 双向晶闸管

图12-4为双向晶闸管的实物外形、电路图形符号及等效电路。双向晶闸管又称双向可控硅，由N-P-N-P-N共5层4个PN结组成，在结构上相当于两个单向晶闸管反极性并联，常在交流电路中调节电压、电流或作为交流无触点开关。

图12-4　双向晶闸管的实物外形、电路图形符号及等效电路

图12-5为双向晶闸管的基本特性。

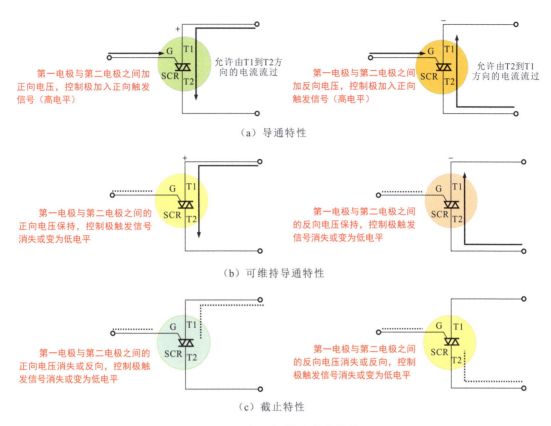

图12-5 双向晶闸管的基本特性

 单结晶闸管

单结晶闸管（UJT）也称双基极二极管，是由一个PN结和两个内电阻构成的，广泛应用在振荡、定时、双稳及晶闸管触发等电路中，实物外形和电路图形符号如图12-6所示。

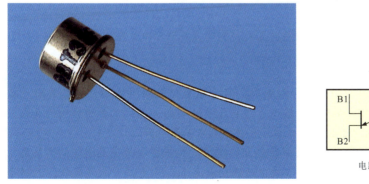

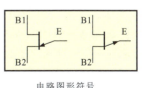

电路图形符号

图12-6 单结晶闸管的实物外形和电路图形符号

图12-7为单结晶闸管的基本特性,当发射极电压U_E大于峰点电压U_P时,单结晶闸管导通,电流流向为箭头所指方向。

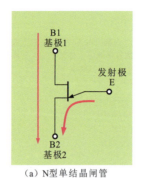
(a) N型单结晶闸管

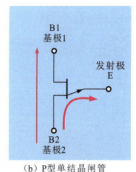
(b) P型单结晶闸管

图12-7 单结晶闸管的基本特性

4 可关断晶闸管

图12-8为可关断晶闸管的实物外形和电路图形符号。可关断晶闸管GTO(Gate Turn-Off Thyristor)俗称门控晶闸管,是由P-N-P-N共4层3个PN结组成的。

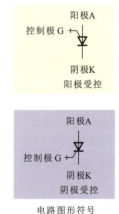

电路图形符号

图12-8 可关断晶闸管的实物外形和电路图形符号

普通晶闸管受控制极正信号触发后,撤掉信号也能维持通态,欲要关断,必须切断电源,使正向电流低于维持电流或施以反向电压强行关断。这就需要增加换向电路,不仅使设备的体积、质量增大,还会降低效率,产生波形失真和噪声。

可关断晶闸管克服了普通晶闸管的上述缺陷,既保留了普通晶闸管的耐压高、电流大等优点,又具有自关断能力,使用方便,是理想的高压、大电流开关元器件。大功率可关断晶闸管已广泛用于斩波调速、变频调速、逆变电源等电路。

快速晶闸管

快速晶闸管是由P-N-P-N共4层3个PN结组成的，主要应用在较高频率的整流电路、斩波电路、逆变电路和变频电路中，实物外形和电路图形符号如图12-9所示。

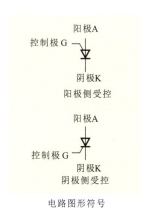

图12-9 快速晶闸管的实物外形和电路图形符号

快速晶闸管是可以工作在频率为400Hz以上的晶闸管，开通时间为4～8μs，关断时间为10～60μs。

 螺栓型晶闸管

图12-10为螺栓型晶闸管的实物外形和电路图形符号。螺栓型晶闸管与普通单向晶闸管相同，只是封装形式不同，安装在散热片上，工作电流较大时使用。

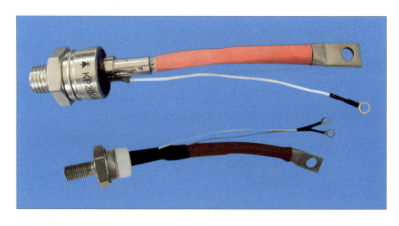

图12-10 螺栓型晶闸管的实物外形和电路图形符号

12.1.2 晶闸管参数标识

 国产晶闸管参数标识

图12-11为国产晶闸管参数标识。

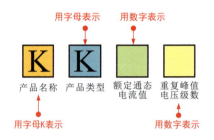

图12-11 国产晶闸管参数标识

晶闸管的产品类型、额定通态电流值、重复峰值电压级数的字母或数字含义见表12-1。

表12-1 晶闸管的产品类型、额定通态电流值、重复峰值电压级数的字母或数字含义

额定通态电流值	含义	额定通态电流值	含义	重复峰值电压级数	含义	重复峰值电压级数	含义	产品类型	含义
1	1A	50	50A	1	100V	7	700V	P	普通反向阻断型
2	2A	100	100A	2	200V	8	800V		
5	5A	200	200A	3	300V	9	900V	K	快速反向阻断型
10	10A	300	300A	4	400V	10	1000V		
20	20A	400	400A	5	500V	12	1200V	S	双向型
30	30A	500	500A	6	600V	14	1400V		

图12-12为国产晶闸管参数标识识读案例。

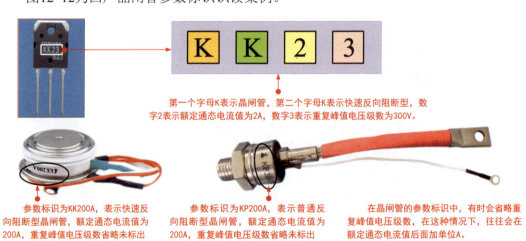

图12-12 国产晶闸管参数标识识读案例

日产晶闸管参数标识

图12-13为日产晶闸管参数标识。

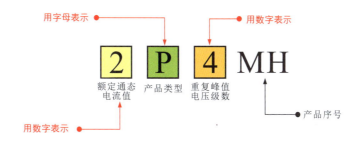

图12-13　日产晶闸管参数标识

 国际电子联合会晶闸管参数标识

图12-14为国际电子联合会晶闸管参数标识。

图12-14　国际电子联合会晶闸管参数标识

12.1.3 晶闸管引脚极性

如图12-15所示，快速晶闸管和螺栓型晶闸管的引脚具有很明显的特征，可根据引脚特征识别引脚极性。

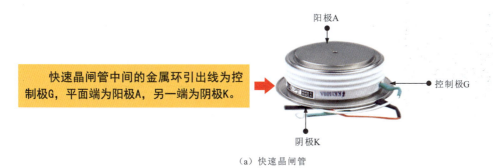

（a）快速晶闸管

图12-15　根据引脚特征识别引脚极性

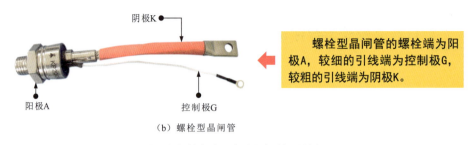

（b）螺栓型晶闸管

图12-15　根据引脚特征识别引脚极性（续）

图12-16为电路板上晶闸管引脚标识信息。

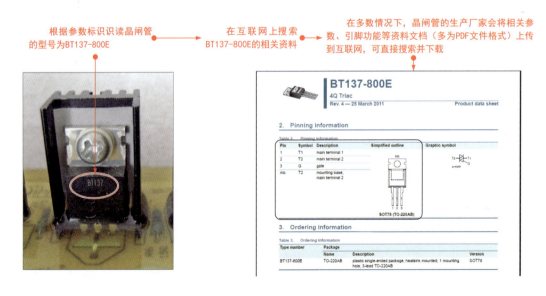

图12-16　电路板上晶闸管引脚标识信息

如图12-17所示，普通单向晶闸管、双向晶闸管的引脚无明显特征，主要根据参数标识，通过查阅相关资料判别引脚极性。

图12-17　晶闸管相关资料

12.2 晶闸管的检测

12.2.1 判别单向晶闸管引脚极性

检测单向晶闸管时，首先需要判别引脚极性，这是检测单向晶闸管的关键环节，如图12-18所示。

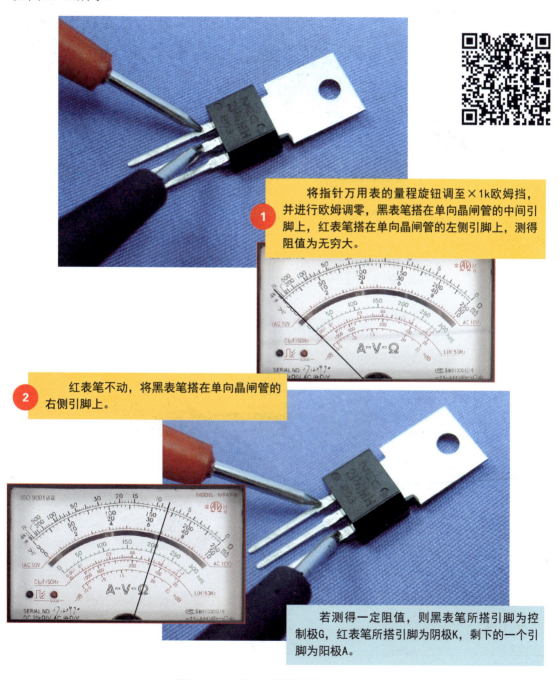

1. 将指针万用表的量程旋钮调至×1k欧姆挡，并进行欧姆调零，黑表笔搭在单向晶闸管的中间引脚上，红表笔搭在单向晶闸管的左侧引脚上，测得阻值为无穷大。

2. 红表笔不动，将黑表笔搭在单向晶闸管的右侧引脚上。

若测得一定阻值，则黑表笔所搭引脚为控制极G，红表笔所搭引脚为阴极K，剩下的一个引脚为阳极A。

图12-18 单向晶闸管引脚极性的判别

12.2.2 检测单向晶闸管触发能力

图12-19为单向晶闸管触发能力的检测实例。

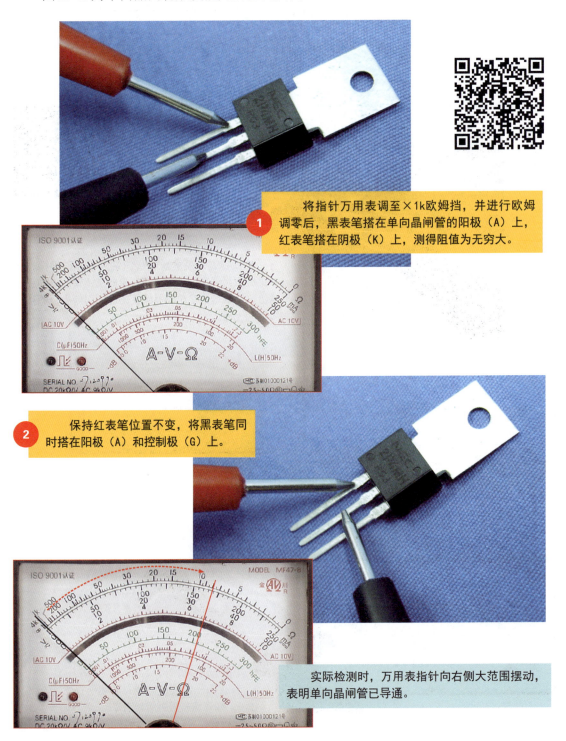

图12-19 单向晶闸管触发能力的检测实例

第12章 晶闸管识别、检测、选用、代换

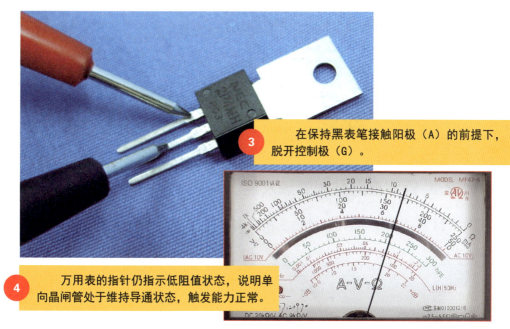

③ 在保持黑表笔接触阳极（A）的前提下，脱开控制极（G）。

④ 万用表的指针仍指示低阻值状态，说明单向晶闸管处于维持导通状态，触发能力正常。

图12-19 单向晶闸管触发能力的检测实例（续）

上述检测方法由指针万用表内电池产生的电流维持单向晶闸管的导通状态，但有些大电流单向晶闸管需要较大的电流才能维持导通状态，因此黑表笔脱离控制极（G）后，单向晶闸管不能维持导通状态是正常的。在这种情况下需要搭建电路进行检测。

图12-20为单向晶闸管触发能力的检测电路。为了观察和检测方便，可用接有限流电阻的发光二极管代替电动机。

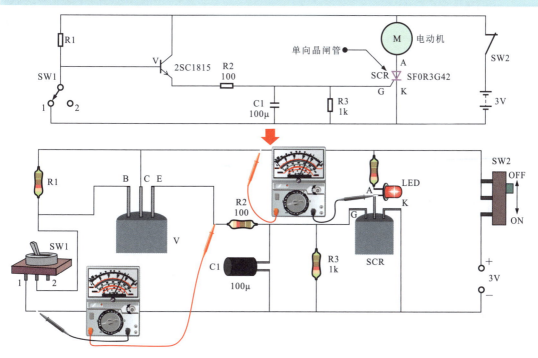

图12-20 单向晶闸管触发能力的检测电路

①将SW2置ON，SW1置2端，三极管V导通，发射极电压为3V，单向晶闸管SCR导通，阳极（A）电压为3V，LED发光。

②保持上述状态，将SW1置1，三极管V截止，发射极电压为0V，单向晶闸管SCR仍维持导通，阳极为3V，LED发光。

③保持上述状态，将SW2置OFF，电路断开，LED熄灭。

④再将SW2置ON，电路处于等待状态，又可以重复上述工作状态。

12.2.3 检测双向晶闸管触发能力

图12-21为双向晶闸管触发能力的检测实例。

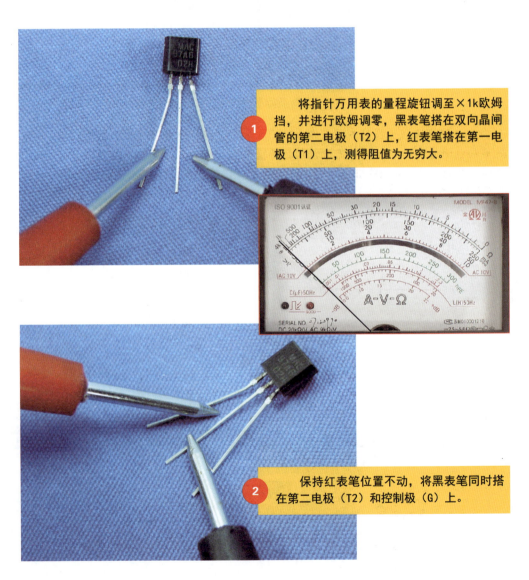

图12-21 双向晶闸管触发能力的检测实例

第12章 晶闸管识别、检测、选用、代换

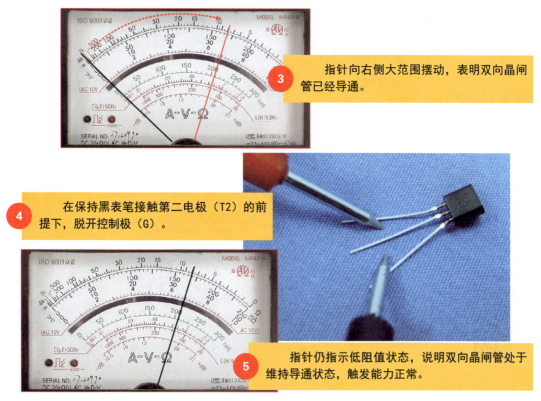

③ 指针向右侧大范围摆动，表明双向晶闸管已经导通。

④ 在保持黑表笔接触第二电极（T2）的前提下，脱开控制极（G）。

⑤ 指针仍指示低阻值状态，说明双向晶闸管处于维持导通状态，触发能力正常。

图12-21 双向晶闸管触发能力的检测实例（续）

图12-22为搭建电路检测双向晶闸管的触发能力。将开关SW置1，接地，V1因基极为低电平而截止，无信号触发双向晶闸管SCR，SCR截止，发光二极管LED2不亮，万用表黑表笔搭在双向晶闸管的第一电极（T1）上，红表笔搭在第二电极（T2）上，测得的电压值接近电源电压（9V）。

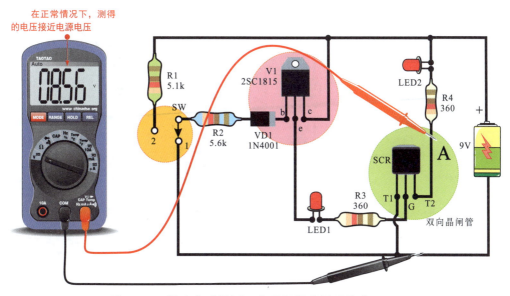

图12-22 搭建电路检测双向晶闸管的触发能力

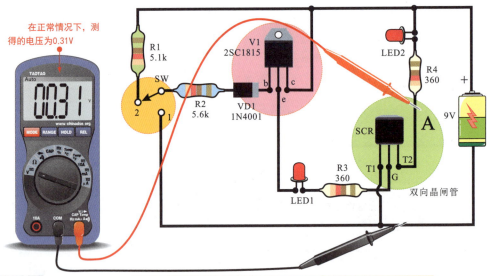

图12-22 搭建电路检测双向晶闸管的触发能力（续）

12.2.4 检测双向晶闸管导通特性

图12-23为使用数字万用表检测双向晶闸管正、反向导通特性。

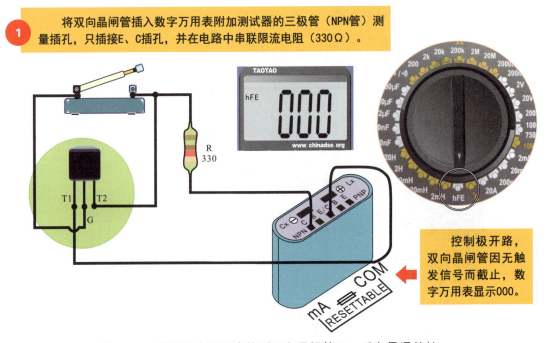

图12-23 使用数字万用表检测双向晶闸管正、反向导通特性

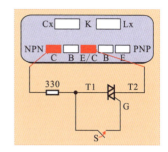

2 接通开关，双向晶闸管因有触发信号而被触发导通，万用表显示507，说明双向晶闸管正向导通特性正常。

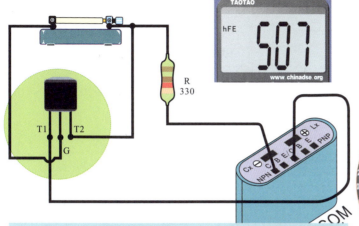

若将双向晶闸管调换方向，即第一电极插入E插孔，第二电极接开关，则接通开关时，万用表显示000，接通开关时，双向晶闸管被触发导通，万用表显示458，说明反向导通特性正常。

图12-23 使用数字万用表检测双向晶闸管正、反向导通特性（续）

12.3 晶闸管的功能、选用、代换

12.3.1 晶闸管的功能

 1 晶闸管作为可控整流元器件

晶闸管的主要功能是通过小电流实现高电压、大电流的控制，在实际应用中主要作为可控整流元器件。图12-24为由晶闸管构成的调压电路。

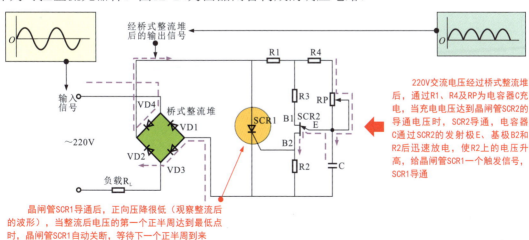

图12-24 由晶闸管构成的调压电路

晶闸管作为可控电子开关

图12-25为晶闸管作为可控电子开关的应用。

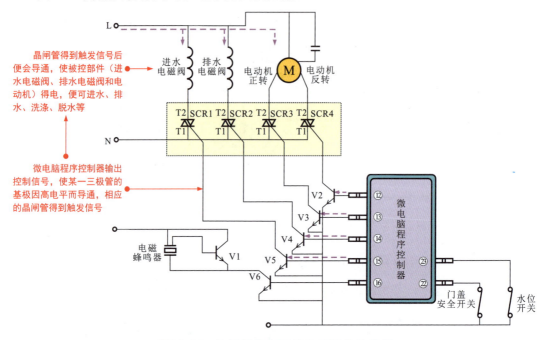

图12-25　晶闸管作为可控电子开关的应用

12.3.2　晶闸管的选用

晶闸管的类型较多，不同类型晶闸管的参数不同，若晶闸管损坏，最好选用同型号的晶闸管代换。不同类型晶闸管的适用电路和选用注意事项见表12-2。

表12-2　不同类型晶闸管的适用电路和选用注意事项

类型	适用电路	选用注意事项
单向晶闸管	交/直流电压控制、可控硅整流、交流调压、逆变电源、开关电源保护等电路	①应重点考虑额定峰值电压、额定电流、正向压降、控制极触发电流及触发电压、控制极触发电压与触发电流、开关速度等参数。 ②额定峰值电压和额定电流均应高于工作电路中的最大工作电压和最大工作电流的1.5～2倍。 ③触发电压与触发电流一定要小于实际应用中的数值。 ④尺寸、引脚长度应符合应用电路的要求。 ⑤选用双向晶闸管时，还应考虑浪涌电流参数应符合电路要求。 ⑥一般在直流电路中可以选用普通晶闸管或双向晶闸管；在用直流电源接通和断开来控制功率的直流电路中，开关速度快、频率高，需选用高频晶闸管。 ⑦值得注意的是，在选用高频晶闸管时，要特别注意高温下和室温下的耐压值，大多数高频晶闸管在额定高温下的关断时间为室温下关断时间的2倍多
双向晶闸管	交流开关、交流调压、交流电动机线性调速、灯具线性调光及固态继电器、固态接触器等电路	
逆导晶闸管	电磁灶、电子镇流器、超声波、超导磁能存储系统及开关电源等电路	
光控晶闸管	光电耦合器、光探测器、光报警器、光计数器、光电逻辑电路及自动生产线的运行键控等电路	
门极关断晶闸管	交流电动机变频调速、逆变电源及各种电子开关等电路	

12.3.3 晶闸管的代换

图12-26为代换插接式晶闸管的操作案例。

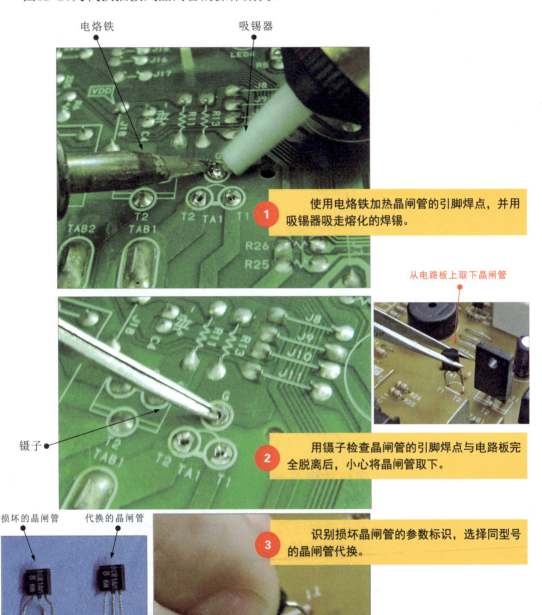

代换晶闸管时要注意晶闸管的反向耐压、允许电流和触发信号的极性。反向耐压高的晶闸管可以代换反向耐压低的晶闸管。允许电流大的晶闸管可以代换允许电流小的晶闸管。触发信号的极性应与触发电路对应。

图12-26 代换插接式晶闸管的操作案例

第13章

集成电路识别、检测、选用、代换

学习内容：

★ 了解集成电路的种类和型号标识的含义。

★ 了解集成电路的引脚分布规律。

★ 练习三端稳压器、运算放大器、音频功率放大器、微处理器的检测操作。

★ 熟知集成电路的功能。

★ 掌握集成电路的选用、代换。

13.1 集成电路的识别

13.1.1 集成电路种类

集成电路中集成了众多元器件，通过不同的组合能够实现强大的控制功能，在电子产品中应用广泛。

1 金属壳封装（CAN）集成电路

图13-1为金属壳封装（CAN）集成电路的实物外形。

金属壳封装（CAN）集成电路一般采用金属圆帽，功能较为单一，引脚数较少。

图13-1 金属壳封装（CAN）集成电路的实物外形

2 单列直插式封装（SIP）集成电路

图13-2为单列直插式封装（SIP）集成电路的实物外形。

单列直插式封装集成电路的引脚只有一排，内部电路比较简单，引脚数较少，小型集成电路多采用这种封装形式。

图13-2 单列直插式封装（SIP）集成电路的实物外形

3 双列直插式封装（DIP）集成电路

图13-3为双列直插式封装（DIP）集成电路的实物外形。

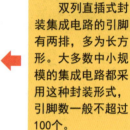

双列直插式封装集成电路的引脚有两排，多为长方形。大多数中小规模的集成电路都采用这种封装形式，引脚数一般不超过100个。

图13-3 双列直插式封装（DIP）集成电路的实物外形

 4 扁平封装（PFP、QFP）集成电路

图13-4为扁平封装（PFP、QFP）集成电路的实物外形。

PFP集成电路有长方形结构和正方形结构，引脚间隙很小，引脚很细。

（a）PFP集成电路

一般大规模或超大型集成电路都采用QFP封装形式，引脚数一般在100个以上，主要采用表面贴装技术安装在电路板上。

（b）QFP集成电路

图13-4 扁平封装（PFP、QFP）集成电路的实物外形

插针网格阵列封装（PGA）集成电路

图13-5为插针网格阵列封装（PGA）集成电路的实物外形。

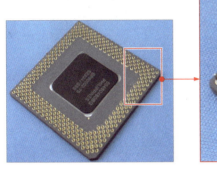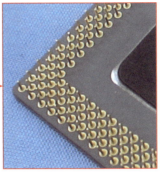

> 插针网格阵列封装（PGA）集成电路在芯片外有多个方阵插针，每个方阵插针均沿芯片四周间隔一定的距离排列，根据引脚数目的多少可以围成2～5圈，多应用在高智能化数字产品中。

图13-5 插针网格阵列封装（PGA）集成电路的实物外形

 ### 球栅阵列封装（BGA）集成电路

图13-6为球栅阵列封装（BGA）集成电路的实物外形。

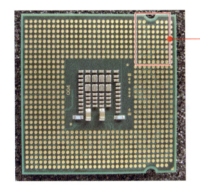

> 球栅阵列封装集成电路的引脚为球形端子，不是针脚引脚，引脚数一般大于208个，采用表面贴装技术焊装，广泛应用在小型数码产品中，如新型手机的信号处理集成电路、主板的南/北桥芯片、CPU等。

图13-6 球栅阵列封装（BGA）集成电路的实物外形

 ### 无引线塑料封装（PLCC）集成电路

图13-7为无引线塑料封装（PLCC）集成电路的实物外形。

> PLCC集成电路是在基板的四个侧面都设有电极焊盘，无引脚表面贴装型封装。

图13-7 无引线塑料封装（PLCC）集成电路的实物外形

芯片缩放式封装（CSP）集成电路

图13-8为芯片缩放式封装（CSP）集成电路的实物外形。

芯片缩放式封装（CSP）集成电路是一种采用超小型表面贴装型封装形式的集成电路，减小了芯片封装的外形尺寸，引脚在封装体下面，有球形端子、焊凸点端子、焊盘端子、框架引线端子等多种形式。

内存条上的CSP集成电路

图13-8 芯片缩放式封装（CSP）集成电路的实物外形

 多芯片模块封装（MCM）集成电路

图13-9为多芯片模块封装（MCM）集成电路的实物外形。

多芯片模块封装（MCM）集成电路将多个高集成度、高性能、高可靠性的芯片封装在高密度多层互连基板上。

图13-9 多芯片模块封装（MCM）集成电路的实物外形

13.1.2 集成电路型号标识

集成电路型号标识如图13-10所示。

 在集成电路型号标识中，纯数字一般不是型号，大多为出厂序列号或编号。

图13-10 集成电路型号标识

第13章 集成电路识别、检测、选用、代换

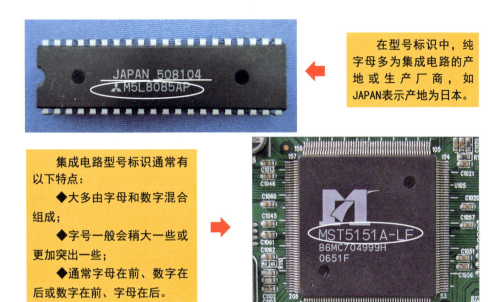

图13-10 集成电路型号标识（续）

图13-11为国产集成电路型号标识。

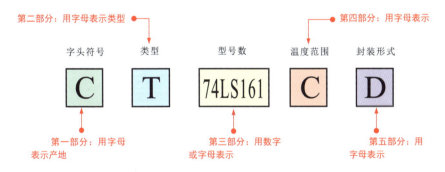

图13-11 国产集成电路型号标识

国产集成电路型号标识中的字母含义见表13-1。

表13-1 国产集成电路型号标识中的字母含义

第一部分		第二部分		第三部分	第四部分		第五部分	
字头符号		类型		型号数	温度范围		封装形式	
字母	含义	字母	含义		字母	含义	字母	含义
C	中国制造	B	非线性电路	用数字或字母表示	C	0℃～70℃	B	塑料扁平
		C	CMOS				D	陶瓷直插
		D	音响、电视		E	-40℃～+85℃	F	全密封扁平
		E	ECL				J	黑陶瓷直插
		F	放大器		R	-55℃～+85℃	K	金属菱形
		H	HTL				T	金属圆形
		J	接口器件					
		M	存储器		M	-55℃～+125℃		
		T	TTL					
		W	稳压器					
		U	微机					

239

索尼公司集成电路型号标识如图13-12所示。

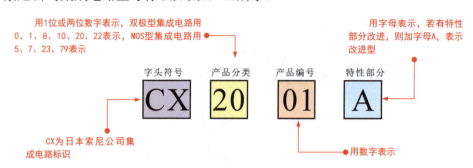

图13-12　索尼公司集成电路型号标识

日立公司集成电路型号标识如图13-13所示。

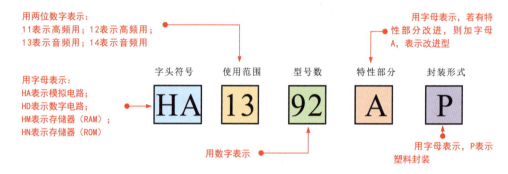

图13-13　日立公司集成电路型号标识

三洋公司集成电路型号标识如图13-14所示。

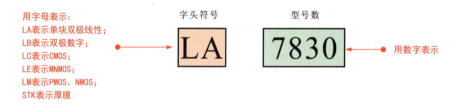

图13-14　三洋公司集成电路型号标识

东芝公司集成电路型号标识如图13-15所示。

图13-15　东芝公司集成电路型号标识

常见集成电路公司型号标识中的字头符号见表13-2。

表13-2 常见集成电路公司型号标识中的字头符号

公司名称	字头符号	公司名称	字头符号
先进微器件公司（美国）	AM	富士通公司（日本）	MB、MBM
模拟器件公司（美国）	AD	松下电子公司（日本）	AN
仙童半导体公司（美国）	F、μA	三菱电气公司（日本）	M
摩托罗拉半导体公司（美国）	MC、MLM、MMS	日本电气（NEC）有限公司（日本）	μPA、μPB、μPC
英特尔公司（美国）	I	新日本无线电有限公司（日本）	NJM

13.1.3 集成电路引脚分布规律

集成电路的种类和型号繁多，不可能根据型号记忆引脚的起始端和排列顺序，需要了解各种集成电路的引脚分布规律。

金属壳封装集成电路的引脚分布

图13-16为金属壳封装集成电路的引脚分布。

图13-16 金属壳封装集成电路的引脚分布

单列直插式封装集成电路的引脚分布

图13-17为单列直插式封装集成电路的引脚分布。

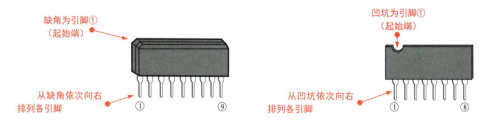

图13-17 单列直插式封装集成电路的引脚分布

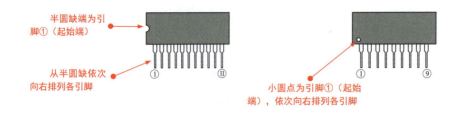

图13-17　单列直插式封装集成电路的引脚分布（续）

3. 双列直插式封装集成电路的引脚分布

图13-18为双列直插式封装集成电路的引脚分布。

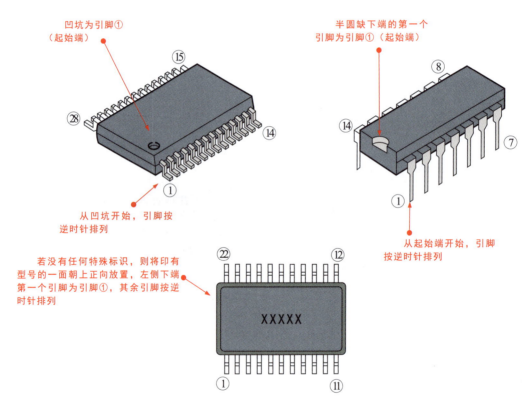

图13-18　双列直插式封装集成电路的引脚分布

4. 扁平封装集成电路的引脚分布

图13-19为扁平封装集成电路的引脚分布。

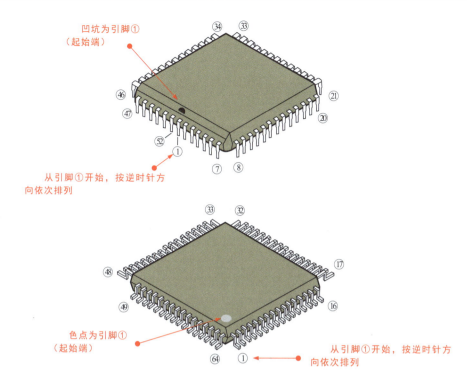

图13-19　扁平封装集成电路的引脚分布

在通常情况下，单列直插式封装集成电路的左侧有特殊标识来明确引脚①的位置，特殊标识可能是一个缺角、一个凹坑、一个半圆缺、一个小圆点、一个色点等。特殊标识所对应的引脚即为引脚①，其余各引脚依次排列。

13.2　集成电路的检测

13.2.1　检测三端稳压器

三端稳压器是有三个引脚的直流稳压集成电路，实物外形如图13-20所示。

图13-20　三端稳压器的实物外形

三端稳压器可将输入的直流电压稳压后输出一定值的直流电压。不同型号三端稳压器的稳压值不同。图13-21为三端稳压器的功能示意图。

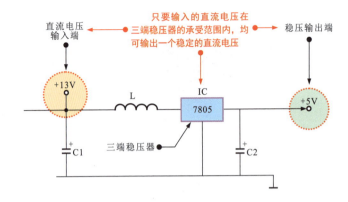

图13-21 三端稳压器的功能示意图

检测三端稳压器主要有两种方法：一种方法是将三端稳压器置于电路中，在工作状态下，用万用表检测输入端和输出端的电压值，与标准值比较，即可判别三端稳压器的性能；另一种方法是在三端稳压器未通电的状态下，通过检测输入端、输出端的对地阻值来判别三端稳压器的性能。

在检测三端稳压器之前，应首先查询各引脚的功能、电阻值及标准输入、输出电压，为检测提供参考，如图13-22所示。

通过集成电路手册查询AN7805各引脚的功能、电阻值及标准输入、输出电压如下：

引脚	标识	功能	电阻值（kΩ）		电压（V）
			红表笔接地	黑表笔接地	
1	IN	直流电压输入	8.2	3.5	8
2	GND	接地	0	0	0
3	OUT	稳压输出+5V	1.5	1.5	5

图13-22 查询三端稳压器参数

三端稳压器输入、输出电压的检测

在借助万用表检测三端稳压器的输入、输出电压时，需要将三端稳压器置于实际工作环境，如图13-23所示。

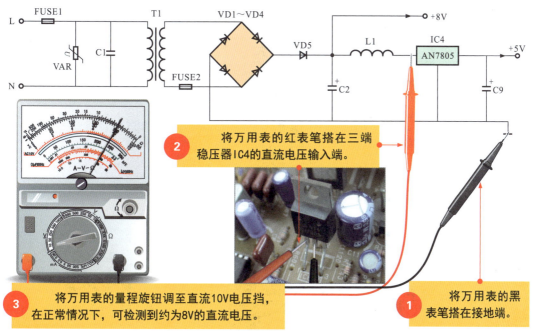

图13-23　三端稳压器输入电压的检测

保持万用表的黑表笔不动，将红表笔搭在三端稳压器的输出端，可检测到5V的输出电压，如图13-24所示。

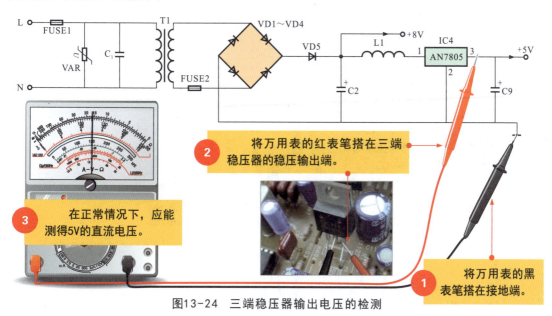

图13-24　三端稳压器输出电压的检测

三端稳压器引脚对地阻值的检测

图13-25为三端稳压器各引脚对地阻值的检测案例。

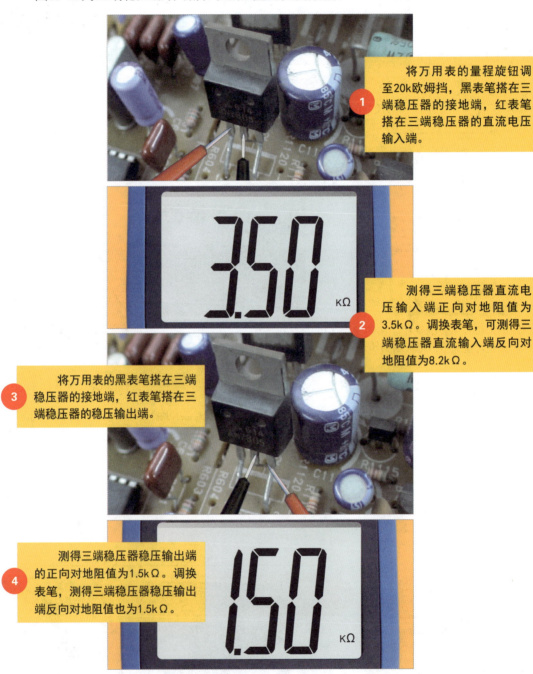

图13-25 三端稳压器各引脚对地阻值的检测案例

1. 将万用表的量程旋钮调至20k欧姆挡，黑表笔搭在三端稳压器的接地端，红表笔搭在三端稳压器的直流电压输入端。

2. 测得三端稳压器直流电压输入端正向对地阻值为3.5kΩ。调换表笔，可测得三端稳压器直流输入端反向对地阻值为8.2kΩ。

3. 将万用表的黑表笔搭在三端稳压器的接地端，红表笔搭在三端稳压器的稳压输出端。

4. 测得三端稳压器稳压输出端的正向对地阻值为1.5kΩ。调换表笔，测得三端稳压器稳压输出端反向对地阻值也为1.5kΩ。

在路检测三端稳压器引脚的正、反向对地阻值时，可能会受到外围元器件的影响，导致检测结果不正确，此时可将三端稳压器从电路板上焊下后再进行检测。

13.2.2 检测运算放大器

图13-26为运算放大器的内部结构。运算放大器简称运放,是一种集成化、高增益的多级直接耦合放大器。

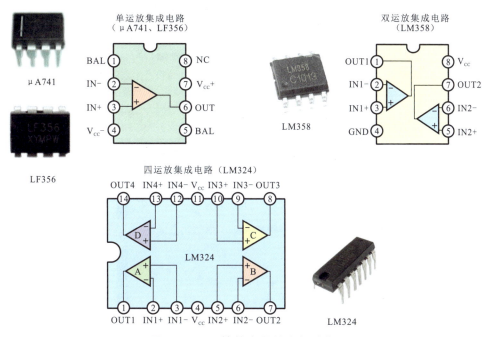

图13-26 运算放大器的内部结构

在检测运算放大器之前,首先通过集成电路手册查询各引脚的直流电压和电阻,为检测提供参考,如图13-27所示。

引脚	标识	功能	电阻 (kΩ)		直流电压 (V)
			红表笔接地	黑表笔接地	
①	OUT1	放大信号(1)输出	0.38	0.38	1.8
②	IN1-	反相信号(1)输入	6.3	7.6	2.2
③	IN1+	同相信号(1)输入	4.4	4.5	2.1
④	VCC	电源+5 V	0.31	0.22	5
⑤	IN2+	同相信号(2)输入	4.7	4.7	2.1
⑥	IN2-	反相信号(2)输入	6.3	7.6	2.1
⑦	OUT2	放大信号(2)输出	0.38	0.38	1.8
⑧	OUT3	放大信号(3)输出	6.7	23	0
⑨	IN3-	反相信号(3)输入	7.6	∞	0.5
⑩	IN3+	同相信号(3)输入	7.6	∞	0.5
⑪	GND	接地	0	0	0
⑫	IN4+	同相信号(4)输入	7.2	17.4	4.6
⑬	IN4-	反相信号(4)输入	4.4	4.6	2.1
⑭	OUT4	放大信号(4)输出	6.3	6.8	4.2

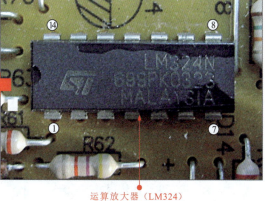

检测运算放大器主要有两种方法:一种是将运算放大器置于电路,在路检测各引脚直流电压;另一种方法是检测运算放大器各引脚的对地阻值。

图13-27 查询运算放大器参数

检测运算放大器各引脚直流电压

如图13-28所示,可借助万用表检测运算放大器各引脚直流电压。

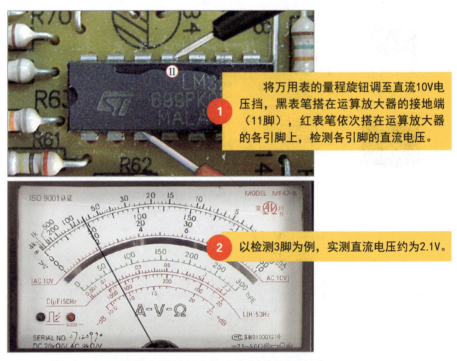

1. 将万用表的量程旋钮调至直流10V电压挡,黑表笔搭在运算放大器的接地端(11脚),红表笔依次搭在运算放大器的各引脚上,检测各引脚的直流电压。

2. 以检测3脚为例,实测直流电压约为2.1V。

图13-28 运算放大器各引脚直流电压的检测方法

在实际检测过程中,若检测电压与标准电压相差较多,不能轻易认为运算放大器损坏,应先排除外围元器件是否异常;若输入电压正常,无输出电压,则说明运算放大器已损坏。

需要注意的是,若运算放大器接地引脚的静态直流电压不为0,则有可能是接地引脚上的铜箔线路开裂,造成接地引脚与接地线之间断开,或接地引脚存在虚焊情况。

 ## 检测运算放大器各引脚阻值

判断运算放大器的好坏还可以借助万用表检测各引脚的正、反向对地阻值,如图13-29所示。

1. 将万用表的量程旋钮调至×1k欧姆挡,黑表笔搭在运算放大器的接地端(11脚),红表笔依次搭在运算放大器的各引脚上,如2脚。

图13-29 运算放大器各引脚正、反向对地阻值的检测方法

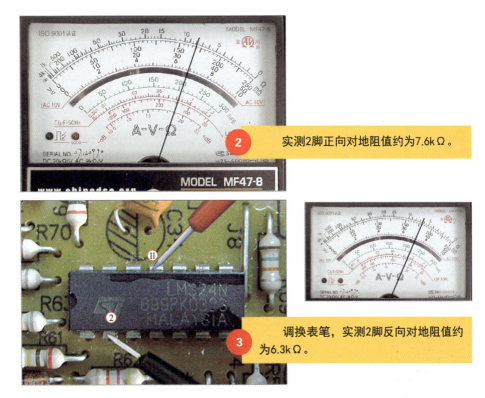

图13-29 运算放大器各引脚正、反向对地阻值的检测方法（续）

在正常情况下，运算放大器各引脚的正、反向对地阻值应与标准值相近。若实测结果与标准值偏差较大或为0或为无穷大，则多为运算放大器损坏。

13.2.3 检测音频功率放大器

音频功率放大器是一种用于放大音频信号输出功率的集成电路，能够推动扬声器音圈振荡，在各种影音产品中应用十分广泛。

图13-30为常见音频功率放大器的实物外形。

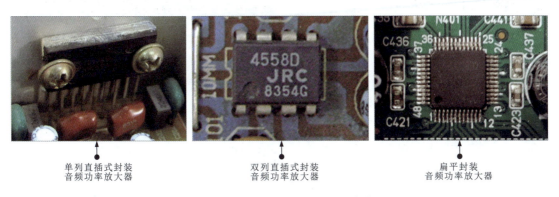

图13-30 常见音频功率放大器的实物外形

音频功率放大器也可以采用检测各引脚动态电压值及正、反向对地阻值，并与标准值比较的方法判断好坏，具体的检测方法和操作步骤与检测运算放大器相同。另外，根据音频功率放大器能够对信号进行放大处理的特点，还可以通过信号检测法进行判断，即将音频功率放大器置于实际工作环境或搭建测试电路模拟实际工作条件，并向音频功率放大器输入指定信号，用示波器观测输入、输出信号波形判断好坏。

下面以彩色电视机中音频功率放大器（TDA8944J）为例，首先根据相关电路图纸或集成电路手册了解和明确TDA8944J的各引脚功能，为检测做好准备，如图13-31所示。

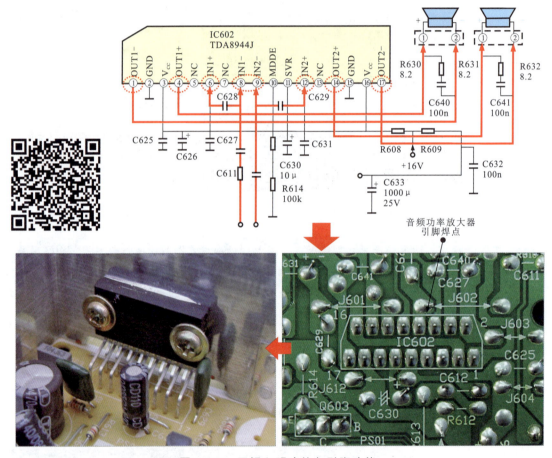

图13-31 了解和明确的各引脚功能

音频功率放大器（TDA8944J）的3脚和16脚为电源供电端；6脚和8脚为左声道信号输入端；9脚和12脚为右声道信号输入端；1脚和4脚为左声道信号输出端；14脚和17脚为右声道信号输出端。这些引脚是音频信号的主要检测点，除了可以检测输入、输出音频信号，还可以对供电电压进行检测。

采用信号检测法检测音频功率放大器（TDA8944J）需要明确基本工作条件是否正常，如供电电压、输入信号等应满足工作条件。

音频功率放大器的检测方法如图13-32所示。

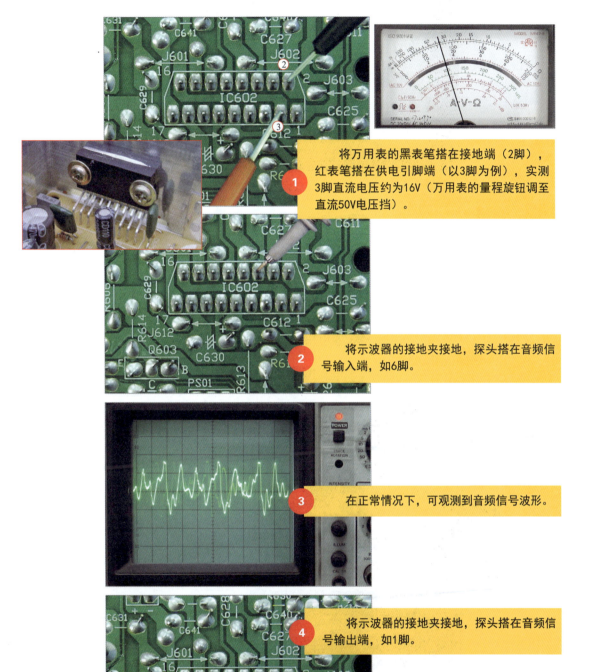

图13-32 音频功率放大器的检测方法

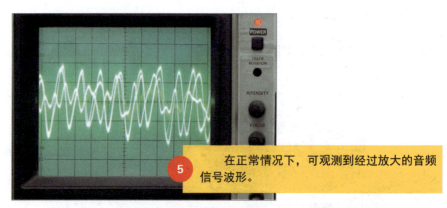

5 在正常情况下,可观测到经过放大的音频信号波形。

图13-32 音频功率放大器的检测方法（续）

若经检测,音频功率放大器的供电正常,输入信号正常,无输出信号或输出信号异常,则多为音频功率放大器损坏。

需要注意的是,只有在明确音频功率放大器工作条件正常的前提下检测输出信号才有实际意义,否则,即使音频功率放大器本身正常、工作条件异常,也无法输出正常的音频信号,影响检测结果。

可以采用检测音频功率放大器各引脚对地阻值的方法判断好坏,如图13-33所示。

1 将万用表的量程旋钮调至欧姆挡,黑表笔搭在接地端,红表笔依次搭在各引脚上,如6脚,检测各引脚的正向阻值。

2 识读万用表显示屏显示的数值,实测6脚正向阻值为10.9kΩ。

图13-33 音频功率放大器各引脚对地阻值的检测方法

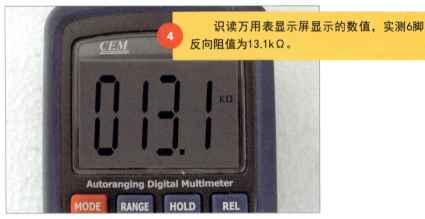

图13-33 音频功率放大器对地阻值的检测方法（续）

图13-34为音频功率放大器TDA8944J数据手册中的标准值。判断时，将实测结果与集成电路手册中的标准值比较。若实测结果与标准值相同或十分相近，则说明音频功率放大器正常。若出现多组引脚正、反向阻值为0或无穷大，则表明音频功率放大器损坏。

黑表笔接地	7.5	0	4.3	7.6	∞	10.9	∞	10.5	10.5	10
引脚号	①	②	③	④	⑤	⑥	⑦	⑧	⑨	⑩
红表笔接地	9.5	0	2	9.5	∞	13	∞	13	13.5	16
黑表笔接地	10	10	∞	7.9	0	4.5	7.9			
引脚号	⑪	⑫	⑬	⑭	⑮	⑯	⑰			
红表笔接地	14	14.5	∞	9	0	50	26			

注：单位为kΩ。

图13-34 音频功率放大器TDA8944J数据手册中的标准值

13.2.4 检测微处理器

目前，大多数电子产品都具有自动控制功能，都是由微处理器实现的。由于不同电子产品的功能不同，因此微处理器所实现的具体控制功能也不同。

图13-35为空调器中微处理器的实物外形及功能框图。

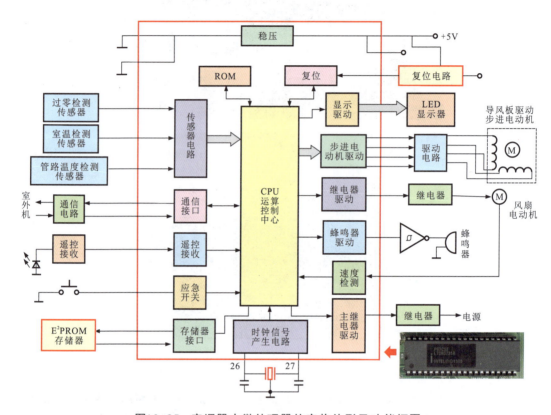

图13-35　空调器中微处理器的实物外形及功能框图

图13-36为微处理器各引脚正、反向对地阻值的检测方法。

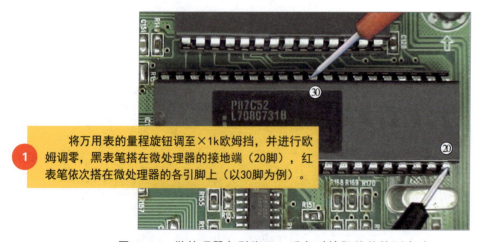

① 将万用表的量程旋钮调至×1k欧姆挡，并进行欧姆调零，黑表笔搭在微处理器的接地端（20脚），红表笔依次搭在微处理器的各引脚上（以30脚为例）。

图13-36　微处理器各引脚正、反向对地阻值的检测方法

图13-36 微处理器各引脚正、反向对地阻值的检测方法（续）

在正常情况下，微处理器各引脚的正、反向对地阻值应与标准值相近，否则，可能为微处理器损坏，需要用同型号的微处理器代换。

微处理器的型号不同，引脚功能也不同，但基本都包括供电端、晶振端、复位端、I^2C总线信号端和控制信号输出端，因此，判断微处理器的性能可通过对这些引脚的电压或信号参数进行检测。若参数均正常，微处理器仍无法实现控制功能，则多为微处理器内部电路异常。

微处理器供电和复位电压的检测方法与音频功率放大器供电电压的检测方法相同。图13-37为使用示波器检测微处理器晶振信号、I²C总线信号的方法。

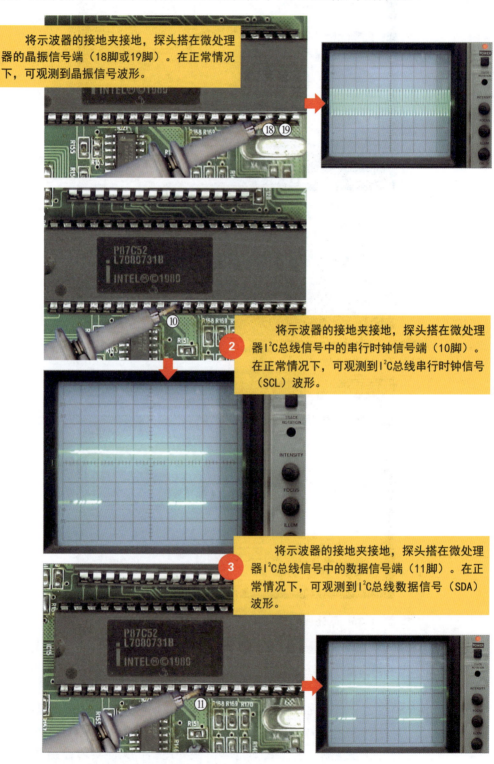

图13-37 使用示波器检测微处理器晶振信号、I²C总线信号的方法

13.3 集成电路的功能、选用、代换

13.3.1 集成电路的功能

集成电路是利用半导体工艺将电阻器、电容器、晶体管及连线制作在很小的半导体材料或绝缘基板上制成的,具有体积小、质量轻、电路稳定、集成度高等特点,具有控制、放大、转换(D/A转换、A/D转换)、信号处理及振荡等功能。

时基集成电路(NE555)的功能应用

NE555时基集成电路是一种用途很广的计时集成电路,与电阻器、电容器组合即可实现振荡延时功能。图13-38为NE555时基集成电路的内部结构。

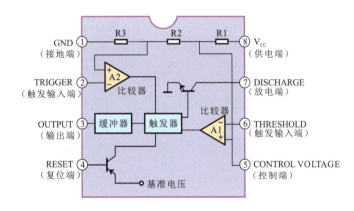

(a)形式一

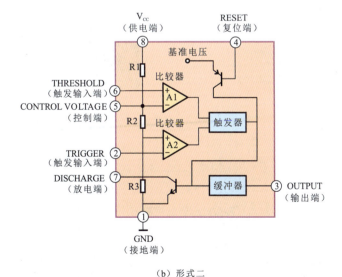

(b)形式二

图13-38 NE555时基集成电路的内部结构

图13-39为时基集成电路（NE555）在电动玩具遥控接收电路中的功能应用。

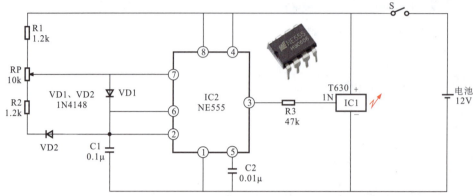

按下开关S时，电池为各元器件提供工作电压，时基集成电路IC2与外围元器件构成振荡电路开始工作，由③脚输出振荡信号。振荡信号经IC1调制后，通过内置天线发出信号，控制玩具动作。

图13-39　时基集成电路（NE555）在电动玩具遥控接收电路中的功能应用

 音频信号处理芯片和音频功率放大器的功能应用

图13-40为音频信号处理芯片和音频功率放大器在彩色电视机音频信号处理电路中的功能应用。

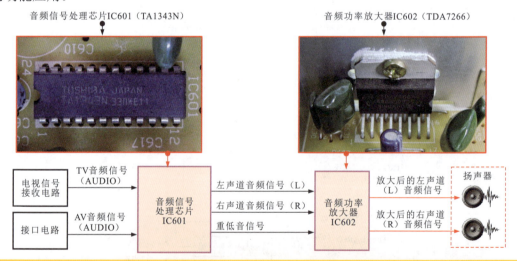

音频信号处理芯片IC601（TA1343N）在微处理器的控制下，根据用户需求对输入的音频信号进行选择，经选择、处理后的音频信号由音频信号处理芯片IC601（TA1343N）的16脚输出L声道音频信号，13脚输出R声道音频信号，12脚输出重低音信号，送往后级音频功率放大器IC602（TDA7266）中进行放大处理。来自音频信号处理芯片的L、R信号分别送入音频功率放大器IC602（TDA7266）的4脚、12脚，经放大处理后，从1、2脚和14、15脚输出，经接插件P601、P602驱动扬声器发声。

图13-40　音频信号处理芯片和音频功率放大器的功能应用

第13章 集成电路识别、检测、选用、代换

3 微处理器的功能应用

图13-41为微处理器的电路特征。微处理器电路是一种能够根据程序或控制指令输出不同的控制信号,对其他电路进行控制的自动化数字电路,任何智能产品中都安装有微处理器电路,并且以微处理器电路作为整机的控制核心。

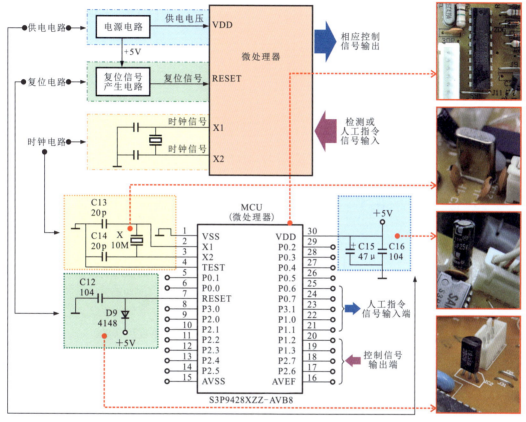

图13-41 微处理器的电路特征

微处理器电路主要是由微处理器、供电电路、复位电路和时钟电路构成的。工作时,供电、复位和时钟为微处理器工作的三大基本条件,条件满足后,微处理器根据接收到的指令信号输出相应的控制信号,实现自动化智能控制。

图13-42为微处理器在电饭煲操作显示电路中的功能应用。

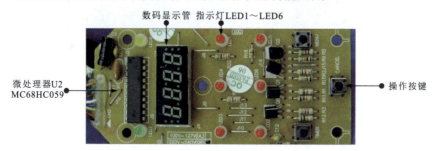

图13-42 微处理器在电饭煲操作显示电路中的功能应用

人工指令信号由操作电路输入到微处理器并处理后，根据当前的电饭煲工作状态，直接控制指示灯的显示。指示灯（LED）由微处理器控制，根据当前电饭煲的工作状态进行相应的指示。

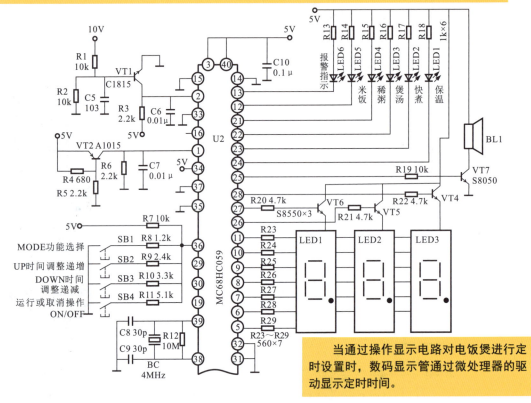

当通过操作显示电路对电饭煲进行定时设置时，数码显示管通过微处理器的驱动显示定时时间。

图13-42　微处理器在电饭煲操作显示电路中的功能应用（续）

 4　存储器的功能应用

存储器主要用于存放数据信息，与信号处理集成电路配合可实现相应功能。图13-43为存储器在液晶电视机图像处理电路中的功能应用。

图像存储器N201和N202也称为图像帧存储器，用于与数字图像处理器配合，暂存图像数据，实现数字图像信号的处理。

图13-43　存储器在液晶电视机图像处理电路中的功能应用

13.3.2 集成电路的选用

不同类型集成电路的适用电路和选用注意事项见表13-3。

表13-3 不同类型集成电路的适用电路和选用注意事项

类型		适用电路	选用注意事项
模拟集成电路	三端稳压器	各种电子产品的电源稳压电路	◇ 需严格根据电路要求选用，如电源电路是选用串联型的还是开关型的、输出电压是多少、输入电压是多少等。 ◇ 需要了解各种性能，重点考虑类型、参数、引脚排列等是否符合应用要求。 ◇ 应查阅相关资料，了解各引脚的功能、应用环境、工作温度等。 ◇ 根据不同的应用环境，选用不同的封装形式。 ◇ 尺寸应符合应用需求。 ◇ 基本工作条件，如工作电压、功耗、最大输出功率等主要参数应符合要求
	集成运算放大器	放大、振荡、电压比较、模拟运算、有源滤波等电路	
	时基集成电路	信号发生、波形处理、定时、延时等电路	
	音频信号处理集成电路	各种音像产品中的声音处理电路	
数字集成电路	门电路	数字电路	
	触发器	数字电路	
	存储器	数码产品电路	
	微处理器	各种电子产品中的控制电路	
	编程器	程控设备	

13.3.3 集成电路的代换

图13-44为插接焊装集成电路的代换操作。

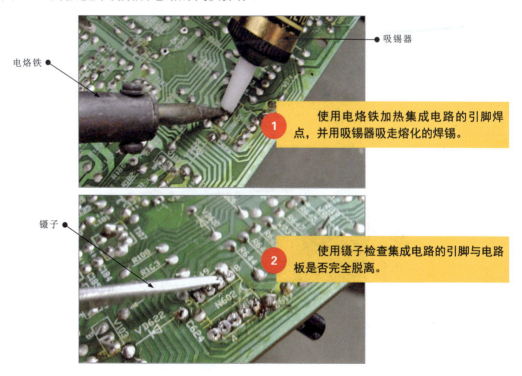

图13-44 插接焊装集成电路的代换操作

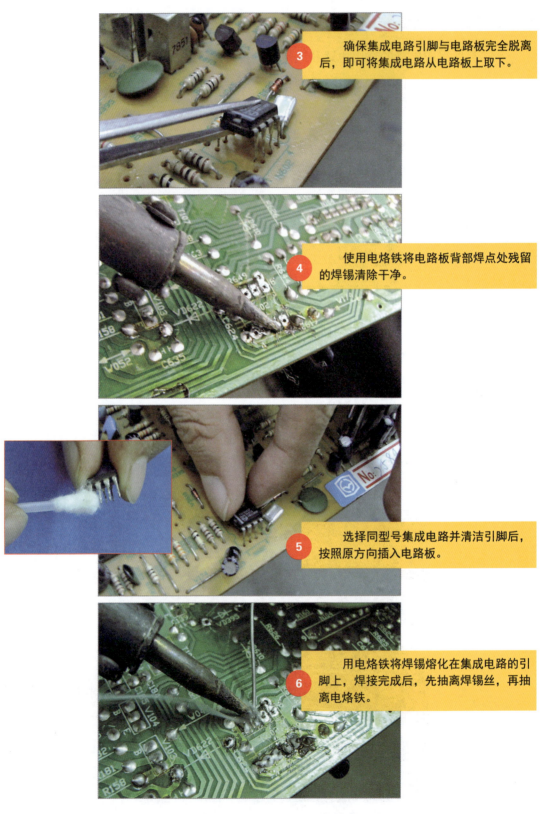

图13-44 插接焊装集成电路的代换操作（续）

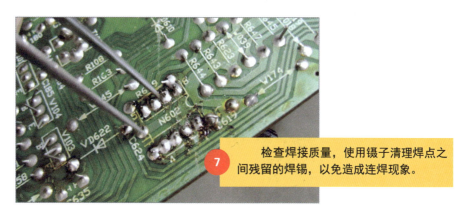

图13-44 插接焊装集成电路的代换操作（续）

图13-45为表面贴装集成电路的代换操作。

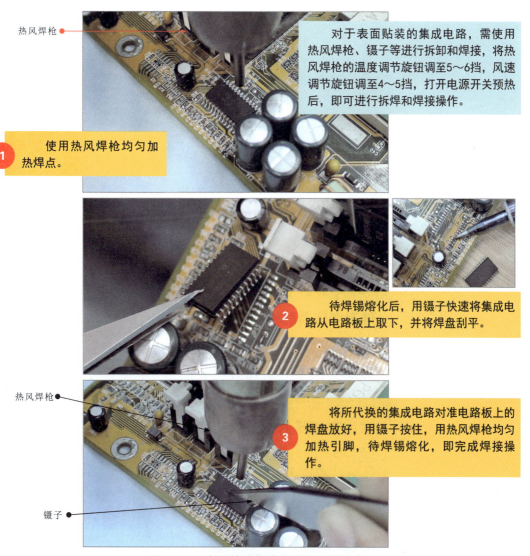

图13-45 表面贴装集成电路的代换操作

第14章

变压器识别、检测、选用、代换

学习内容：

★ 了解变压器的种类和参数标识的含义。

★ 练习变压器的检测操作。

★ 熟知变压器的功能。

★ 掌握变压器的选用、代换。

14.1 变压器的识别

14.1.1 变压器种类

变压器可利用电磁感应原理传递电能或传输交流信号,广泛应用在电子产品中。

 低频变压器

常见的低频变压器主要有电源变压器和音频变压器。图14-1为电源变压器的实物外形。电源变压器包括降压变压器和开关变压器。降压变压器包括环形降压变压器和E形降压变压器。

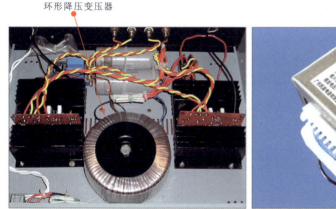
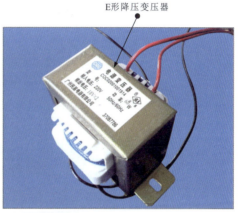

降压变压器直接工作在220V/50Hz条件下,又称为低频变压器。

开关变压器是一种脉冲信号变压器,主要应用在开关电源电路中,可将高压脉冲信号变成多组低压脉冲信号。

图14-1 电源变压器的实物外形

开关变压器的工作频率为1~50kHz,相对于中、高频变压器来说较低,为低频变压器,相对于一般降压变压器来说为高频变压器。因此,频率的高、低是相对而言的。

图14-2为音频变压器的实物外形。音频变压器是传输音频信号的变压器，主要用来耦合传输信号和阻抗匹配，多应用在功率放大器中，如高保真音响放大器，需要采用高品质的音频变压器。音频变压器根据功能还可分为音频输入变压器和音频输出变压器，分别接在功率放大器的输入级和输出级。

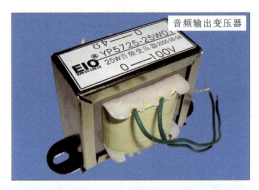

图14-2 音频变压器的实物外形

2 中频变压器

中频变压器简称中周，适用范围一般为几千赫兹至几十兆赫兹，频率相对较高，实物外形如图14-3所示。

图14-3 中频变压器的实物外形

中频变压器与振荡线圈的外形十分相似，可通过磁帽上的颜色区分。常见的中频变压器主要有白色、红色、绿色和黄色，颜色不同，具体的参数和应用不同。中频变压器的谐振频率：在调幅式收音机中为465kHz；在调频式收音机中为10.7MHz；在电视机中为38MHz。

图14-3　中频变压器的实物外形（续）

 高频变压器

工作在高频电路中的变压器被称为高频变压器。图14-4为高频变压器的实物外形。

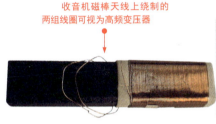

高频变压器主要应用在收音机、电视机、手机、卫星接收机电路中。短波收音机中的高频变压器工作在1.5～30MHz频率范围。FM收音机的高频变压器工作在88～108MHz频率范围

图14-4　高频变压器的实物外形

 特殊变压器

特殊变压器是应用在特殊环境中的变压器。在电子产品中，常见的特殊变压器主要有彩色电视机中的行输出变压器、行激励变压器等，如图14-5所示。

行输出变压器能输出几万伏的高压和几千伏的副高压，故又称高压变压器，线圈结构复杂。

行激励变压器可降低输出电压幅度。

图14-5　特殊变压器的实物外形

14.1.2 变压器参数标识

变压器的参数标识由字母与数字组合而成。图14-6为普通国产变压器的参数标识。

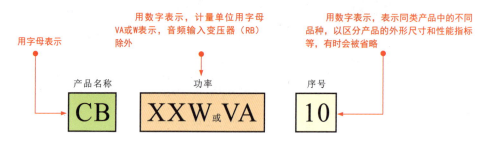

图14-6 普通国产变压器的参数标识

图14-7为中、高频变压器的参数标识。

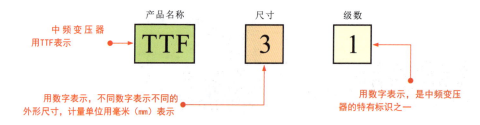

图14-7 中、高频变压器的参数标识

变压器参数标识中字母或数字的含义见表14-1。

表14-1 变压器参数标识中字母或数字的含义

标识	字母	含义	标识	数字	含义
产品名称	DB	电源变压器	尺寸（mm）（中频变压器专用标识）	1	7×7×12
	CB	音频输出变压器		2	10×10×14
	RB/JB	音频输入变压器		3	12×12×16
	GB	高压变压器		4	10×25×36
	HB	灯丝变压器	级数	1	第一级中放
	SB/ZB	音频变压器		2	第二级中放
	T	中频变压器			
	TTF	调幅收音机用中频变压器		3	第三级中放

在有些变压器的铭牌上直接将额定功率、输入电压、输出电压等数值明确标出，识读比较直接、简单，如图14-8所示。

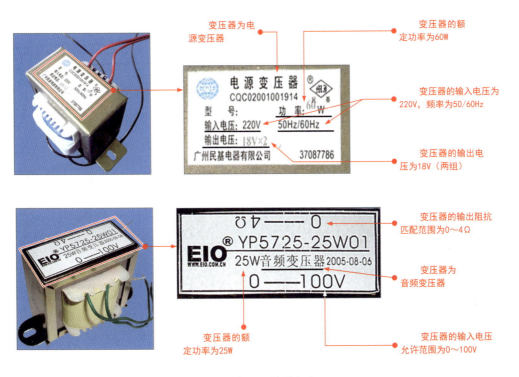

图14-8 变压器铭牌标识

识别变压器一次侧、二次侧绕组的引线是变压器安装、检修过程中的重要环节。有些变压器一次侧、二次侧绕组的引线也在铭牌中进行了标识，可以直接根据标识识读。图14-9为通过变压器铭牌标识识读绕组引线。

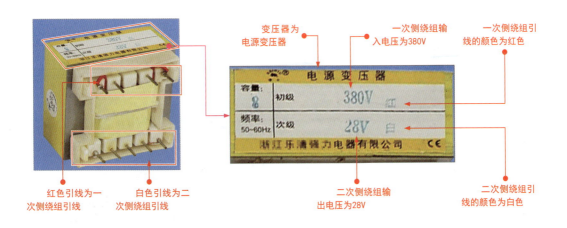

图14-9 通过变压器铭牌标识识读绕组引线

14.2 变压器的检测

14.2.1 开路检测变压器

开路检测变压器就是通过对变压器绕组阻值的测量来判别变压器的性能。

检测变压器绕组阻值主要包括对一次侧和二次侧绕组自身阻值的检测、绕组与绕组之间绝缘电阻的检测、绕组与铁芯或外壳之间绝缘电阻的检测等三个方面，在检测之前，应首先区分绕组引脚，如图14-10所示。

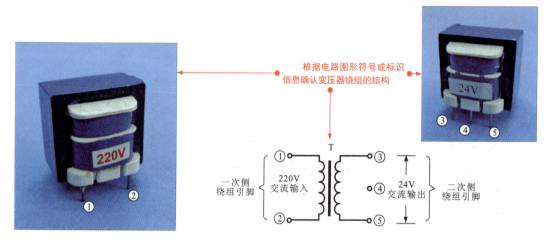

图14-10 区分变压器绕组引脚

图14-11为开路检测变压器的操作。

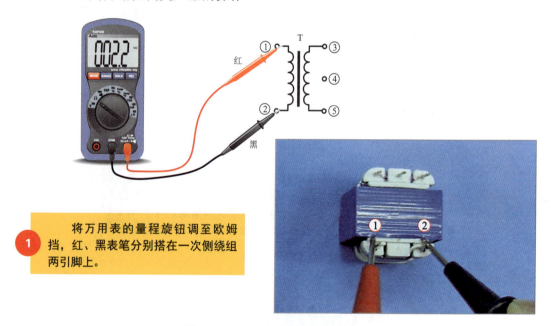

① 将万用表的量程旋钮调至欧姆挡，红、黑表笔分别搭在一次侧绕组两引脚上。

图14-11 开路检测变压器的操作

第14章 变压器识别、检测、选用、代换

2　在正常情况下应有一固定值，当前实测阻值为2.2kΩ。

3　将万用表的红、黑表笔分别搭在二次侧绕组两引脚上。

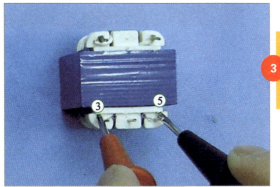

4　在正常情况下应有一固定值，当前实测阻值为30Ω。

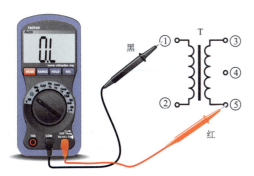

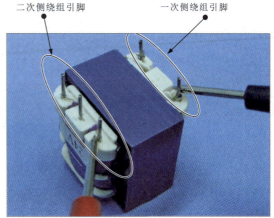

5　将红、黑表笔分别搭在一次侧绕组和二次侧绕组的任意两引脚上。

图14-11　开路检测变压器的操作（续）

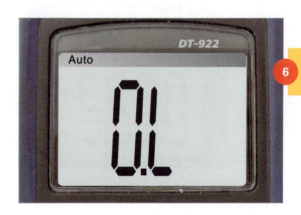

6 在正常情况下，阻值应为无穷大。

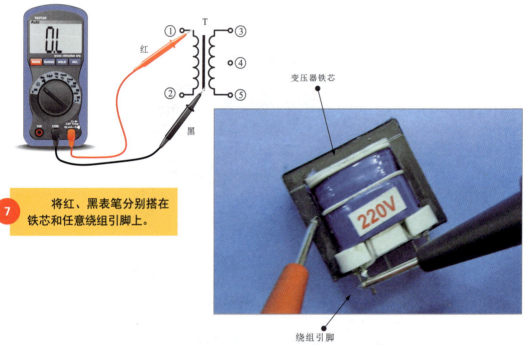

7 将红、黑表笔分别搭在铁芯和任意绕组引脚上。

变压器铁芯

绕组引脚

8 在正常情况下，阻值应为无穷大。

图14-11 开路检测变压器的操作（续）

14.2.2 在路检测变压器

变压器的主要功能就是电压变换,在正常情况下,输入端有电压输入,输出端就会输出变换后的电压。

在路检测变压器就是利用变压器的电压变换特性,使用万用表分别检测输入电压和输出电压,进而判别变压器是否工作正常。

图14-12为变压器在路检测操作。首先将变压器置于实际工作环境或搭建测试电路模拟实际工作环境,输入交流电压,然后用万用表分别对输入、输出电压进行检测。

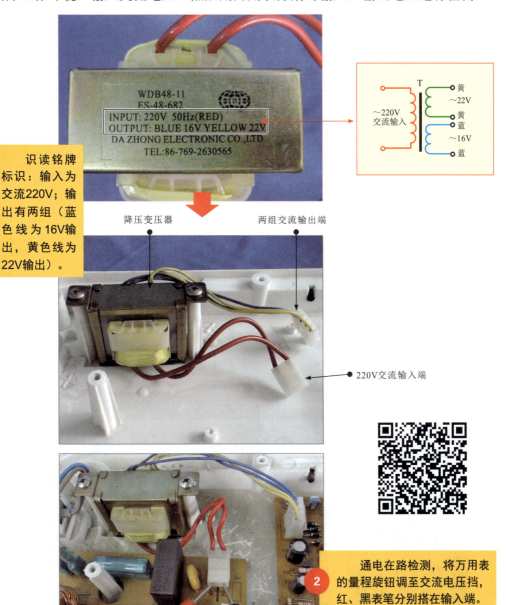

图14-12 变压器在路检测操作

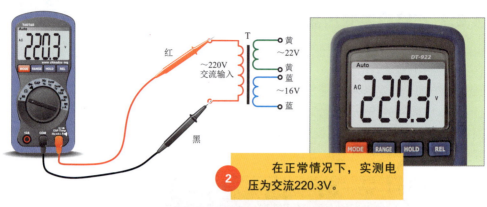

② 在正常情况下，实测电压为交流220.3V。

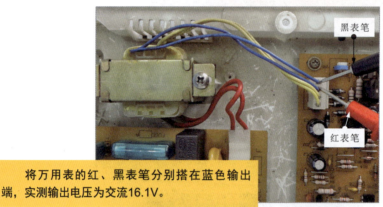

③ 将万用表的红、黑表笔分别搭在蓝色输出端，实测输出电压为交流16.1V。

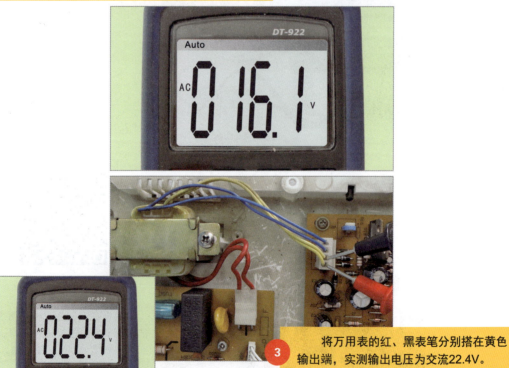

③ 将万用表的红、黑表笔分别搭在黄色输出端，实测输出电压为交流22.4V。

图14-12　变压器在路检测操作（续）

14.2.3 检测变压器绕组电感量

变压器一次侧、二次侧绕组都相当于多匝数的电感线圈，检测时，可使用万用电桥检测一次侧、二次侧绕组的电感量来判断变压器的好坏。

在检测之前，应首先区分待测变压器的绕组引脚，如图14-13所示。

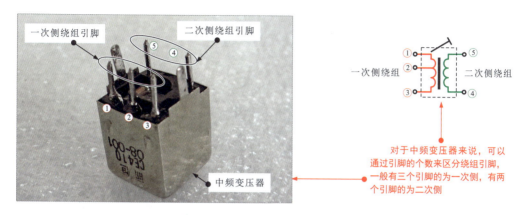

图14-13　区分待测变压器的绕组引脚

对于其他类型的变压器来说，如果没有标识变压器的一次侧、二次侧，则一般可以通过观察引线粗细的方法来区分。通常，对于降压变压器，线径较细引线的一侧为一次侧，线径较粗引线的一侧为二次侧；线圈匝数较多的一侧为一次侧，线圈匝数较少的一侧为二次侧。另外，通过测量绕组的阻值也可区分，即阻值较大的一侧为一次侧，阻值较小的一侧为二次侧。如果是升压变压器，则区分方法正好相反。

图14-14为使用万用电桥检测变压器绕组电感量的操作。

① 将万用电桥的相应旋钮均调节到适合的测量挡位，两测试线上的鳄鱼夹分别夹在一次侧绕组两引脚或二次侧绕组两引脚上，根据万用电桥各旋钮的指示位置即可读出绕组的电感量。

图14-14　使用万用电桥检测变压器绕组电感量的操作

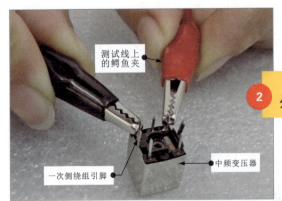

② 将万用电桥两测试线上的鳄鱼夹分别夹在一次侧绕组的两个引脚上。

③ 将测量功能旋钮调至L,量程旋钮调至100mH,分别调节各读数旋钮,使平衡用指示电表指向0位,此时读取万用电桥显示数值为(0.2+0.013)×100mH=21.3mH。

第二位有效数字为0.013

第一位有效数字为0.2

图14-14 使用万用电桥检测变压器绕组电感量的操作(续)

如图14-15所示,万用电桥的旋钮虽然比较多,但每个旋钮都有各自的功能,了解万用电桥每个旋钮的功能后,读取数值就会十分简单。

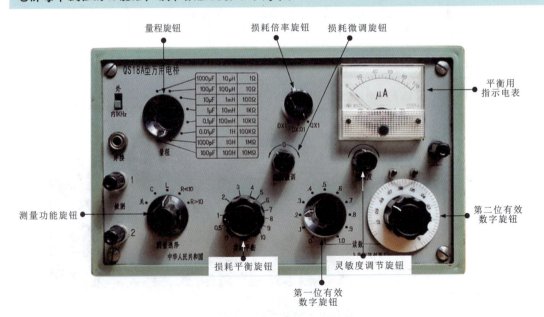

图14-15 万用电桥功能旋钮

14.3 变压器的功能、选用、代换

14.3.1 变压器的功能

变压器在电路中主要用来实现电压变换、阻抗变换、相位变换、电气隔离、信号传输等功能。

变压器的电压变换功能

如图14-16所示，提升或降低交流电压是变压器在电路中的主要功能。

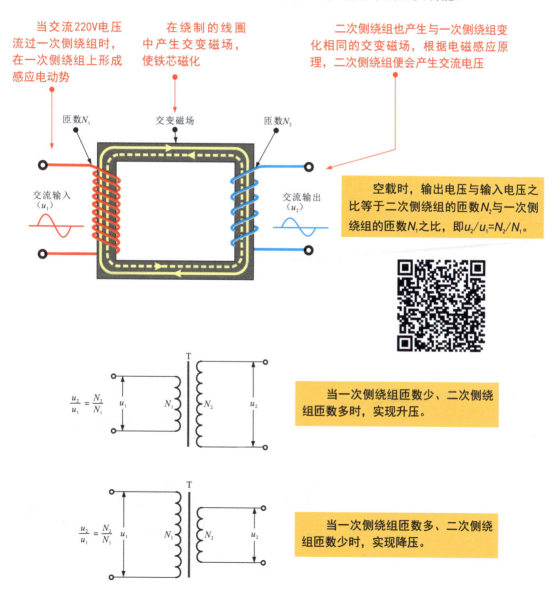

图14-16 变压器的电压变换功能

变压器的阻抗变换功能

如图14-17所示,变压器通过一次侧绕组、二次侧绕组可实现阻抗变换,即一次侧与二次侧绕组的匝数比不同,输入与输出的阻抗也不同。

在数值上,二次侧绕组阻抗Z_2与一次侧绕组阻抗Z_1之比,等于二次侧绕组匝数N_2与一次侧绕组匝数N_1之比的平方,$\frac{Z_2}{Z_1}=\left(\frac{N_2}{N_1}\right)^2$,即将高阻抗输入变成低阻抗输出与扬声器的阻抗匹配。

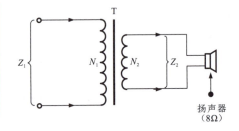

图14-17 变压器的阻抗变换功能

 ## 变压器的相位变换功能

如图14-18所示,通过改变变压器一次侧和二次侧绕组的绕线方向和连接,可以很方便地将输入信号的相位倒相。

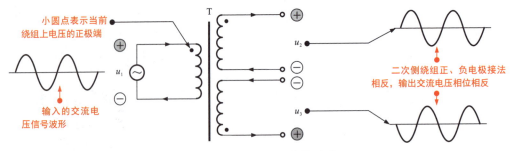

图14-18 变压器的相位变换功能

 ## 变压器的电气隔离功能

变压器的电气隔离功能如图14-19所示。根据变压器的变压原理,一次侧绕组的交流电压是通过电磁感应原理"感应"到二次侧绕组上的,并没有进行实际的电气连接,因而变压器具有电气隔离功能。

图14-19 变压器的电气隔离功能

接入隔离变压器后，因变压器绕组分离而起到隔离作用，当人体接触到交流220V电压时，不会构成回路，保证了人身安全。

一次侧、二次侧绕组的匝数比为1:1的变压器被称为隔离变压器

图14-19　变压器的电气隔离功能（续）

  自耦变压器的信号自耦功能

自耦变压器的信号自耦功能如图14-20所示。

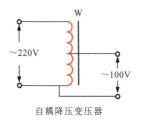
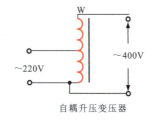

一个线圈具有多个抽头的变压器被称为自耦变压器。这种变压器具有信号自耦功能，无隔离功能。

图14-20　自耦变压器的信号自耦功能

14.3.2 常用变压器的选用、代换

  电源变压器的选用、代换

选用与代换电源变压器时，铁芯材料、输出功率、输出电压等性能参数必须与负载电路相匹配，输出功率应略大于负载电路的最大功率，输出电压应与负载电路供电部分的输入电压相同。

对于铁芯材料、输出功率、输出电压相同的电源变压器，通常可以直接互换使用：E形铁芯电源变压器一般用于普通电源电路；C形铁芯电源变压器一般用于高保真音频功率放大器；环形铁芯电源变压器一般也用于高保真音频功率放大器。

  中频变压器的选用、代换

中频变压器有固定的谐振频率，选用与代换时，只能选用同型号、同规格的中频变压器，代换后还要进行微调，将谐振频率调准。

调幅收音机中的中频变压器、调频收音机中的中频变压器及电视机中的伴音中频变压器、图像中频变压器不能互换使用。

第15章

电动机识别、检测、选用、代换

学习内容：

★ 了解电动机的种类和参数标识的含义。

★ 练习电动机的检测操作。

★ 熟知电动机的功能。

★ 掌握电动机的选用、代换。

15.1 电动机的识别

15.1.1 电动机种类

电动机的种类繁多，分类方式也多样，最简单的分类方式是按照供电类型的不同，分为直流电动机和交流电动机。

 直流电动机

如图15-1所示，按照定子磁场的不同，直流电动机可以分为永磁式直流电动机和电磁式直流电动机。

（a）永磁式直流电动机

（b）电磁式直流电动机

图15-1 永磁式直流电动机和电磁式直流电动机实物外形

图15-2为永磁式直流电动机的内部结构。

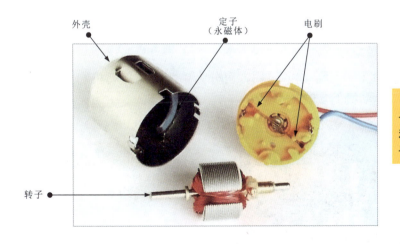

图15-2 永磁式直流电动机的内部结构

> 永磁式直流电动机的定子磁极是由永磁体组成的，利用永磁体提供磁场，使转子在磁场的作用下旋转。

图15-3为电磁式直流电动机的内部结构。

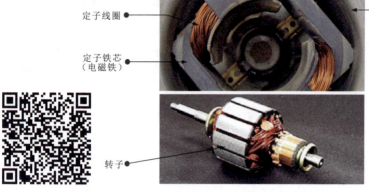

图15-3　电磁式直流电动机的内部结构

如图15-4所示，按照结构的不同，直流电动机还可以分为有刷直流电动机和无刷直流电动机。

（a）有刷直流电动机

（b）无刷直流电动机

图15-4　有刷直流电动机和无刷直流电动机实物外形

交流电动机

交流电动机根据供电方式和绕组结构的不同，可分为单相交流电动机和三相交流电动机。图15-5为单相交流电动机的实物外形。

图15-5　单相交流电动机的实物外形

图15-6为单相交流电动机的内部结构。

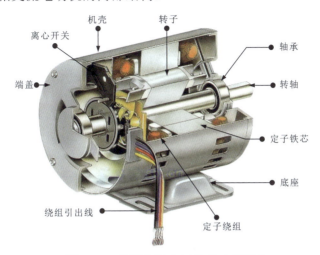

图15-6 单相交流电动机的内部结构

图15-7为三相交流电动机的实物外形。

三相交流电动机由三相交流电源供电，多用在工业生产中。

图15-7 三相交流电动机的实物外形

图15-8为三相交流电动机的内部结构。

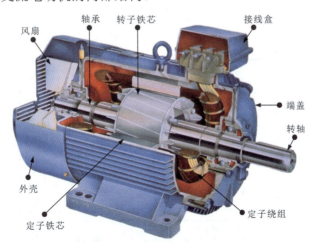

图15-8 三相交流电动机的内部结构

15.1.2 电动机参数标识

1 直流电动机参数标识

直流电动机的主要技术参数一般标识在铭牌上，包括型号、电压、电流、转速等，如图15-9所示。

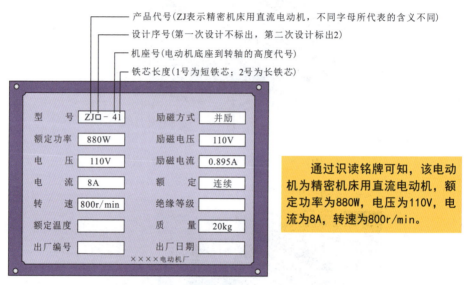

图15-9 直流电动机参数标识

2 单相交流电动机参数标识

单相交流电动机铭牌参数标识如图15-10所示。

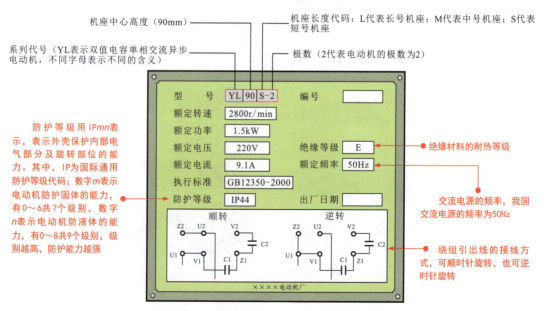

图15-10 单相交流电动机铭牌参数标识

3 三相交流电动机参数标识

图15-11为三相交流电动机铭牌参数标识。

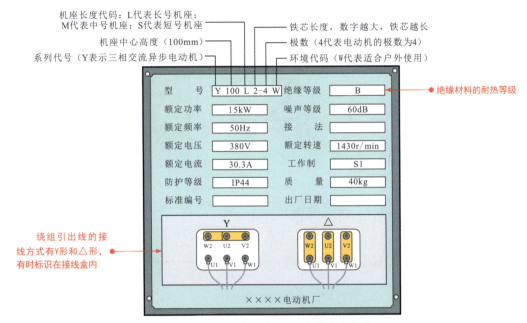

图15-11 三相交流电动机铭牌参数标识

15.2 电动机的检测

15.2.1 检测小型直流电动机

图15-12为小型直流电动机的检测操作。

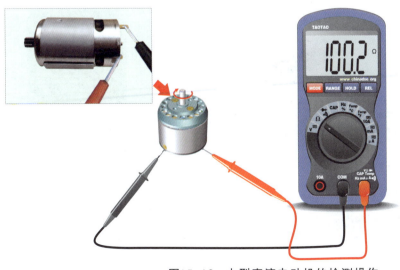

用万用表检测小型直流电动机绕组的阻值是一种比较常用且简单易操作的方法，可粗略检测各相绕组的阻值。在正常情况下，应能检测到一个固定阻值。

图15-12 小型直流电动机的检测操作

使用万用表检测绕组阻值的结果也会因电动机的不同而不同。若检测结果为0或无穷大，则说明绕组存在短路或断路情况。

图15-13为用万用表检测小功率直流电动机的机理。

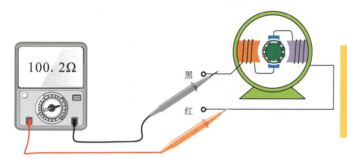

检测小功率直流电动机绕组的阻值相当于检测一个电感线圈的阻值，应能检测到一个固定的数值，检测时，小功率直流电动机会因受万用表内电流的驱动而旋转。

图15-13　用万用表检测小功率直流电动机的机理

15.2.2 检测单相交流电动机

图15-14为单相交流电动机绕组阻值的检测操作。

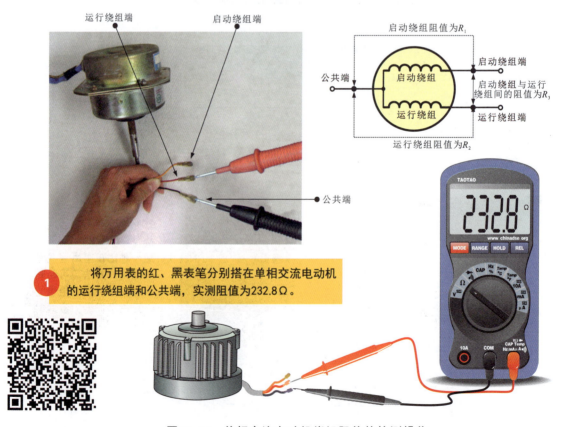

① 将万用表的红、黑表笔分别搭在单相交流电动机的运行绕组端和公共端，实测阻值为232.8Ω。

图15-14　单相交流电动机绕组阻值的检测操作

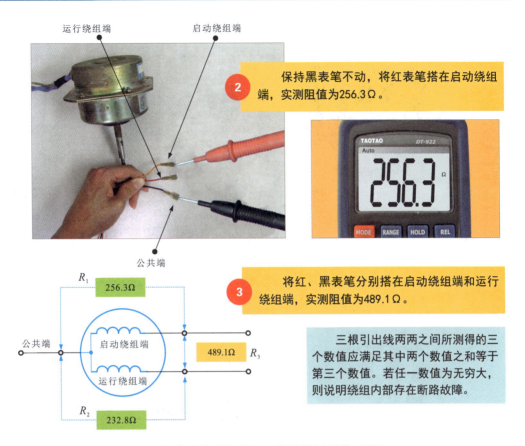

图15-14　单相交流电动机绕组阻值的检测操作（续）

15.2.3 检测三相交流电动机

使用万用电桥可以精确检测三相交流电动机绕组的阻值，即使有微小的偏差也能够被发现，是判断制造工艺和性能的有效方法，如图15-15所示。

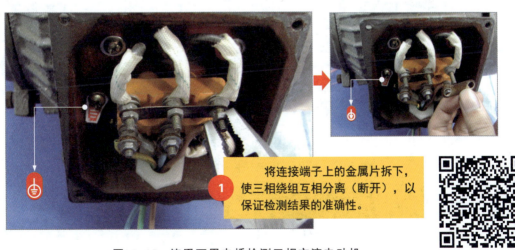

图15-15　使用万用电桥检测三相交流电动机

W1与W2为同一绕组的两个引出端

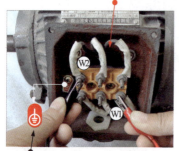

保护接地标识

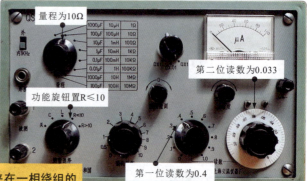

量程为10Ω
功能旋钮置R≤10
第一位读数为0.4
第二位读数为0.033

2 将万用电桥测试线上的鳄鱼夹夹在一相绕组的两端，实测数值为（0.4+0.033）×10Ω=4.33Ω。

3 使用相同的方法，将鳄鱼夹夹在第二相绕组的两端，实测数值为（0.4+0.033）×10Ω=4.33Ω。

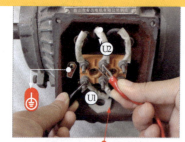

U1与U2为同一相绕组的两个引出端

功能旋钮置R≤10　　第一位读数为0.4　　第二位读数为0.033

4 将鳄鱼夹夹在第三相绕组的两端，实测数值为（0.4+0.033）×10Ω=4.33Ω。

V1与V2为同一相绕组的两个引出端

功能旋钮置R≤10　　第一位读数为0.4　　第二位读数为0.033

图15-15　使用万用电桥检测三相交流电动机（续）

在正常情况下，三相交流电动机每相绕组的阻值均约为4.33Ω，若测得三相绕组的阻值不同，则绕组内可能有短路或断路情况。

若通过检测发现三相绕组的阻值偏差较大，则表明三相交流电动机已损坏。

如图15-16所示，若所测电动机为三相交流电动机，则绕组之间的阻值R_1、R_2、R_3应满足$R_1=R_2=R_3$。若R_1、R_2、R_3中任一个为无穷大，则说明绕组内部存在断路故障。

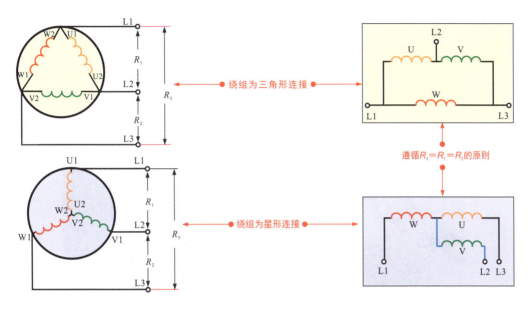

图15-16　三相交流电动机绕组之间的阻值关系

15.2.4　检测电动机绝缘电阻

 检测电动机绕组与外壳之间的绝缘电阻

图15-17为借助兆欧表检测电动机绕组与外壳之间的绝缘电阻。

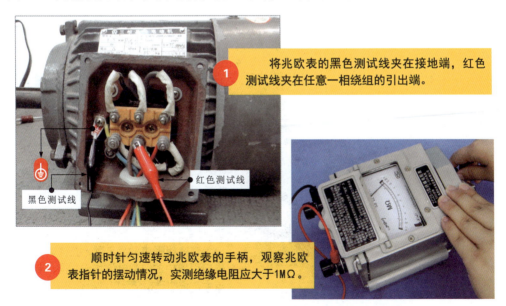

图15-17　借助兆欧表检测电动机绕组与外壳之间的绝缘电阻

为确保测量值的准确度，当再次测量时，需要待兆欧表的指针慢慢回到初始位置后，再顺时针匀速转动手柄，若检测结果远小于1MΩ，则说明电动机的绝缘性能不良或内部导电部分与外壳之间有漏电情况。

检测电动机绕组与绕组之间的绝缘电阻

图15-18为借助兆欧表检测电动机绕组与绕组之间的绝缘电阻。

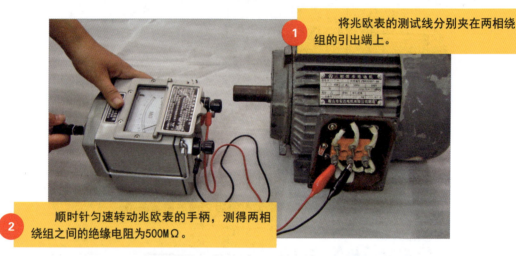

① 将兆欧表的测试线分别夹在两相绕组的引出端上。

② 顺时针匀速转动兆欧表的手柄，测得两相绕组之间的绝缘电阻为500MΩ。

图15-18 借助兆欧表检测电动机绕组与绕组之间的绝缘电阻

在检测绕组与绕组之间的绝缘电阻时，需取下绕组与绕组之间的金属连接片，即确保绕组与绕组之间没有任何连接关系。若测得绕组与绕组之间的绝缘电阻为0或较小，则说明绕组与绕组之间存在短路现象。

检测电动机空载电流

检测电动机的空载电流，就是检测电动机在未带任何负载情况下运行时绕组中的运行电流，如图15-19所示。

① 用钳形表的钳口套住三相绕组输出引线中的一根。

② 观察钳形表的显示屏，正常时，三根绕组输出引线中的空载电流均应相同，若不相同或过大，说明三相交流电动机存在异常。

钳形表

图15-19 电动机空载电流的检测方法

15.3 电动机的功能、选用、代换

15.3.1 电动机的功能

图15-20为电动机的功能示意图。电动机的主要功能是实现电能向机械能的转换，即将供电电源的电能转换为电动机转子转动的机械能，最终通过转子上的转轴转动带动负载转动，实现各种传动功能。

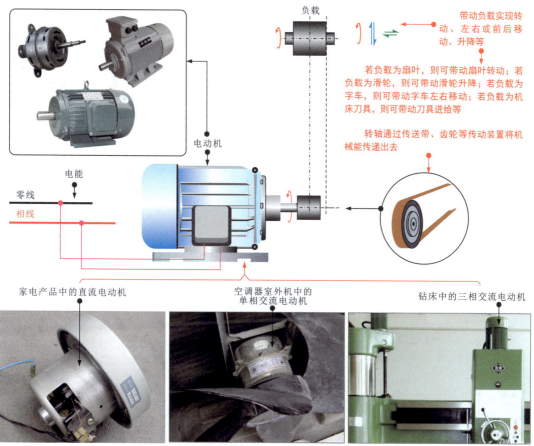

图15-20 电动机的功能示意图

15.3.2 电动机的选用及代换原则

若电动机因老化或故障而导致无法使用时，可将电动机整体代换。

代换时，应尽量选用规格、型号一致的电动机。若无法找到规格、型号完全相同的电动机，则至少应满足电压、功率、转速、安装方式、使用环境、绝缘等级、安装尺寸、功率因数等参数相同。

整体代换应遵循的原则：
① 类型匹配：有刷直流电动机与有刷直流电动机之间进行代换；无刷直流电动机与无刷直流电动机之间进行代换。

② 型号匹配：36V直流电动机与36V直流电动机之间进行代换；48V直流电动机与48V直流电动机之间进行代换。

③ 输出引线插头与控制器插头匹配：三相绕组和霍尔元件输出引线插头应相同，否则无法与控制器匹配。

15.3.3 电动机整体代换

图15-21为电动自行车直流电动机的整体代换。

1. 根据整体代换原则，选择与损坏直流电动机规格相同的新直流电动机进行代换。

2. 将新直流电动机及后轮一同安装到原后轮的安装位置后，再与控制器连接。

图15-21　电动自行车直流电动机的整体代换

15.3.4 电动机零部件代换

电动机由多个零部件组成，如转子、定子、电刷、换向器、磁钢、绕组等，任何零部件异常都可能导致电动机工作异常。

若电动机仅出现个别零部件异常，整体电气和机械性能良好，则可仅更换零部件来排除故障。

以更换电刷为例,在正常情况下,电刷允许一定程度的磨损,如果使用时间过长,电刷会出现严重磨损,此时就需要代换,如图15-22所示。

图15-22 磨损严重的电刷

图15-23为电刷的代换方法。电刷是电动机的关键部件,若安装不当,不仅容易造成磨损,严重时还可能在通电工作时与滑环之间产生火花,损坏滑环。

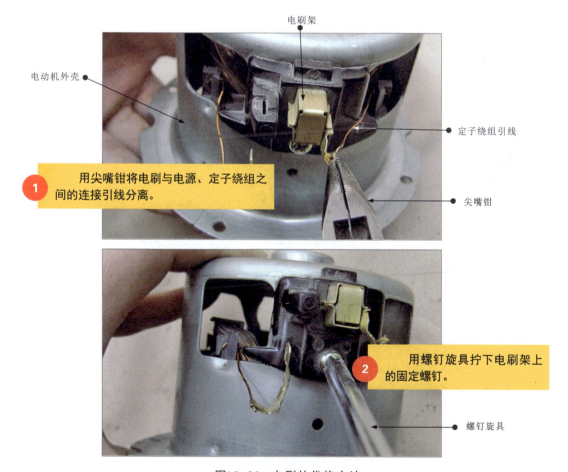

图15-23 电刷的代换方法

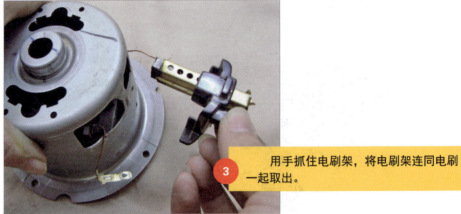

③ 用手抓住电刷架,将电刷架连同电刷一起取出。

④ 掰开电刷架一端的金属片,即可看到电刷引线及压力弹簧。

⑤ 将电刷连同压力弹簧一起从电刷架中抽出。选用规格型号完全一致的新电刷代换后,重新安装即可。

图15-23 电刷的代换方法(续)

更换新电刷时应注意:
① 应保证电刷与原电刷的型号一致,否则会因接触不良导致过热。
② 最好全部更换,如果新旧混用,则会出现电流分布不均匀。
③ 为了使电刷与滑环接触良好,新电刷应该进行弧度研磨,一般在电动机上研磨弧度:在电刷与滑环之间放置一张细玻璃砂纸,在压力弹簧的正常压力下,沿电动机的旋转方向研磨电刷,细玻璃砂纸应尽量贴紧滑环,直至与电刷弧面吻合,取下细玻璃砂纸,用压缩空气吹净粉尘,用软布擦拭干净。

第16章

电气部件检测案例

学习内容：

★ 了解数码显示器、扬声器、蜂鸣器、光电耦合器、霍尔元件、控制按钮、断路器、继电器、接触器等常见电气部件的结构。

★ 练习数码显示器、扬声器、蜂鸣器、光电耦合器、霍尔元件、控制按钮、断路器、继电器、接触器等常见电气部件的检测操作。

16.1 数码显示器检测案例

16.1.1 数码显示器结构

数码显示器实际上是一种数字显示器件，又可称为LED数码管，是电子产品中常用的显示器件。常见的数码显示器主要有1位数码显示器和多位数码显示器，外形结构如图16-1所示。

图16-1　数码显示器的外形结构

如图16-2所示，数码显示器按照字符笔画段数的不同可以分为七段数码显示器和八段数码显示器。段是指数码显示器字符的笔画（a~g）。八段数码显示器比七段数码显示器多一个发光二极管单元，即多一个小数点显示DP。

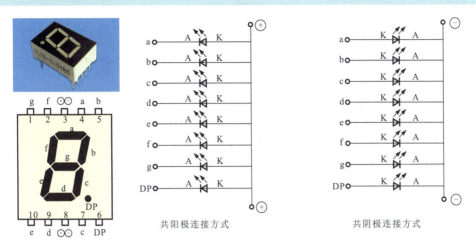

图16-2　数码显示器的引脚排列和连接方式

16.1.2　检测数码显示器

图16-3为数码显示器的检测案例。

1 将数字万用表量程旋钮调至二极管测量挡，红表笔搭在数码显示器的公共端，黑表笔依次搭在数码显示器的其他引脚端。

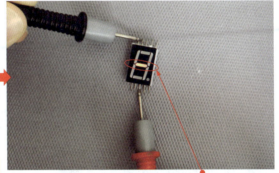

相应数码段发光

在正常情况下，当黑表笔依次搭在其他引脚端时，相应的数码段便会发光。若某一数码段不发光，则证明该数码段的发光二极管损坏。

图16-3　数码显示器的检测案例

297

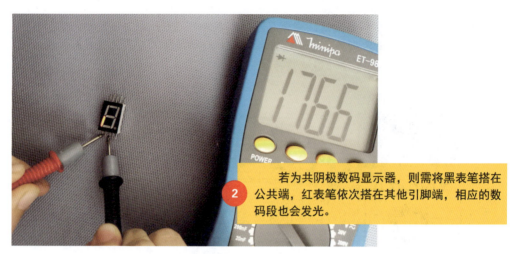

② 若为共阴极数码显示器,则需将黑表笔搭在公共端,红表笔依次搭在其他引脚端,相应的数码段也会发光。

图16-3 数码显示器的检测案例(续)

1位数码显示器和2位数码显示器通常有两个公共端。3位数码显示器有3个公共端。4位数码显示器有4个公共端。它们的测量方法与1位数码显示器类似。一组数位检测完成后,更换另一个公共端,即可对另一组数位进行检测。图16-4为共阴极4位数码显示器的检测案例。

① 将数字万用表的量程旋钮调至二极管测量挡,黑表笔搭在1脚(公共端),红表笔依次搭在其他引脚端,相应一组数位的数码段依次发光。

② 将黑表笔搭在8脚,红表笔依次搭在其他引脚端,完成第2组数码段的检测。

③ 将黑表笔搭在9脚,红表笔依次搭在其他引脚端,完成第3组数码段的检测。

④ 将黑表笔搭在12脚,红表笔依次搭在其他引脚端,完成第4组数码段的检测。

图16-4 共阴极4位数码显示器的检测案例

16.2 扬声器检测案例

16.2.1 扬声器结构

扬声器俗称喇叭,是将电信号转换为声波信号的功能部件,外形结构如图16-5所示。

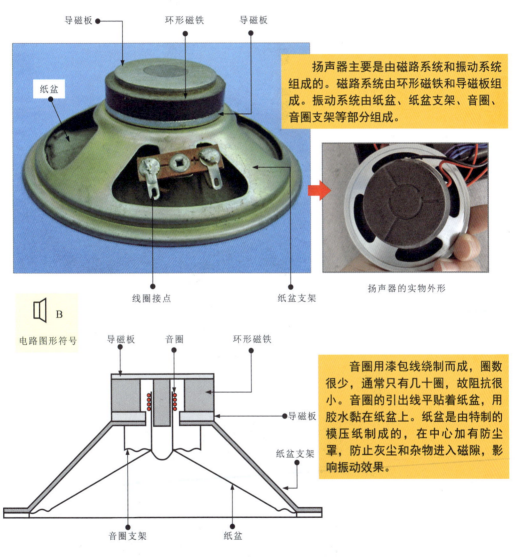

图16-5 常见扬声器的外形结构

当扬声器的音圈通入音频电流后,音圈在电流的作用下产生交变磁场,交变磁场与环形磁铁形成的磁场产生振动。由于音圈和纸盆相连,因此音圈带动纸盆振动,从而引起空气振动,发出声音。

16.2.2 检测扬声器

检测时,首先需要了解扬声器的标称交流阻值,为检测提供参照标准,然后通过检测扬声器的阻值来判断扬声器是否损坏,如图16-6所示。

1. 扬声器的标称交流阻值8Ω是在有正常交流信号驱动时所呈现的阻值,即交流阻值,用万用表检测时,所测阻值为直流阻值。在正常情况下,直流阻值应接近且小于交流阻值。

2. 将万用表的量程旋钮调至欧姆挡,红、黑表笔分别搭在两个接点上。

3. 测得阻值为7.5Ω,略小于标称交流阻值,正常。

在实际检测过程中,若所测阻值为0或无穷大,则说明扬声器已损坏,需要更换。如果扬声器性能良好,则在检测时,将万用表的一支表笔搭在线圈的一个接点上,另一支表笔触碰线圈的另一个接点时,扬声器会发出"咔咔"声。

图16-6 扬声器的检测方法

16.3 蜂鸣器检测案例

16.3.1 蜂鸣器结构

蜂鸣器主要作为发声器件广泛应用于各种电子产品中,外形结构如图16-7所示。

蜂鸣器根据内部结构的不同可分为有源蜂鸣器和无源蜂鸣器。有源蜂鸣器内部有振荡源,只要通电就会蜂鸣。无源蜂鸣器需要有驱动信号驱动才会发声。

图16-7 常见蜂鸣器的外形结构

图16-8为蜂鸣器在简易门窗防盗报警电路中的应用案例。

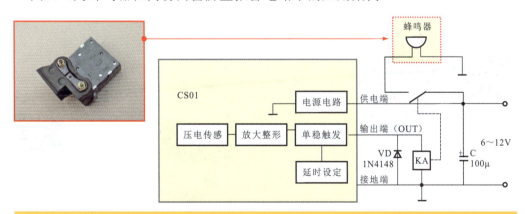

在正常状态下,CS01输出端输出低电平,继电器KA不工作;当CS01受到撞击时,其内部电路将振动信号转化为电信号并由输出端输出高电平,使继电器KA吸合,控制蜂鸣器发声警示。

图16-8 蜂鸣器在简易门窗防盗报警电路中的应用案例

16.3.2 检测蜂鸣器

 使用万用表检测蜂鸣器

在检测前，首先根据蜂鸣器上的标识识别正、负极引脚，检测方法如图16-9所示。

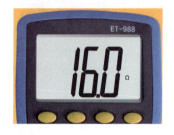

将万用表的黑表笔搭在负极引脚端，红表笔搭在正极引脚端，实测阻值应为16Ω。

图16-9 蜂鸣器的检测方法

 借助直流稳压电源检测蜂鸣器

图16-10为借助直流稳压电源检测蜂鸣器操作示意图。直流稳压电源用于为蜂鸣器提供直流电压。首先将直流稳压电源的正极与蜂鸣器的正极（蜂鸣器的长引脚端）连接，负极与蜂鸣器的负极（蜂鸣器的短引脚端）连接。

在正常情况下，借助直流稳压电源为蜂鸣器供电时，蜂鸣器能发出声响，且随着供电电压的升高，声响变大；随着供电电压的降低，声响变小。若实测时不符合，则多为蜂鸣器损坏，一般选用同规格型号的蜂鸣器代换即可。

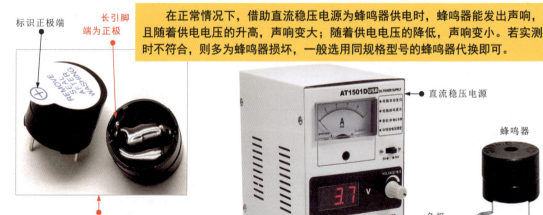
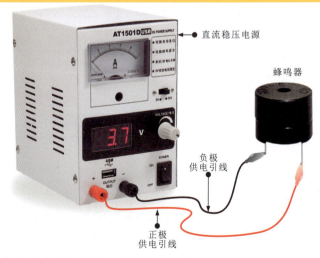

蜂鸣器的引脚有正、负极之分，在使用直流稳压电源供电时需要区分正、负极，否则蜂鸣器不响。

大多蜂鸣器会在表面上明确标识出正、负极。若未标识，可根据蜂鸣器引脚的长短进行判断：长引脚端为正极，短引脚端为负极

图16-10 借助直流稳压电源检测蜂鸣器操作示意图

16.4 光电耦合器检测案例

16.4.1 光电耦合器结构

光电耦合器有直射型和反射型两种,外形结构如图16-11所示。

光电耦合器是一种光电转换元器件。其内部实际上是由一个光敏三极管和一个发光二极管构成的,以光电方式传递信号。

图16-11 常见光电耦合器的外形结构

光电耦合器的应用如图16-12所示。

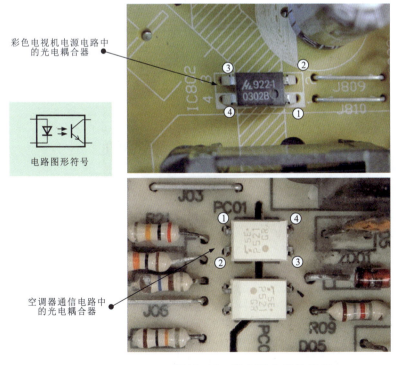

图16-12 光电耦合器的应用

16.4.2 检测光电耦合器

图16-13为光电耦合器的内部结构。

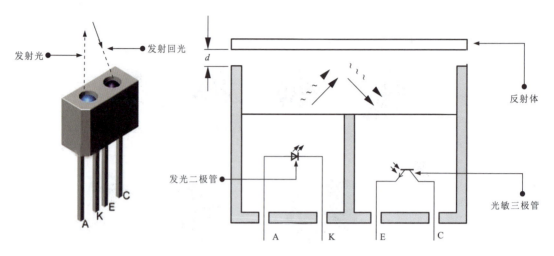

图16-13　光电耦合器的内部结构

光电耦合器一般可以通过检测发光二极管侧和光敏三极管侧的正、反向阻值来判断内部是否存在击穿短路或断路情况，如图16-14所示。

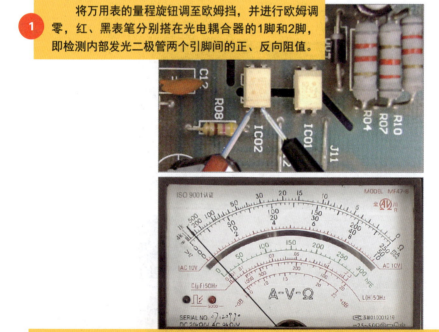

① 将万用表的量程旋钮调至欧姆挡，并进行欧姆调零，红、黑表笔分别搭在光电耦合器的1脚和2脚，即检测内部发光二极管两个引脚间的正、反向阻值。

② 在正常情况下，若不存在外围元器件的影响（若有影响，则可将光电耦合器从电路板上取下），则光电耦合器内部发光二极管侧的正向应有一定的阻值，反向阻值应为无穷大；光敏三极管侧的正、反向阻值都应为无穷大。

图16-14　光电耦合器的检测案例

16.5 霍尔元件检测案例

16.5.1 霍尔元件结构

霍尔元件是一种锑铟半导体器件，电路图形符号和在电路中的连接关系如图16-15所示。

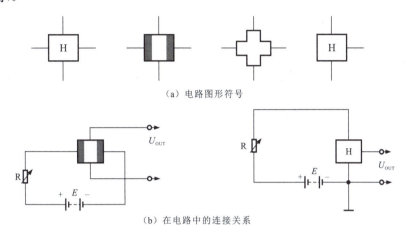

图16-15 霍尔元件的电路图形符号和在电路中的连接关系

> 霍尔元件在外加偏压的条件下，受到磁场的作用会有电压输出，输出电压的极性和强度与外加磁场的极性和强度有关。用霍尔元件制作的磁场传感器被称为霍尔传感器，为了提高输出信号的幅度，通常将放大电路与霍尔元件集成在一起，制成三端元器件或四端元器件，为实际应用提供极大方便。

霍尔元件是将放大器、温度补偿电路及稳压电源集成在一个芯片上的元器件，如图16-16所示。

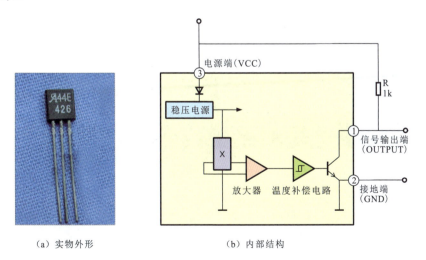

图16-16 霍尔元件的实物外形及内部结构

无刷电动机定子绕组必须根据转子磁极的方位切换电流方向才能使转子连续旋转，因此在无刷电动机内必须设置一个转子磁极位置的传感器。这种传感器通常采用霍尔元件。图16-17为霍尔元件在电动自行车无刷电动机中的应用。

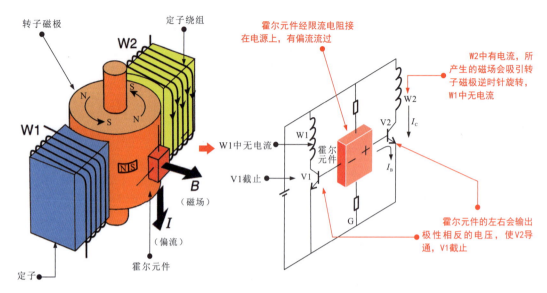

图16-17　霍尔元件在电动自行车无刷电动机中的应用

霍尔元件可以检测磁场的极性，并将磁场的极性变成电信号的极性，主要应用于需要检测磁场的场合，如在电动自行车无刷电动机、调速转把中均有应用。图16-18为霍尔元件在电动自行车调速转把中的应用。

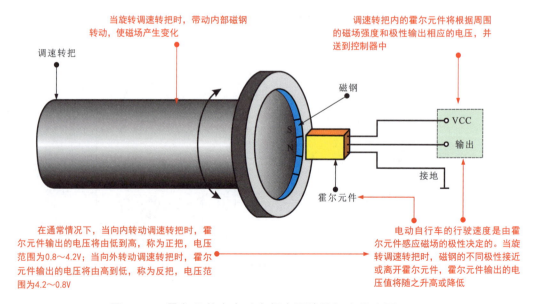

图16-18　霍尔元件在电动自行车调速转把中的应用

16.5.2 检测霍尔元件

判断霍尔元件是否正常时,可使用万用表分别检测霍尔元件引脚间的阻值,如图16-19所示。

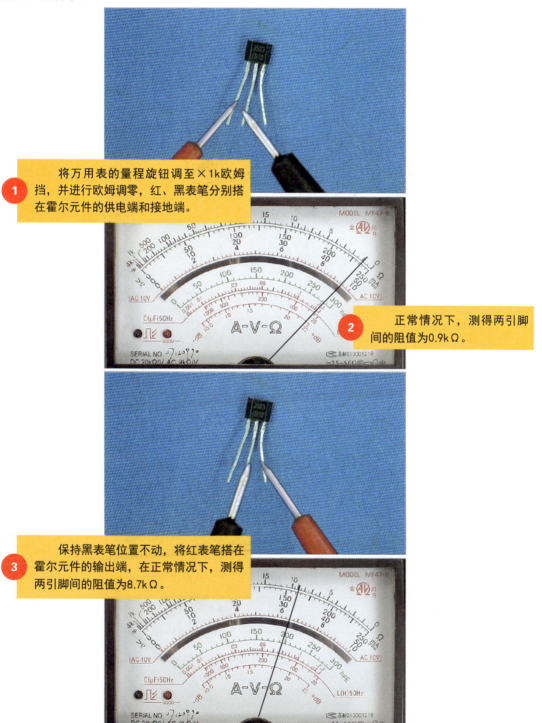

图16-19 霍尔元件的检测案例

16.6 控制按钮检测案例

16.6.1 控制按钮结构

控制按钮主要用于对控制线路发出操作指令,从而实现对线路的控制。图16-20为常用控制按钮的实物外形。

图16-20 常用控制按钮的实物外形

控制按钮根据内部结构的不同主要分为常开按钮、常闭按钮和复合按钮。图16-21为常用控制按钮的内部结构。

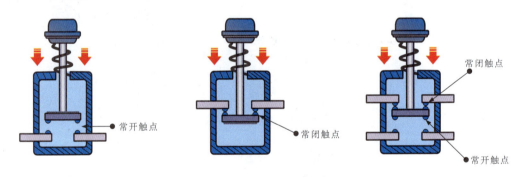

图16-21 常用控制按钮的内部结构

常见控制按钮的文字标识和电路图形符号见表16-1。

表16-1 常见控制按钮的文字标识和电路图形符号

控制按钮	文字标识	电路图形符号	控制按钮	文字标识	电路图形符号
不闭锁的常开按钮	SB	E-\	不闭锁的常闭按钮	SB	E-7
可闭锁的按钮	SB	E-v-\	复合按钮	SB-1 SB-2	E-7---\ SB-1 SB-2

16.6.2 检测控制按钮

 检测常开按钮

图16-22为常开按钮的检测案例。

① 将万用表的量程旋钮调至×1欧姆挡,并进行欧姆调零,红、黑表笔分别搭在常开按钮的两个触点接线柱上。

② 在正常情况下,测得阻值应为无穷大。

③ 保持红、黑表笔不动,按下常开按钮。

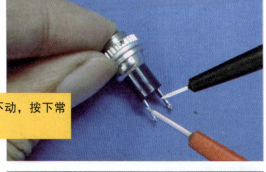

④ 测得阻值应为0。若阻值不变,则说明控制按钮已经损坏。

图16-22 常开按钮的检测案例

2 检测复合按钮

图16-23为复合按钮的检测案例。

① 将万用表的量程旋钮调至×1欧姆挡并进行欧姆调零。

② 将红、黑表笔分别搭在两个常闭触点接线端子上，在正常情况下，实测阻值应为0。

常闭触点接线端子

常闭触点接线端子

③ 保持红、黑表笔不动，按下复合按钮，在正常情况下，实测阻值无穷大。

常开触点接线端子

④ 将红、黑表笔分别搭在两个常开触点接线端子上，在正常情况下，实测阻值应无穷大。

常开触点接线端子

⑤ 保持红、黑表笔不动，按下复合按钮，在正常情况下，实测阻值应为0。

图16-23 复合按钮的检测案例

16.7 断路器检测案例

16.7.1 断路器结构

断路器主要用于控制电源的接通与断开,如图16-24所示。

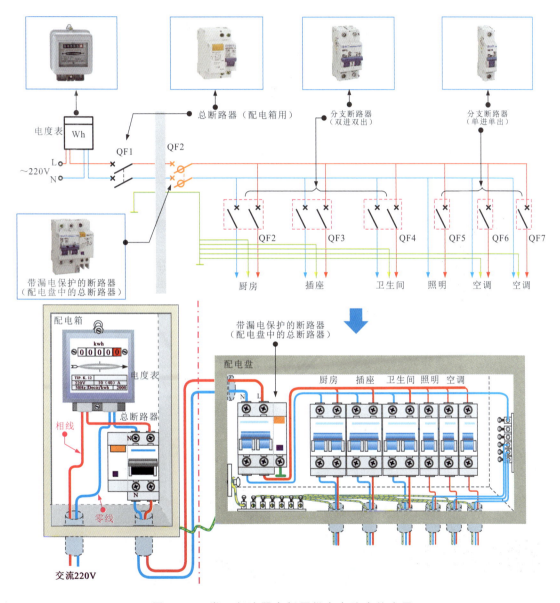

图16-24 常见断路器在低压供电电路中的应用

> 不带漏电保护功能的低压断路器通常用作电动机和照明系统的控制开关、供电线路的保护开关等。带漏电保护的低压断路器又叫漏电保护开关。在低压供配电线路中,用户配电盘中的总断路器一般选用带漏电保护功能的低压断路器,具有漏电、触电、过载、短路保护功能,安全性好,对避免因漏电而引起的人身触电或火灾事故具有明显的效果。

16.7.2 检测断路器

断路器的种类多样，检测方法基本相同。下面以带漏电保护的断路器为例介绍断路器的检测方法。在检测断路器前，应首先观察断路器表面标识的内部结构，判断各引脚之间的关系。

图16-25为带漏电保护断路器的检测案例。

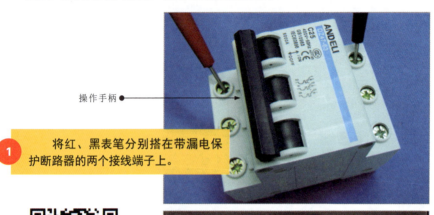

① 将红、黑表笔分别搭在带漏电保护断路器的两个接线端子上。

② 在正常情况下，测得阻值应为无穷大。

③ 保持红、黑表笔不动，按动操作手柄，测得阻值应为0Ω。

在检测断路器时可通过下列方法判断好坏：
①若测得接线端子间在断开状态下的阻值均为无穷大，在闭合状态下的阻值均为0，则表明正常。
②若测得接线端子间在断开状态下的阻值均为0，则表明内部触点损坏。
③若测得接线端子间在闭合状态下的阻值均为无穷大，则表明内部触点断路损坏。
④只要有一组接线端子间的阻值有偏差，均说明断路器已损坏。

图16-25 带漏电保护断路器的检测案例

16.8 继电器检测案例

16.8.1 继电器结构

常见的继电器主要有电磁继电器、热继电器、中间继电器、时间继电器、速度继电器、压力继电器、温度继电器、电压继电器、电流继电器等。

图16-26为电磁继电器的外形结构。

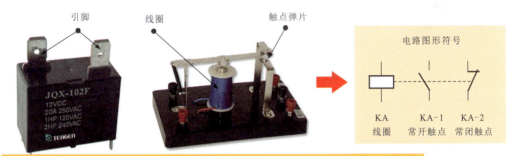

电磁继电器通常用在自动控制系统中，实际上是用较小的电流或电压控制较大的电流或电压的自动开关，在电路中起自动调节、保护和转换的作用。

图16-26 电磁继电器的外形结构

中间继电器实际上是一种动作值与释放值固定的电压继电器，通常用来传递信号和同时控制多个电路，在电动机电路中常用来直接控制小容量电动机或其他执行电气部件，外形结构如图16-27所示。

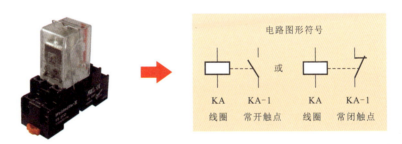

图16-27 中间继电器的外形结构

热继电器是一种过热保护元器件，是利用电流的热效应来推动动作机构使触点闭合或断开的电气部件，外形结构如图16-28所示。

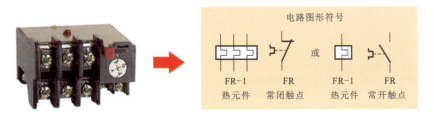

图16-28 热继电器的外形结构

时间继电器可控制输出电路在收到控制信号，并经过规定时间后，产生跳跃式变化或触点动作，外形结构如图16-29所示。

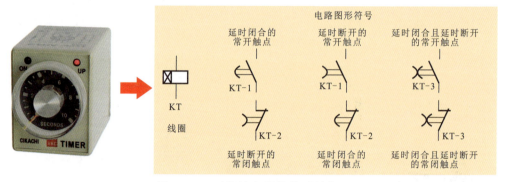

图16-29 时间继电器的外形结构

图16-30为速度继电器和压力继电器的外形结构。

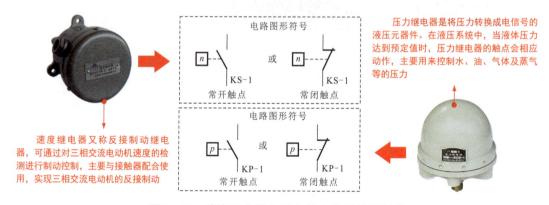

图16-30 速度继电器和压力继电器的外形结构

速度继电器又称反接制动继电器，可通过对三相交流电动机速度的检测进行制动控制，主要与接触器配合使用，实现三相交流电动机的反接制动

压力继电器是将压力转换成电信号的液压元器件。在液压系统中，当液体压力达到预定值时，压力继电器的触点会相应动作，主要用来控制水、油、气体及蒸气等的压力

图16-31为电压继电器和电流继电器。

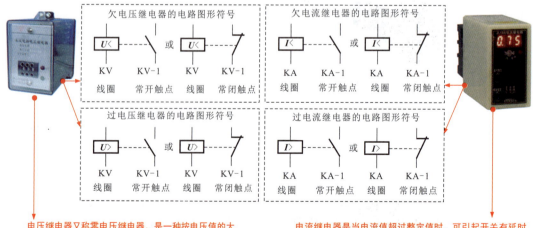

电压继电器又称零电压继电器，是一种按电压值的大小而动作的继电器。当输入的电压值达到设定的电压值时，电压继电器的触点会相应动作。电压继电器根据动作电压值的不同，可以分为过电压继电器和欠电压继电器

电流继电器是当电流值超过整定值时，可引起开关有延时或无延时动作的继电器，主要用于频繁启动和重载启动时，对电动机和主电路进行过载和短路保护。电流继电器根据动作电流值的不同，可以分为过电流继电器和欠电流继电器

图16-31 电压继电器和电流继电器

16.8.2 检测电磁继电器

检测电磁继电器时,通常是在断电状态下检测内部线圈阻值和引脚间阻值,如图16-32所示。

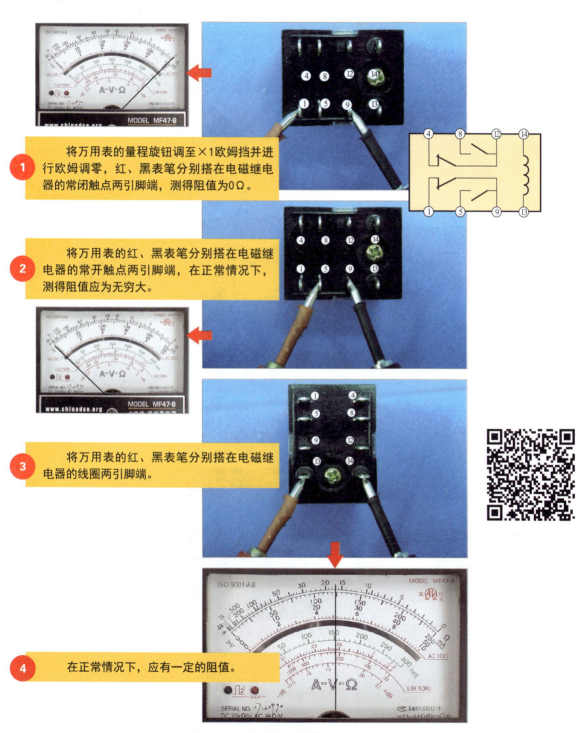

图16-32 电磁继电器的检测案例

16.8.3 检测时间继电器

图16-33为时间继电器的检测案例。

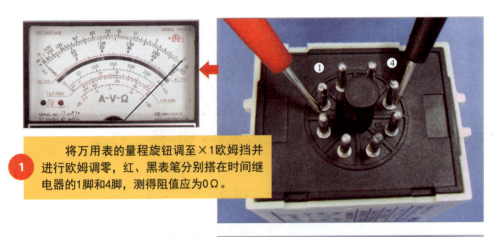

1 将万用表的量程旋钮调至×1欧姆挡并进行欧姆调零，红、黑表笔分别搭在时间继电器的1脚和4脚，测得阻值应为0Ω。

2 将万用表的红、黑表笔分别搭在时间继电器的5脚和8脚，测得阻值应为0Ω。

3 将万用表的红、黑表笔分别搭在时间继电器的正极和其他引脚端，如3脚，测得阻值应为无穷大。

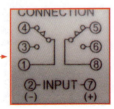

在检测之前，可根据时间继电器的引脚标识确定各引脚的连接状态

在未通电状态下，1脚和4脚、5脚和8脚是闭合状态，在通电并延迟一定时间后，1脚和3脚、6脚和8脚是闭合状态，闭合引脚间的阻值应为0Ω，未接通引脚间的阻值应为无穷大。

图16-33 时间继电器的检测案例

16.8.4 检测热继电器

检测热继电器是否正常时，主要是在正常环境和过载环境下检测触点间阻值的变化情况。在检测前，首先识别热继电器的引脚，如图16-34所示。

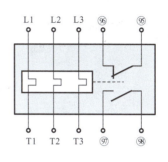

图16-34　热继电器引脚的识别

图16-35为热继电器的检测案例。

1　将万用表的量程旋钮调至×1欧姆挡并进行欧姆调零，红、黑表笔分别搭在热继电器的常闭触点两引脚端，测得阻值应为0Ω。

2　将万用表的红、黑表笔分别搭在热继电器的常开触点两引脚端，在正常情况下，测得阻值应为无穷大。

图16-35　热继电器的检测案例

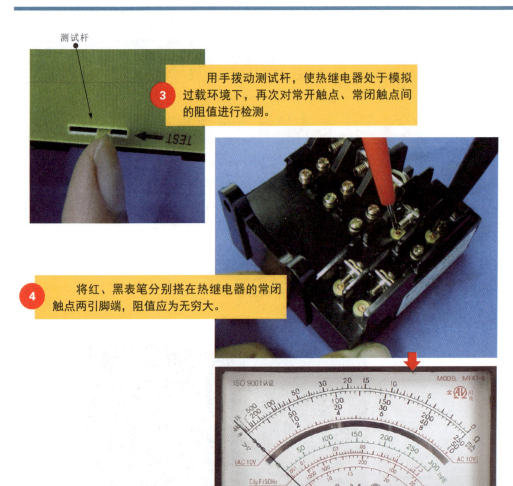

③ 用手拨动测试杆,使热继电器处于模拟过载环境下,再次对常开触点、常闭触点间的阻值进行检测。

④ 将红、黑表笔分别搭在热继电器的常闭触点两引脚端,阻值应为无穷大。

⑤ 将红、黑表笔分别搭在热继电器的常开触点两引脚端,阻值应为0Ω。

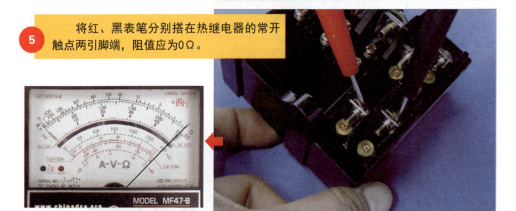

在正常情况下,热继电器常闭触点间的阻值为0Ω,常开触点间的阻值为无穷大;用手拨动测试杆,在模拟过载环境下,热继电器动作,常闭触点间的阻值应为无穷大,常开触点间的阻值应为0Ω。若测得的阻值偏差较大,则可能是热继电器损坏。

图16-35 热继电器的检测案例(续)

16.9 接触器检测案例

16.9.1 接触器结构

接触器是一种由电压控制的开关装置，适用于远距离频繁地接通和断开控制系统。根据触点通过电流的种类，接触器可以分为交流接触器和直流接触器。

图16-36为交流接触器的外形结构。

> 交流接触器是一种应用在交流电源环境中的通、断开关，在各种控制线路中应用广泛，具有欠电压、零电压释放保护及工作可靠、性能稳定、操作频率高、维护方便等特点。

图16-36 交流接触器的外形结构

图16-37为直流接触器的外形结构。

> 直流接触器是一种应用在直流电源环境中的通、断开关，具有低电压释放保护、工作可靠、性能稳定等特点，多用在精密机床中控制直流电动机。

图16-37 直流接触器的外形结构

图16-38为接触器的结构及功能特点。接触器主要有线圈、衔铁和触点等几部分。工作时，接触器线圈得电，上下两块衔铁因磁化而相互吸合，带动触点动作，如常开主触点闭合、常闭辅助触点断开。

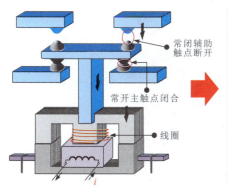
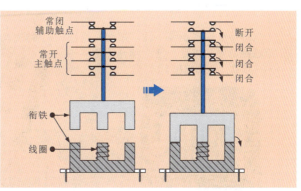

图16-38 接触器的结构及功能特点

16.9.2 检测接触器

检测时，可借助万用表检测接触器各引脚间（线圈间、常开触点间、常闭触点间）的阻值，或者在工作状态下，当线圈未得电或得电时，通过检测触点所控制电路的通、断状态来判断接触器的性能好坏，如图16-39所示。

1. 将万用表的量程旋钮调至欧姆挡，并进行欧姆调零，红、黑表笔分别搭在交流接触器的A1和A2引脚端。

2. 在正常情况下，测得阻值为1.694kΩ。

3. 将万用表的红、黑表笔分别搭在交流接触器的L1和T1引脚端，测得阻值为无穷大。

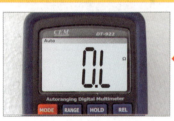

4. 保持红、黑表笔不动，按动交流接触器的开关按键，使内部开关处于闭合状态，测得阻值为0。

5. 使用同样的方法可分别检测L2和T2、L3和T3、NO端在开关闭合和断开时的阻值。

图16-39 交流接触器的检测案例

第17章

功能电路中元器件检测案例

学习内容：

★ 练习电源电路中元器件的检测操作。

★ 练习遥控电路中元器件的检测操作。

★ 练习音频电路中元器件的检测操作。

★ 练习控制电路中元器件的检测操作。

17.1 电源电路中元器件检测案例

17.1.1 电源电路中的元器件

电源电路是各种电子产品中不可缺少的功能电路,主要用来为电子产品提供最基本的工作条件。图17-1为电磁炉中的电源电路。

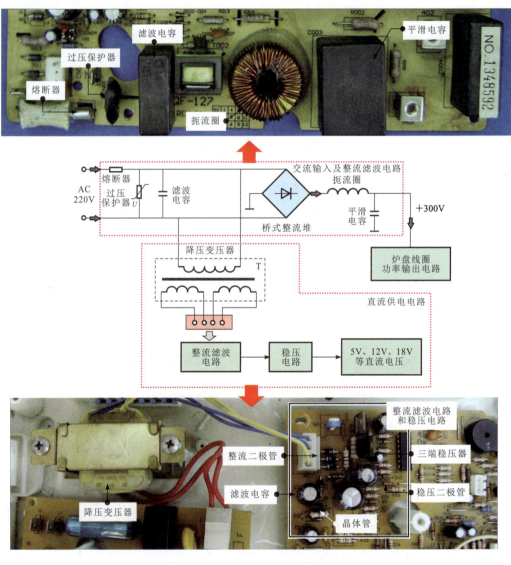

图17-1 电磁炉中的电源电路

电源电路主要是由熔断器、过压保护器、滤波电容、降压变压器、桥式整流堆、扼流圈、三端稳压器、稳压二极管、平滑电容等构成的。

熔断器

熔断器在电源电路中起保护作用,实物外形如图17-2所示。

当电源电路发生短路故障时,电流增大,过大的电流有可能损坏电路中的某些重要元器件,甚至可能烧毁电路,此时熔断器会熔断,切断电源电路,起断电保护作用。

图17-2　电源电路中熔断器的实物外形

 过压保护器

如图17-3所示,电源电路中的过压保护器实际为压敏电阻,主要用于过压保护。

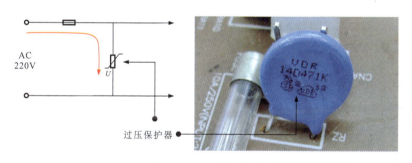

交流输入电压过高时,过压保护器的阻值会突然减小,使电流增大,熔断器熔断。

图17-3　电源电路中过压保护器的实物外形

 滤波电容

图17-4为电源电路中滤波电容的实物外形。滤波电容在电源电路中主要用来滤除市电中的高频干扰。

图17-4　电源电路中滤波电容的实物外形

降压变压器

降压变压器可将220V的交流电压降为适合电路需要的各种低压，如图17-5所示。

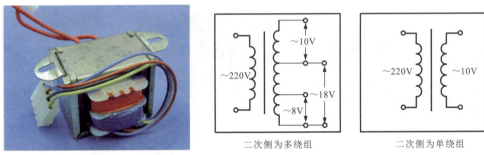

（a）实物外形　　　　　　　　　　　　　　　（b）绕组类型

图17-5　电源电路中降压变压器的实物外形和绕组类型

 桥式整流堆

如图17-6所示，桥式整流堆可将220V交流电压整流为直流+300V电压，由四个整流二极管桥接构成。

图17-6　电源电路中桥式整流堆的实物外形及应用电路

 扼流圈

电源电路中的扼流圈又称电感线圈，主要起扼流、滤波等作用，如图17-7所示。

图17-7　电源电路中扼流圈的实物外形及引脚

稳压二极管

稳压二极管工作在反向击穿状态下，电压不随电流变化，如图17-8所示。

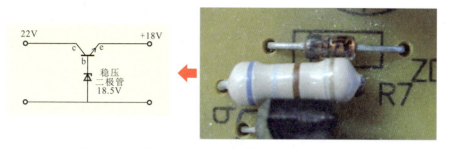

图17-8　电源电路中稳压二极管的实物外形及应用电路

17.1.2　电源电路中熔断器的检测案例

图17-9为电源电路中熔断器的检测案例，检测方法有两种：一种是直接观察，看熔断器是否被烧断、烧焦；另一种是用万用表检测熔断器的阻值，判断熔断器是否损坏。

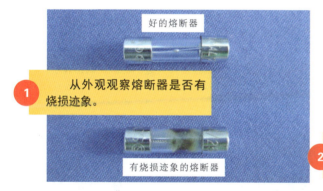

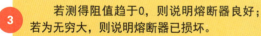

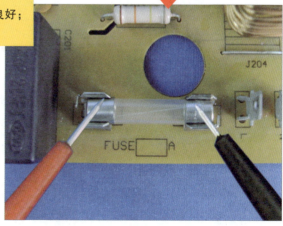

图17-9　电源电路中熔断器的检测案例

17.1.3 电源电路中过压保护器的检测案例

图17-10为电源电路中过压保护器的检测案例。

图17-10　电源电路中过压保护器的检测案例

17.1.4 电源电路中桥式整流堆的检测案例

图17-11为电源电路中桥式整流堆的检测案例。

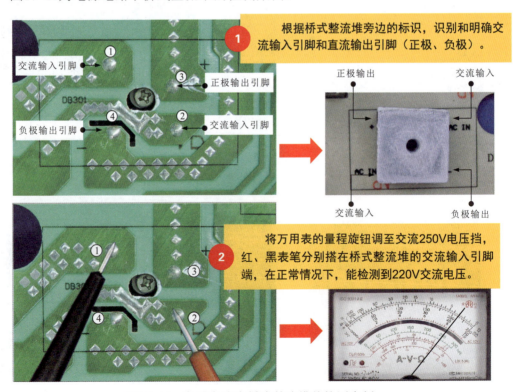

图17-11　电源电路中桥式整流堆的检测案例

③ 将万用表的量程旋钮调至直流500V电压挡，黑表笔搭在桥式整流堆的负极输出引脚端，红表笔搭在桥式整流堆的正极输出引脚端。

④ 在正常情况下，应能检测到约300V的直流电压。

桥式整流堆用来为功率输出电路供电。若损坏，则会引起电源电路不工作、输出异常等故障。

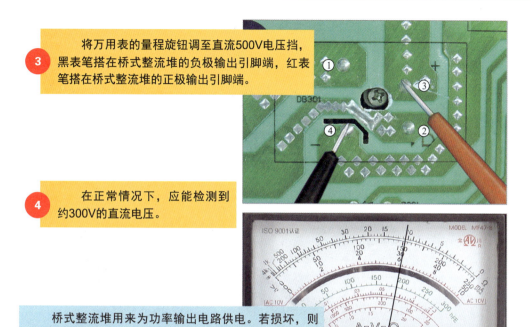

图17-11　电源电路中桥式整流堆的检测案例（续）

17.1.5 电源电路中降压变压器的检测案例

图17-12为电源电路中降压变压器的检测案例。

① 根据降压变压器的功能，明确输入侧、输出侧的电压及绕组插件。

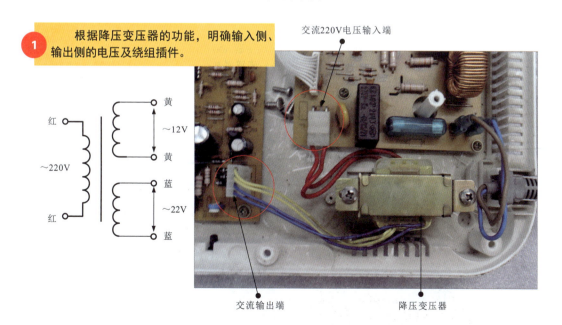

图17-12　电源电路中降压变压器的检测案例

② 将万用表的量程旋钮调至交流250V电压挡,红、黑表笔分别搭在降压变压器一次侧绕组插件上,在正常情况下,应能检测到220V的交流电压。

③ 将万用表的量程旋钮调至交流50V电压挡,红、黑表笔分别搭在降压变压器二次侧绕组(22V)插件上,在正常情况下,应能检测到22V交流电压。

图17-12 电源电路中降压变压器的检测案例(续)

17.1.6 电源电路中稳压二极管的检测案例

图17-13为电源电路中稳压二极管的检测案例。检测时,可在断电状态下,用万用表检测稳压二极管的正、反向阻值。

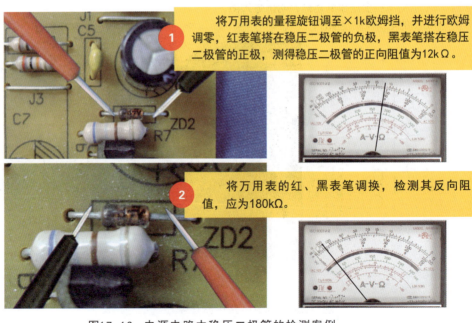

① 将万用表的量程旋钮调至×1k欧姆挡,并进行欧姆调零,红表笔搭在稳压二极管的负极,黑表笔搭在稳压二极管的正极,测得稳压二极管的正向阻值为12kΩ。

② 将万用表的红、黑表笔调换,检测其反向阻值,应为180kΩ。

图17-13 电源电路中稳压二极管的检测案例

17.2 遥控电路中元器件检测案例

17.2.1 遥控电路中的元器件

遥控电路是实现遥控控制和显示的功能电路,主要由遥控器、遥控接收器及显示电路构成。

遥控器

遥控器是可以发送遥控指令的独立电路单元。用户通过遥控器可将人工指令信号以红外光的形式发送给接收电路,如图17-14所示。

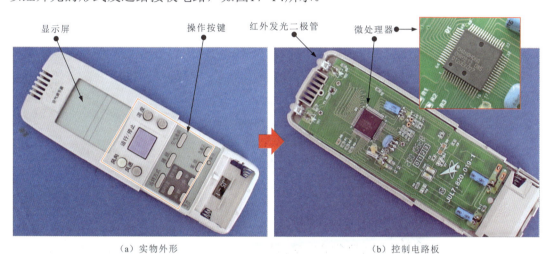

(a) 实物外形　　　　　(b) 控制电路板

图17-14　遥控器实物外形及控制电路板

② 遥控接收器

图17-15为遥控接收器的实物外形。

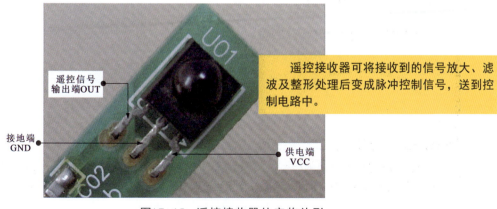

图17-15　遥控接收器的实物外形

发光二极管

图17-16为显示电路中发光二极管的实物外形。

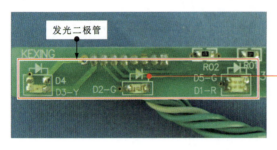

图17-16　显示电路中发光二极管的实物外形

17.2.2　遥控电路中遥控器的检测案例

若遥控器损坏,则无法通过遥控器实现控制功能,检测时,可通过检查遥控器能否发射红外光来判断整体性能,如图17-17所示。

红外光是人眼不可见的,可通过数码相机或手机的拍照模式观察是否有红外光。
若遥控器能够发射红外光,则说明遥控器正常;若无红外光发出,则说明遥控器存在异常。

图17-17　遥控器整体性能的初步判断

发光二极管的好坏直接影响遥控信号能否发送成功,检测方法如图17-18所示。

① 将万用表的量程旋钮调至欧姆挡,并进行欧姆调零,分别检测发光二极管的正、反向阻值。

② 黑表笔搭在发光二极管的正极,红表笔搭在发光二极管的负极,检测正向阻值;调换表笔检测反向阻值。在正常情况下,正向阻值应有一固定数值,反向阻值应为无穷大。

图17-18　发光二极管的检测方法

17.2.3 遥控电路中遥控接收器的检测案例

若遥控接收器损坏，会造成在使用遥控器操作时，电路无反应的故障。图17-19为遥控接收器的检测案例。

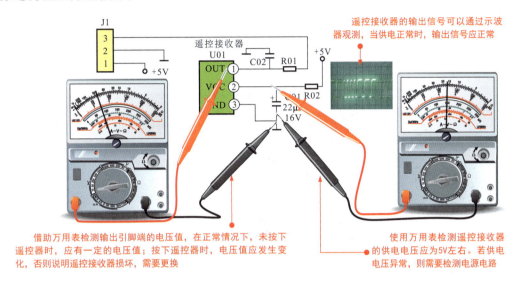

图17-19 遥控接收器的检测案例

17.2.4 遥控电路中发光二极管的检测案例

图17-20为遥控电路中发光二极管的检测案例。

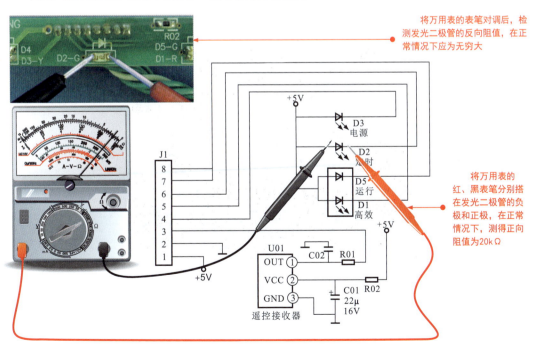

图17-20 遥控电路中发光二极管的检测案例

17.3 音频电路中元器件检测案例

17.3.1 音频电路中的元器件

音频电路是能够处理、传输、放大音频信号的功能电路，主要是由音频信号处理芯片、音频功率放大器和扬声器等构成的。图17-21为液晶电视机中的音频电路。

图17-21　液晶电视机中的音频电路

 音频信号处理芯片

图17-22为音频信号处理芯片的实物外形。

图17-22　音频信号处理芯片的实物外形

音频信号处理芯片用来对输入的音频信号进行解调，并对解调后的音频信号和外部设备输入的音频信号进行切换、数字处理和D/A转换等，拥有全面的音频信号处理功能，能够进行音调、平衡、音质及声道切换控制，并将处理后的音频信号送入音频功率放大器中。

音频功率放大器

图17-23为音频功率放大器的实物外形。

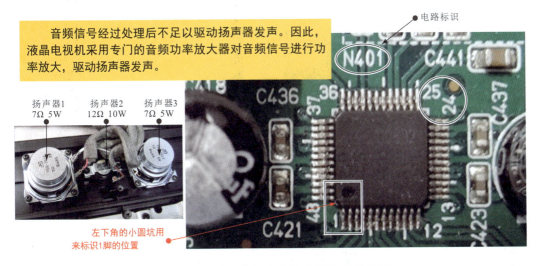

图17-23 音频功率放大器的实物外形

17.3.2 音频电路中音频信号处理芯片的检测案例

图17-24为音频信号处理芯片的检测案例。

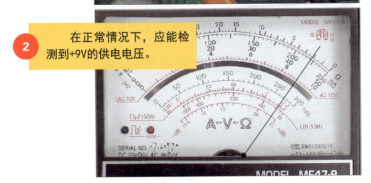

图17-24 音频信号处理芯片的检测案例

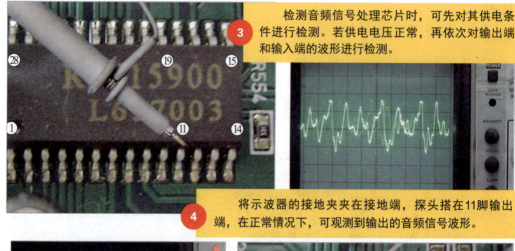

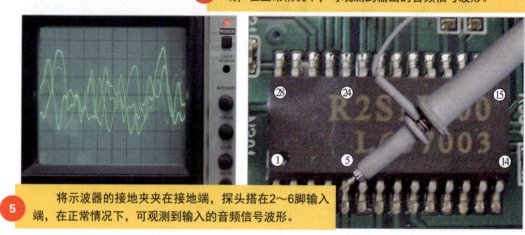

图17-24　音频信号处理芯片的检测案例（续）

17.3.3　音频电路中音频功率放大器的检测案例

图17-25为音频功率放大器的检测案例。

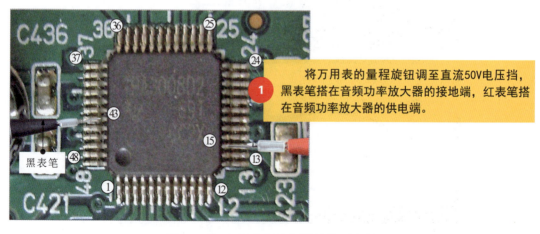

图17-25　音频功率放大器的检测案例

第17章 功能电路中元器件检测案例

② 在正常情况下，应能检测到18V的供电电压。

③ 将示波器的接地夹夹在接地端，即电容负极，探头搭在3脚输入端。

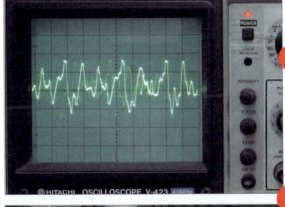

④ 在正常情况下，应能观测到输入的音频信号波形。

⑤ 将示波器的接地夹夹在接地端，探头搭在6脚输出端，在正常情况下，应能观测到输出的音频信号波形。

⑥ 若供电正常，输入的音频信号正常，无任何输出，则多为音频功率放大器损坏。

图17-25 音频功率放大器的检测案例（续）

17.4 控制电路中元器件检测案例

17.4.1 控制电路中的元器件

控制电路是以微处理器为核心的具有控制功能的电路，主要包含微处理器、反相器、电压比较器、三端稳压器等。

 微处理器

图17-26为微处理器的实物外形。

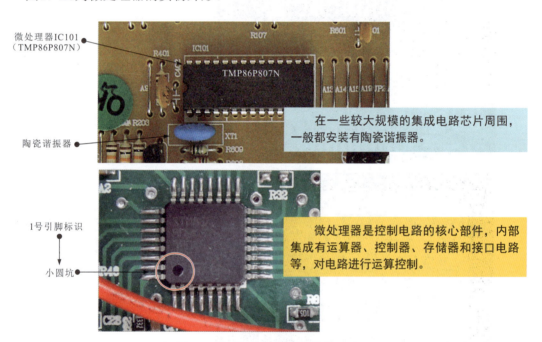

图17-26　微处理器的实物外形

 反相器

图17-27为反相器的实物外形。

图17-27　反相器的实物外形

电压比较器

电压比较器是控制电路中的关键元器件,是通过两个输入端电压值(或信号)的比较结果决定输出端状态的一种放大元器件。图17-28为电压比较器AS339的实物外形及引脚功能。

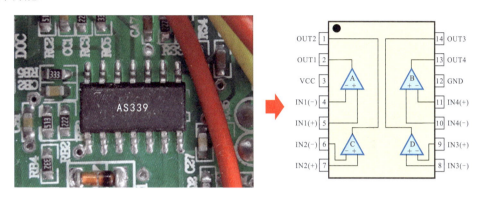

图17-28 电压比较器AS339的实物外形及引脚功能

 三端稳压器

图17-29为三端稳压器的实物外形及应用电路。

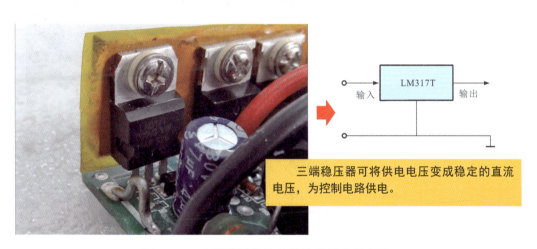

三端稳压器可将供电电压变成稳定的直流电压,为控制电路供电。

图17-29 三端稳压器的实物外形及应用电路

17.4.2 控制电路中微处理器的检测案例

检测微处理器时,可以在通电状态下,检测输入、输出信号及工作条件是否正常,在满足三个基本工作条件(供电、复位、时钟)的前提下,若输入信号正常,无任何信号输出,则多为微处理器损坏。

图17-30为微处理器输入、输出信号的检测方法。

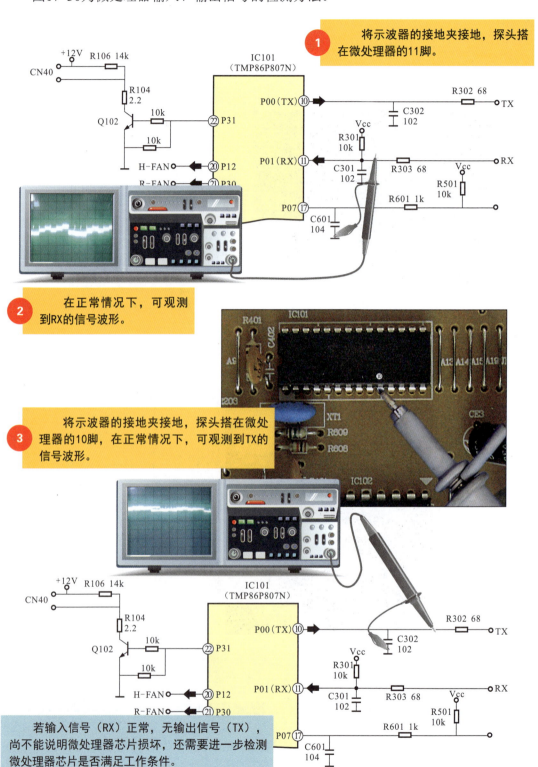

图17-30　微处理器输入、输出信号的检测方法

第17章 功能电路中元器件检测案例

直流供电电压、复位信号和时钟信号是微处理器正常工作的三个基本工作条件，任何一个条件不满足，微处理器均不能工作。图17-31为检测微处理器的直流供电电压。

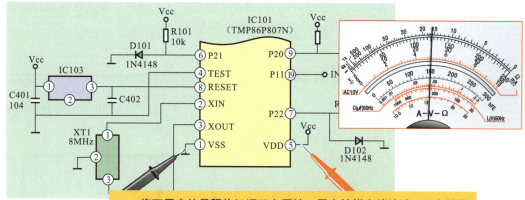

将万用表的量程旋钮调至电压挡，黑表笔搭在接地端，红表笔搭在微处理器的5脚，在正常情况下，应能检测到5V直流电压。

图17-31　检测微处理器的直流供电电压

图17-32为微处理器复位信号的检测方法。

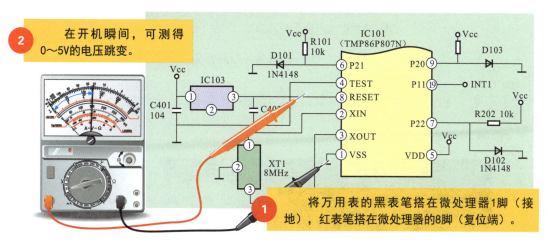

② 在开机瞬间，可测得0～5V的电压跳变。

① 将万用表的黑表笔搭在微处理器1脚（接地），红表笔搭在微处理器的8脚（复位端）。

图17-32　微处理器复位信号的检测方法

图17-33为微处理器时钟信号的检测方法。

将示波器的接地夹接地，探头搭在微处理器的2脚或3脚上，在正常情况下，可观测到时钟信号波形。

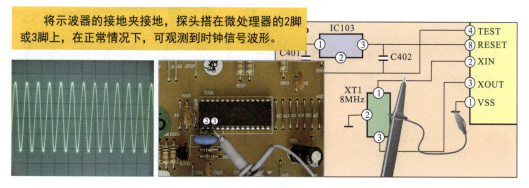

图17-33　微处理器时钟信号的检测方法

若直流供电电压不正常，则需要对电源电路及供电引脚外围元器件进行检测；若复位信号异常，则需要对复位电路及外围元器件进行检测；若时钟信号不正常，则需要对陶瓷谐振器进行检测。若直流供电电压、复位信号、时钟信号均正常，但控制功能无法实现，则需要对相关控制元器件的性能进行检测，如反相器、继电器等。

17.4.3 控制电路中反相器的检测案例

反相器连接在微处理器的输出端，是微处理器对各电气部件进行控制的中间环节，一般可通过检测各引脚的阻值来判断好坏，如图17-34所示。

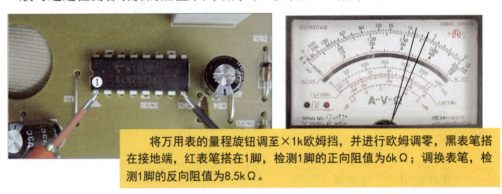

图17-34 反相器的检测案例

17.4.4 控制电路中电压比较器的检测案例

图17-35为电压比较器的检测案例。

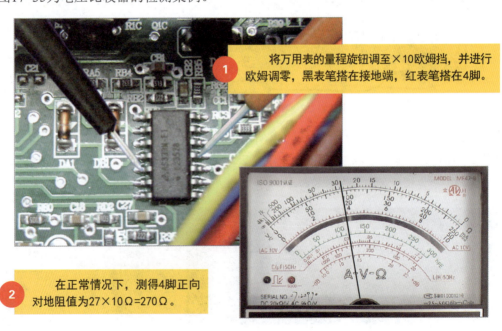

图17-35 电压比较器的检测案例

3　将万用表的量程旋钮调至×1k欧姆挡，并进行欧姆调零，红表笔搭在接地端，黑表笔搭在4脚，测得4脚反向对地阻值为18×1kΩ=18kΩ。

图17-35　电压比较器的检测案例（续）

17.4.5 控制电路中三端稳压器的检测案例

图17-36为三端稳压器的检测案例。

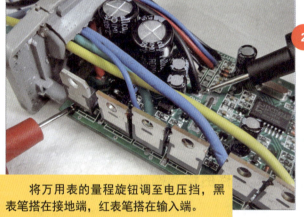

2　在正常情况下，测得输入电压为50.4V。

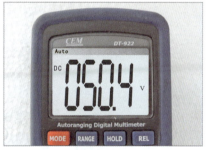

1　将万用表的量程旋钮调至电压挡，黑表笔搭在接地端，红表笔搭在输入端。

3　将黑表笔搭在接地端，红表笔搭在输出端，测得输出电压为24.3V。

4　若输入电压正常，无输出电压，则表明三端稳压器损坏，应选用同型号的三端稳压器更换。

图17-36　三端稳压器的检测案例

第18章

电子产品中元器件检测、维修案例

学习内容：

★ 练习电风扇中元器件的检测操作。

★ 练习电饭煲中元器件的检测操作。

★ 练习电磁炉中元器件的检测操作。

★ 练习微波炉中元器件的检测操作。

18.1 电风扇中元器件检测、维修案例

18.1.1 检测电风扇中启动电容器

图18-1为电风扇中的启动电容器。

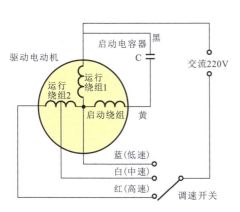
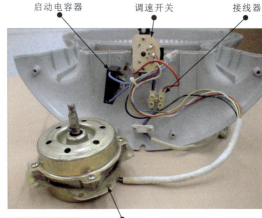

> 启动电容器的一端接交流220V市电,另一端与驱动电动机的启动绕组相连,主要功能是在电风扇启动运转时,为驱动电动机的启动绕组提供启动电压。

图18-1 电风扇中的启动电容器

通常,对启动电容器的检测可采用开路检测方式,使用指针万用表检测,如图18-2所示。

> 在红、黑表笔接触启动电容器两个接线端的瞬间,指针万用表的指针应从阻值无穷大的位置向阻值小的方向迅速摆动,随即缓慢回摆,最终停留在一个阻值偏大的位置。

图18-2 使用指针万用表检测电风扇中的启动电容器

> 检测时,若指针不摆动或摆动到一定位置后不回摆,均表示启动电容器的性能不良。维修时,应选用同型号的启动电容器更换。

图18-3为使用数字万用表检测电风扇中的启动电容器。

① 将启动电容器从电风扇上取下,识读电容量的标称值。

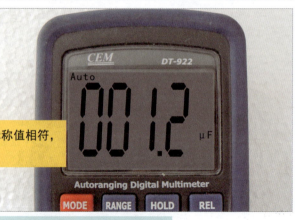

② 将数字万用表的量程旋钮调至电容挡,红、黑表笔分别搭在启动电容器的两个接线端。

③ 显示屏显示数值为1.2μF,与标称值相符,说明性能良好。

若实测值小于标称值,则说明启动电容器性能不良。在实际维修中,在大多情况下,启动电容器不会完全损坏,只是因漏液、变形等导致电容量减小。此时,可选用同型号的启动电容器更换。

图18-3 使用数字万用表检测电风扇中的启动电容器

18.1.2 检测电风扇中驱动电动机

驱动电动机的实物外形如图18-4所示。

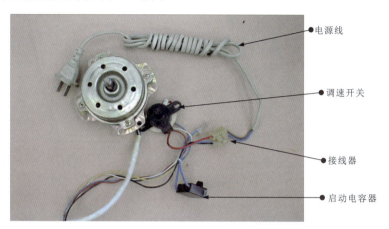

图18-4 驱动电动机的实物外形

> 如图18-5所示，通常，装有调速开关的电风扇所使用的驱动电动机有5根引线，没有调速开关的电风扇所使用的驱动电动机只有2根引线。

图18-5 5根引线驱动电动机的实物外形

驱动电动机是否异常可借助万用表检测各绕组之间的阻值来判断，如图18-6所示。

① 将万用表的红、黑表笔分别搭在与启动电容器相连的2根引线上，实测阻值为1.205kΩ。

图18-6 检测电风扇中的驱动电动机

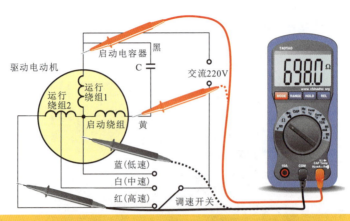

② 采用相同的方法，实测白—黑、蓝—黄引线之间的阻值分别为698Ω和507Ω，即启动绕组阻值为698Ω，运行绕组阻值为507Ω，满足698Ω+507Ω=1205Ω的关系，说明驱动电动机正常。若出现异常，则需要选用相同型号的驱动电动机进行更换。

图18-6 检测电风扇中的驱动电动机（续）

18.1.3 检测电风扇中摆头电动机

电风扇的摆头功能主要是依靠摆头电动机实现的，如图18-7所示。

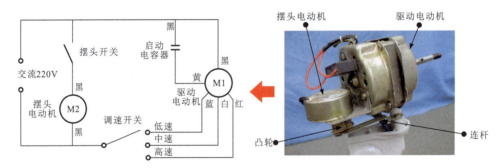

图18-7 电风扇摆头电动机的应用电路

电风扇中摆头电动机的检测操作如图18-8所示。

摆头电动机通常用两根黑色引线连接，其中一根黑色引线与调速开关连接，另一根黑色引线与摆头开关连接。在正常情况下，检测摆头电动机的阻值应为几千欧姆左右。如果阻值为无穷大或0，均表示摆头电动机已经损坏。维修时，应选用同型号的摆头电动机进行更换。

图18-8 电风扇中摆头电动机的检测操作

18.2 电饭煲中元器件检测、维修案例

18.2.1 检测电饭煲中继电器

在电饭煲的加热控制电路中,继电器是非常重要的元器件,实物外形和电路板背部引脚如图18-9所示。

(a) 实物外形

继电器主要用于控制加热器的供电。当用户给电饭煲接电时,继电器得电,触点吸合,加热电路导通,加热器开始加热。

(b) 电路板背部引脚

图18-9 继电器的实物外形和电路板背部引脚

若继电器损坏,将直接导致加热器无法工作,电饭煲不能加热。判断继电器是否正常,可借助万用表检测继电器的线圈和触点间的阻值,如图18-10所示。

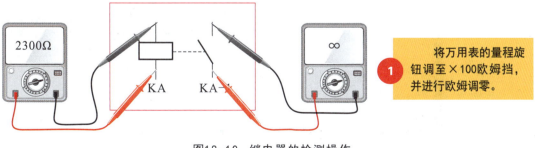

① 将万用表的量程旋钮调至×100欧姆挡,并进行欧姆调零。

图18-10 继电器的检测操作

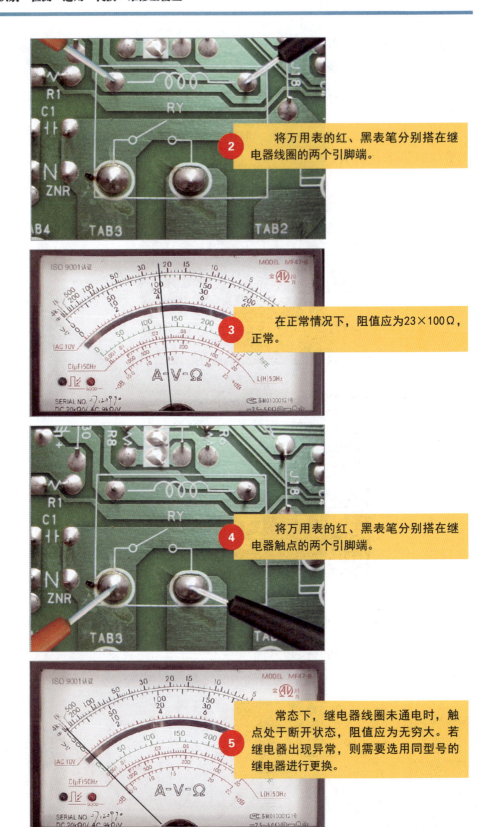

图18-10 继电器的检测操作（续）

18.2.2 检测电饭煲中双向晶闸管

在电饭煲的保温控制电路中,双向晶闸管是非常重要的元器件,实物外形和在电路板上的位置如图18-11所示。

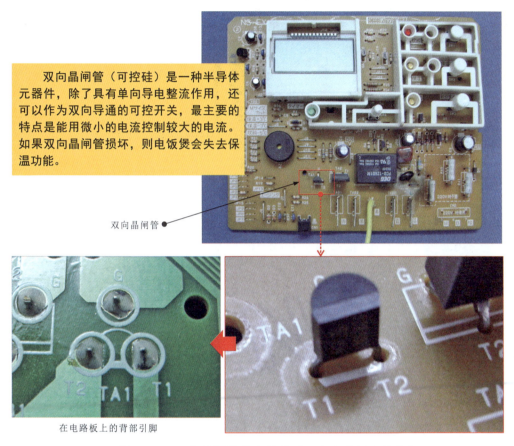

图18-11 双向晶闸管的实物外形和在电路板上的位置

图18-12为双向晶闸管在电饭煲保温控制电路中的功能。

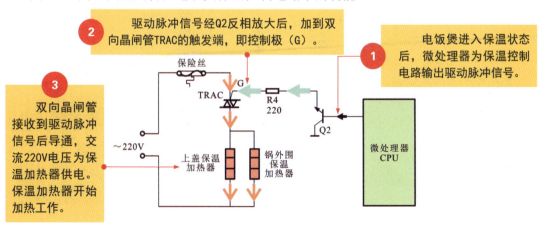

图18-12 双向晶闸管在电饭煲保温控制电路中的功能

图18-13为检测电饭煲中的双向晶闸管。

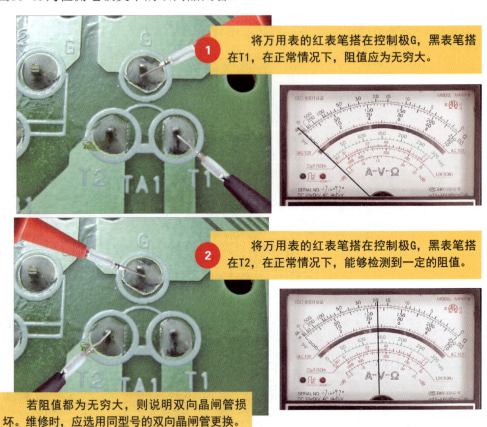

图18-13 检测电饭煲中的双向晶闸管

18.2.3 检测电饭煲中操作按键

图18-14为电饭煲操作电路中的操作按键。

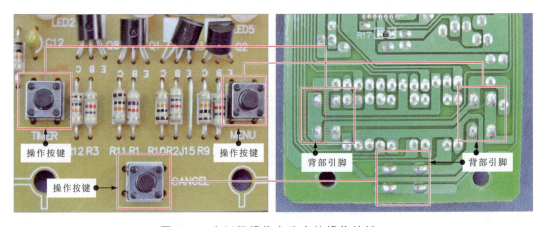

图18-14 电饭煲操作电路中的操作按键

图18-15为检测电饭煲中的操作按键。

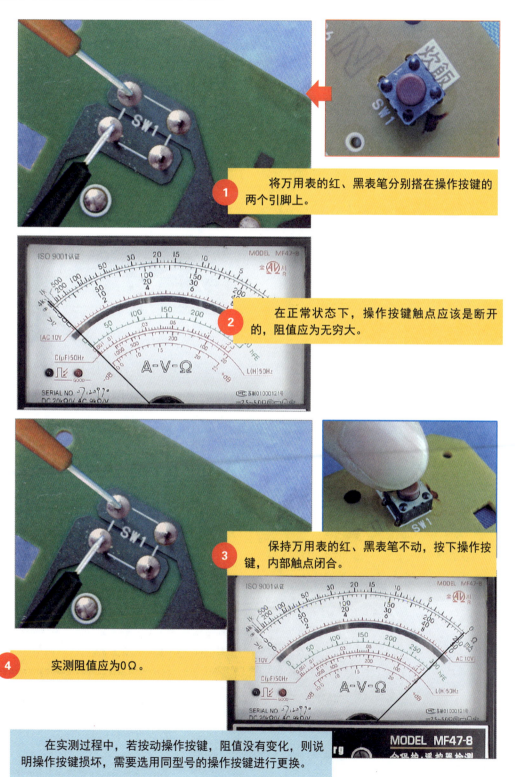

图18-15 检测电饭煲中的操作按键

18.2.4 检测电饭煲中整流二极管

图18-16为电饭煲整流电路中的整流二极管。

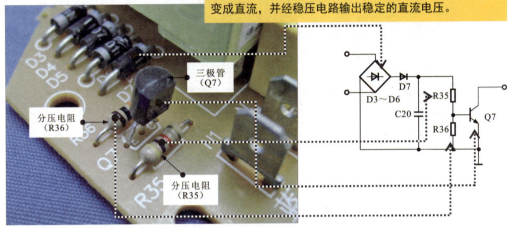

图18-16 电饭煲整流电路中的整流二极管

若电饭煲电源电路故障,则整流二极管是重点的检测部件。图18-17为电饭煲整流电路中整流二极管的检测方法。

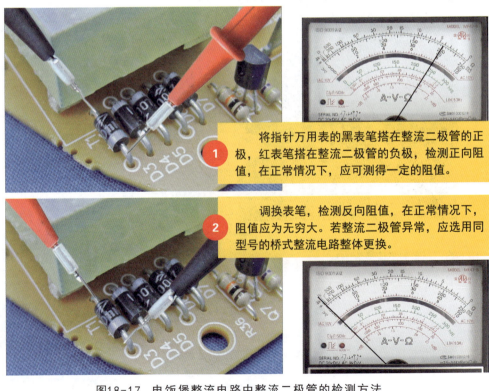

图18-17 电饭煲整流电路中整流二极管的检测方法

18.3 电磁炉中元器件检测、维修案例

18.3.1 检测电磁炉中门控管

在电磁炉功率输出电路中，门控管（IGBT）是十分关键的部件，用于控制炉盘线圈的电流。该电流是一种高频、高压脉冲电流。若IGBT损坏，将引起电磁炉出现开机跳闸、烧保险、无法开机或不加热等故障。

图18-18为门控管（IGBT）的实物外形和电路板背部引脚。

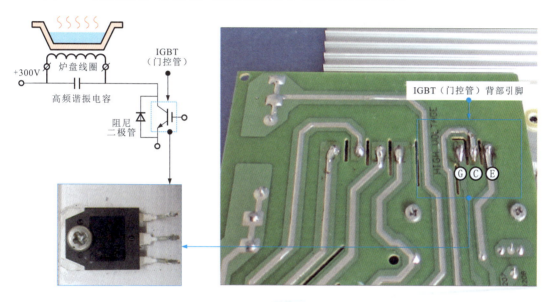

图18-18 门控管（IGBT）的实物外形和电路板背部引脚

若怀疑门控管（IGBT）异常，则可借助万用表检测各引脚间的正、反向阻值进行判断，如图18-19所示。若出现异常，应选用同型号的门控管进行更换。

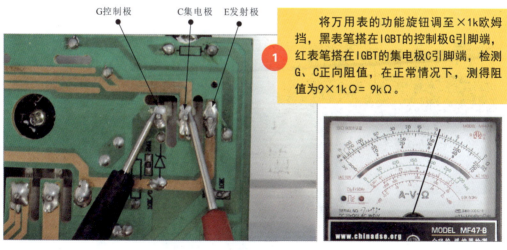

图18-19 门控管的检测操作

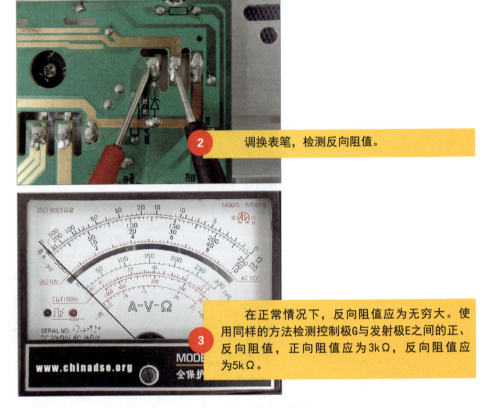

② 调换表笔，检测反向阻值。

③ 在正常情况下，反向阻值应为无穷大。使用同样的方法检测控制极G与发射极E之间的正、反向阻值，正向阻值应为3kΩ，反向阻值应为5kΩ。

图18-19 门控管的检测操作（续）

18.3.2 检测电磁炉中微处理器

在电磁炉的控制电路中，微处理器是核心部件，用于自动检测和控制电路，实物外形及引脚排列如图18-20所示。

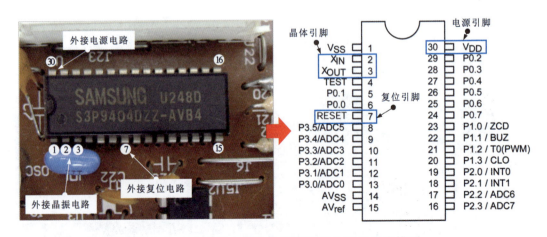

图18-20 电磁炉中的微处理器实物外形及引脚排列

如果电磁炉出现开机不工作、数码显示屏没有反应，应首先检查微处理器。若微处理器异常，则需选用同型号的微处理器进行更换。

图18-21为电磁炉中微处理器供电电压的检测操作。

将万用表的功能旋钮调至直流10V挡，黑表笔搭在接地端，红表笔搭在电源端，正常时，应有+5V的供电电压。

图18-21　电磁炉中微处理器供电电压的检测操作

在微处理器供电电压正常的情况下，继续检测晶体引脚的启振电压是否正常，如图18-22所示。

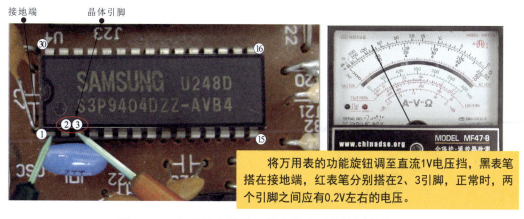

将万用表的功能旋钮调至直流1V电压挡，黑表笔搭在接地端，红表笔分别搭在2、3引脚，正常时，两个引脚之间应有0.2V左右的电压。

图18-22　电磁炉中微处理器启振电压的检测操作

若启振电压正常，则应检测微处理器复位电压是否正常，如图18-23所示。

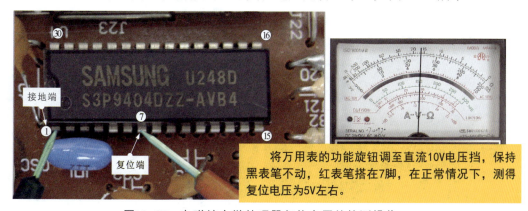

将万用表的功能旋钮调至直流10V电压挡，保持黑表笔不动，红表笔搭在7脚，在正常情况下，测得复位电压为5V左右。

图18-23　电磁炉中微处理器复位电压的检测操作

若微处理器的供电电压、启振电压及复位电压都正常，则可用示波器观测晶振电路的输出波形，进一步判断微处理器的性能，如图18-24所示。

将示波器的接地夹夹在接地端，探头搭在晶体引脚上，正常时，应能观测到输出波形。若无输出波形，则说明晶体损坏。

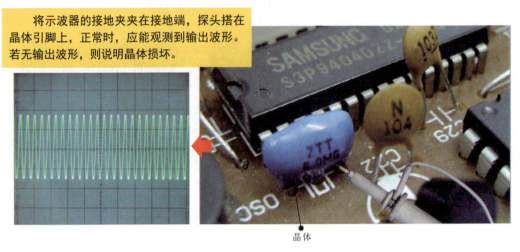

图18-24　观测电磁炉中晶振电路输出波形的操作

18.3.3 检测电磁炉中蜂鸣器

蜂鸣器的实物外形及应用电路如图18-25所示。

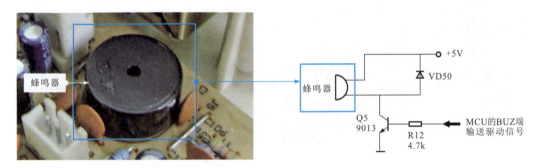

图18-25　蜂鸣器的实物外形及应用电路

图18-26为蜂鸣器在电路板上的位置及背部引脚。

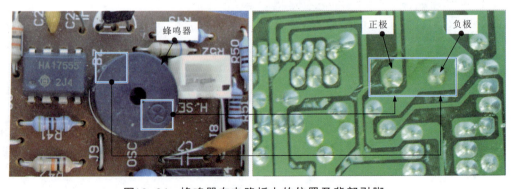

图18-26　蜂鸣器在电路板上的位置及背部引脚

图18-27为电磁炉中蜂鸣器的检测操作。

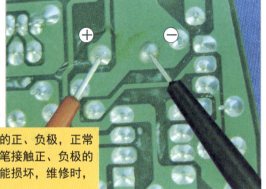

将万用表的红、黑表笔分别搭在蜂鸣器的正、负极，正常时，应能检测到一定的阻值，且在红、黑表笔接触正、负极的瞬间，蜂鸣器会发出声响。反之，蜂鸣器可能损坏，维修时，需要用同型号的蜂鸣器更换。

图18-27 电磁炉中蜂鸣器的检测操作

18.3.4 检测电磁炉中温度传感器

电磁炉中温度传感器多采用热敏电阻器，是温度检测电路中的关键部件，实物外形如图18-28所示。

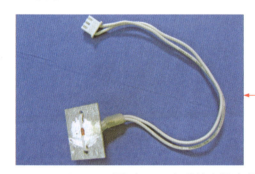

图18-28 电磁炉中温度传感器的实物外形

图18-29为电磁炉中温度传感器的检测操作。

① 将万用表的红、黑表笔分别搭在炉盘线圈中间温度传感器的两个引脚端。

② 分别在常温状态和升温状态下检测阻值，在正常情况下，阻值应有明显的变化。若无变化，应选用同型号的温度传感器进行更换。

图18-29 电磁炉中温度传感器的检测操作

18.4 微波炉中元器件检测、维修案例

18.4.1 检测微波炉中磁控管

图18-30为微波炉中磁控管的实物外形。当磁控管出现故障时，微波炉会出现转盘转动正常，但食物不热的故障。维修时，应选用同型号的磁控管进行更换。

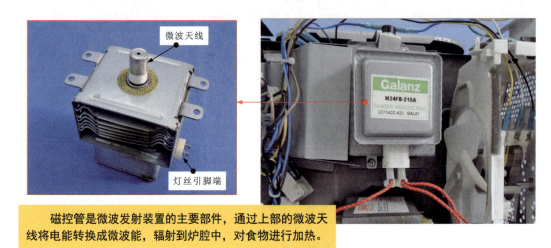

磁控管是微波发射装置的主要部件，通过上部的微波天线将电能转换成微波能，辐射到炉腔中，对食物进行加热。

图18-30　微波炉中磁控管的实物外形

检测时，一般可在断电状态下，借助万用表检测磁控管内部灯丝的阻值来判断是否损坏，如图18-31所示。

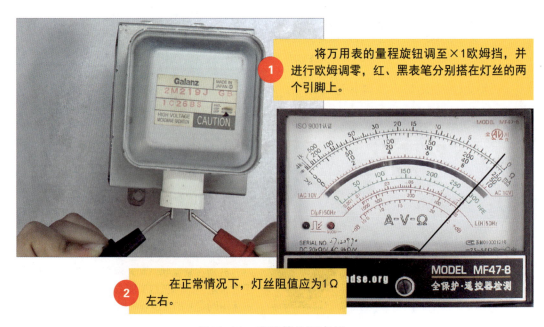

① 将万用表的量程旋钮调至×1欧姆挡，并进行欧姆调零，红、黑表笔分别搭在灯丝的两个引脚上。

② 在正常情况下，灯丝阻值应为1Ω左右。

图18-31　磁控管检测案例

如图18-32所示，检测磁控管时，也可在通电状态下，通过检测输出波形来判断是否正常，首先将微波炉通电，示波器探头靠近磁控管的灯丝引脚端，感应振荡信号。

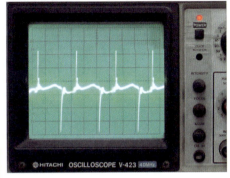

① 将示波器探头靠近微波炉磁控管灯丝引脚端，感应振荡信号。

② 在正常情况下，可感应到振荡信号波形。

图18-32　感应磁控管的振荡信号

18.4.2　检测微波炉中高压变压器

图18-33为微波炉中高压变压器的实物外形。高压变压器是微波发射装置的辅助部件，也称高压稳定变压器。如损坏，需选用同型号的高压变压器进行更换。

高压变压器在微波炉中主要用来为磁控管提供高压和灯丝电压。

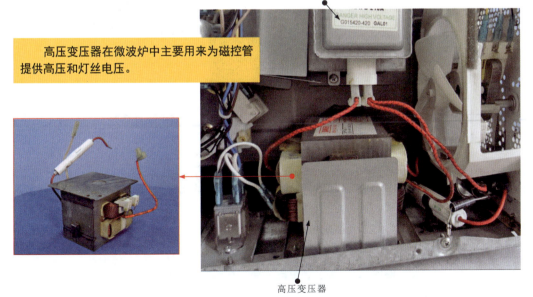

图18-33　微波炉中高压变压器的实物外形

若高压变压器损坏,将引起微波炉出现不工作的故障。检测时,可在断电状态下,通过检测高压变压器各绕组之间的阻值来判断,如图18-34所示。

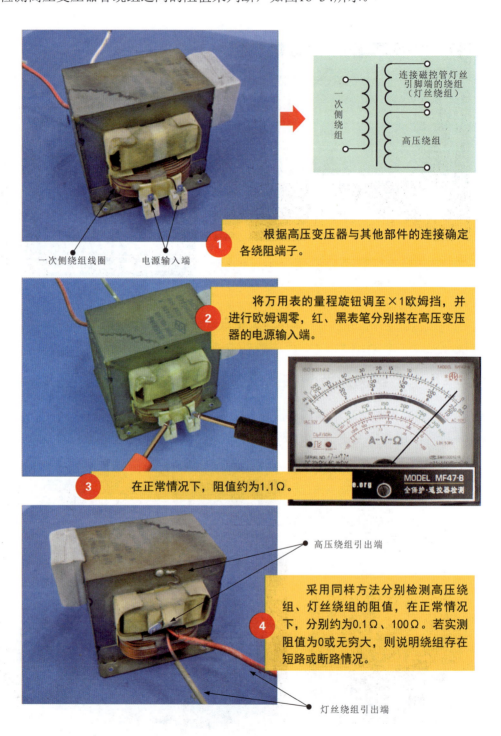

图18-34 微波炉中高压变压器的检测案例

18.4.3 检测微波炉中高压电容器

图18-35为微波炉中高压电容器的实物外形，是微波炉中微波发射装置的辅助部件。高压电容器主要是起滤波作用。若变质或损坏，常会引起微波炉出现不开机、不微波的故障。维修时，应选用同型号的高压电容器进行更换。

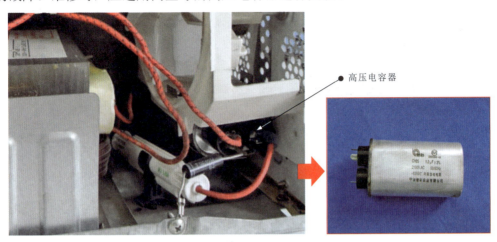

图18-35　微波炉中高压电容器的实物外形

一般可用数字万用表检测高压电容器，如图18-36所示。

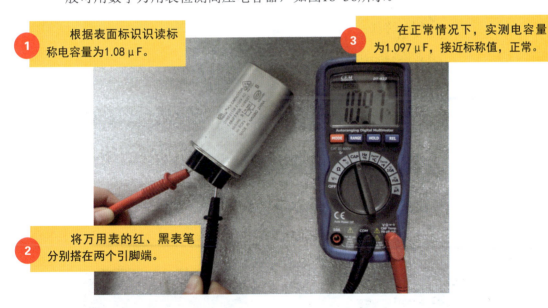

① 根据表面标识识读标称电容量为1.08μF。

② 将万用表的红、黑表笔分别搭在两个引脚端。

③ 在正常情况下，实测电容量为1.097μF，接近标称值，正常。

图18-36　微波炉中高压电容器的检测案例

　　除了通过检测电容量来判断高压电容器是否正常，还可通过指针万用表观察高压电容器的充、放电过程是否正常来判断好坏。
　　在正常情况下，将指针万用表的量程旋钮调至×10k欧姆挡，红、黑表笔分别搭在高压电容器的两个引脚端，在指针有一个摆动后，应回到无穷大的位置，如果没有这种充、放电过程，则说明高压电容器可能损坏，维修时应进行更换。

18.4.4 检测微波炉中高压二极管

图18-37为微波炉中高压二极管的实物外形。

高压二极管是微波炉中微波发射装置的整流部件,接在高压变压器的高压绕组输出端,对交流输出进行整流。若出现异常,应选用同型号的高压二极管进行更换。

图18-37　微波炉中高压二极管的实物外形

图18-38为微波炉中高压二极管的检测案例。

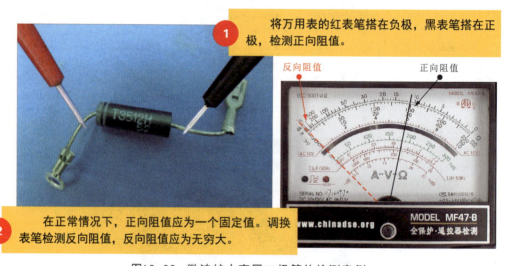

① 将万用表的红表笔搭在负极,黑表笔搭在正极,检测正向阻值。

② 在正常情况下,正向阻值应为一个固定值。调换表笔检测反向阻值,反向阻值应为无穷大。

图18-38　微波炉中高压二极管的检测案例

18.4.5 检测微波炉中温度保护器

图18-39为微波炉中温度保护器的实物外形。

温度保护器用于检测腔体内的温度是否过高,若过高,可及时切断电源。

图18-39　微波炉中温度保护器的实物外形

检测温度保护器时，可在断电状态下，借助万用表检测阻值来判断好坏，如图18-40所示。

1 将万用表的红、黑表笔分别搭在温度保护器的两个引脚端，在正常情况下，阻值应为0Ω。

2 加热感温面，当内部金属片断开时，阻值应变为无穷大。若无变化，则温度保护器损坏，维修时，应选用同型号的温度保护器进行更换。

图18-40　微波炉中温度保护器的检测案例

18.4.6　检测微波炉中门开关组件

图18-41为微波炉中门开关组件的实物外形。

门开关组件是通过内部触点的接通或断开来实现对电路的控制的。

图18-41　微波炉中门开关组件的实物外形

图18-42为微波炉中门开关组件的检测案例。

1 将万用表的红、黑表笔分别搭在门开关组件的公共端和一个引脚端。

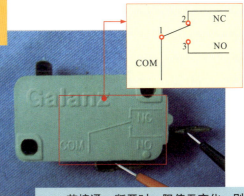

2 在断开状态下，阻值应为无穷大；按动门开关，在接通状态下，阻值应为0。

若接通、断开时，阻值无变化，则表明门开关组件内部微动开关故障。维修时，应选用同型号的门开关组件进行更换。

图18-42　微波炉中门开关组件的检测案例